图解 服装裁剪与缝纫入门

徐 丽 主编

化学工业出版社

·北京·

内 容 简 介

本书简要阐述了服装裁剪基本原理及特点，详细阐述了服装裁剪的操作技巧。内容重点放在服装裁剪与缝纫的基础上，详细介绍了领与袖的原形及变化规律，裁剪和缝纫的基本方法，以及领、袖、袋三大关键部位的缝纫工艺。本书还介绍了一些手针、机缝的基本方法，使读者在掌握基本缝纫方法后能触类旁通、举一反三。

本书适合服装裁剪与缝纫入门者、爱好者阅读参考。

图书在版编目（CIP）数据

图解服装裁剪与缝纫入门 / 徐丽主编. -- 北京：
化学工业出版社，2022.6
ISBN 978-7-122-40860-0

Ⅰ. ①图… Ⅱ. ①徐… Ⅲ. ①服装量裁－图解②服装缝制－图解 Ⅳ. ①TS941.63-64

中国版本图书馆 CIP 数据核字（2022）第 032133 号

责任编辑：彭爱铭 张 彦	文字编辑：邓 金 师明远
责任校对：宋 玮	装帧设计：水长流文化

出版发行：化学工业出版社（北京市东城区青年湖南街 13 号　邮政编码 100011）
印　　装：大厂聚鑫印刷有限责任公司
787mm×1092mm　1/16　印张 16¾　字数 389 千字　2023 年 10 月北京第 1 版第 1 次印刷

购书咨询：010-64518888　　　　　　　　　售后服务：010-64518899
网　　址：http://www.cip.com.cn
凡购买本书，如有缺损质量问题，本社销售中心负责调换。

定　　价：68.00 元

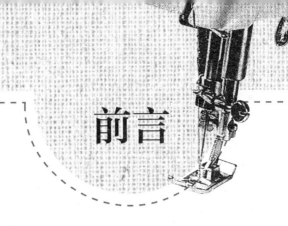

前言

缝纫从基本的技术开始起步。本书介绍了从事缝纫作业的人员需要知道的基础知识。

首先，要考虑的是缝纫设备。新型的工具和缝纫辅助手段使服装的缝制变得比以往更快、更容易。许多缝纫机能自动缝制之字形针迹、弹力拉伸针迹、锁纽孔，甚至可以利用计算机技术为针迹设计程序。以往在服装缝制中必不可少且费时的手工缝制，现在完全可以由缝纫机来完成。缝纫机可完成服装制作中的一切工序。若采用诸如织物黏结胶、疏缝胶带、热融式衬头这类新的缝纫辅助手段，还可节省更多的时间。

其次，服装裁剪既有技术要求又有艺术审美要求，是一项具有高技术含量又兼有艺术审美能力的工作，需要纸样制作人员具有很高的技术水准与艺术审美、鉴赏能力，这就是为什么一位既精通制板技术又具有好的审美能力、经验丰富的技师千金难求。

再次，服装配色和款式造型的设计也应该考究，如色彩的搭配既要和谐又要具有美感，不仅穿着舒适，更加让人在视觉上有美的享受，色彩的丰富极大地改变和丰富了人们的生活。

全书共分为9章，第1章讲解服装缝制工艺基础知识；第2章讲解织物的基本知识；第3章讲解缝纫技术工艺；第4章讲解技术接缝的方法；第5章讲解将衣服制作成型；第6章讲解缝制衣服的外缘，如领子、腰头和折边等；第7章讲解缝制衣服的闭合辅件，如搭钩及襻、纽孔和纽扣等；第8章讲解缝制工艺案例详解；第9章讲解家用缝纫机常见故障的分析与排除。

本书由徐丽主编，参加编写工作的还有刘茜、张丹、徐杨、王静、李雪梅、刘海洋、徐影、方乙晴、裴文贺、于蕾、于淑娟、徐吉阳、王艳。由于编者水平有限，本书难免存在疏漏，敬请读者批评指正。

编　者
2023年1月

目录

第1章 服装缝制工艺基础知识

第2章 织物的基本知识

第3章 缝纫技术工艺

第4章 技术接缝的方法

第5章　将衣服制作成型

第6章 缝制衣服的外缘

第7章 缝制衣服的闭合辅件

第8章 缝制工艺案例详解

第9章 家用缝纫机常见故障的分析与排除

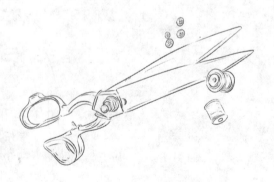

第1章
服装缝制工艺基础知识

1.1　缝纫机介绍

　　缝纫机是缝纫中最重要的设备，所以必须仔细挑选。一台坚固且制作精良的缝纫机能让你称心满意地使用许多年。

　　如果你打算买一台新缝纫机，那么有各种各样的型号符合你的支付预算或者缝纫需求。有内装一两种基本之字形针迹的缝纫机，亦有应用先进的计算机技术控制和选择针迹的电子缝纫机。

　　电子缝纫机特色功能包括内装的锁纽孔器、标上色标的针迹选择、快速倒车、脱卸压脚、供小环形区（如衬裤的裤脚）缝纫的自由臂、内装梭心绕线器、可自动调节张力和压力以及针迹长度。通常多一种功能，缝纫机的价格就贵一点，所以选择缝纫机要与你的缝纫需求相配。即应买能满足你基本缝纫需求的缝纫机，而不必去为你难得会用的功能付出代价。但也要考虑你所进行的缝纫作业总量和难度，以及你提供缝纫服务的人数。请教一下绸布店职工和做缝纫活的朋友，请求他们示范、试用、比较一下几种不同的型号，挑选一台制作精良、容易操作并且具有可选择针迹的缝纫机。

　　缝纫机的机箱是另一个需要考虑的因素。便携式缝纫机可以灵活地移往各种各样的工作面。装在机箱里的缝纫机设计高度应适当，以方便操作，与此同时也要便于操作者有地方放置缝纫机附件，使各种附件放置有序、随手可取。

　　虽然各种缝纫机用途与附件各异，但是它们都有同样的基本部件和控制装置。下面是自由臂便携式缝纫机上的主要零部件，也标示出了所有缝纫机的基本部件。你可以对照着缝纫机使用说明书查看你那台机器上这些零部件的位置。

1.1.1　缝纫机必需的附件

　　机针有四种。普通针适用于规格为9/65（最细）～18/110的各种织物，圆头针适用于针织织物及有弹性的织物（规格为9/65～16/100），双针适用于缝装饰性的针迹，楔形头针适用于皮革和乙烯基织物。缝制2～3件衣服或机针触碰到定位别针后要更换机针。弯曲的、

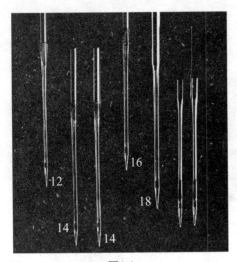

图1-1

钝的或有毛刺的机针会损坏织物。见图1-1。

缝线有三种规格。特细线适用于轻薄型织物及机绣，通用线适用于一切的缝纫作业，表层针迹和锁纽孔线适用于装饰和粗针迹。线应与织物的厚薄及机针的规格相匹配。为了使线的张力最适度，梭心上的线与机针上线的规格和类型应相同。见图1-2。

梭心可以是内装固定的或可卸下绕线的。带固定梭心套的梭心就在套中绕线。可卸下的梭心有可卸梭心套，套上有张力调节螺钉。可卸梭心装在缝纫机顶部或侧面绕线。在空梭心上绕线，线能绕得均匀。梭心上的线不宜太满，否则线易断。见图1-3。

1.1.2 缝纫机的主要零部件

如图1-4～图1-6所示。

1.1.3 完美的缝制针迹

只要穿线正确，针迹长度、张力和压力调整适度就能缝制出完美的针迹。调整量与织物和所要缝制的针迹形式有关。参看缝纫机使用说明书中关于穿线步骤和调节各控制器的说明。

针迹长度调节器上有为0～20的英制度盘、为0～4的米制度盘，或者为0～9的数字度盘。通常状态下，调节器定在每英寸（1英寸＝2.54cm）10～122个针迹；对于米制度盘缝纫机，定在"3"字位。在数字度盘上，数字越大，针迹越长。若要针迹短些，可调节到小一点的数字位。一般的针迹长度，调节器定在数字5上。

完美的针迹取决于织物上的压力、送布牙的动作和针迹形成时线的张力等精确的平衡。理想的针迹应该是面线和底线被同等地拉进织物，正好在织物层中间底线和面线相扣。

线通过缝纫机时所受的压力由针迹张力控制器控制。压力过大，送入针迹的线太少，会使织物起皱；压力过小，送入针迹的线太多，针迹会显得软弱、松弛。

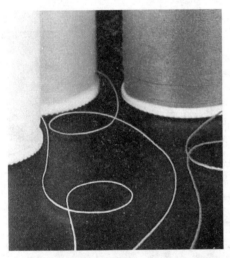

图1-2

图1-3

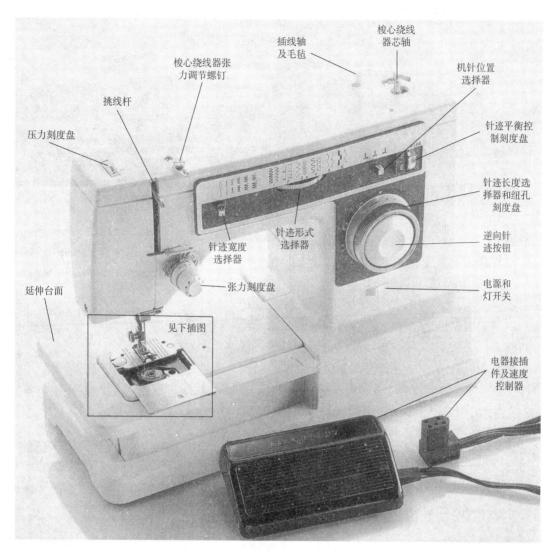

图1-4

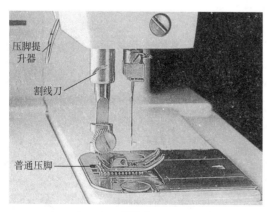

图1-5

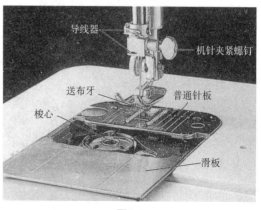

图1-6

遇轻薄织物，通过压力调节器使压力减轻；遇厚重织物，则将压力调大。压力适度能保证缝制时织物层被均匀送入。有些缝纫机能自动调节张力和压力。

正式缝制前，先在织物碎料上试一下张力和压力。在试张力和压力时，底线和面线用不同的颜色，以便容易看清底线和面线相扣处。见图1-7。

图1-7

1.1.4　直针迹的张力和压力

适度的张力和压力能缝制出底线和面线恰好在上下织物层中间相扣的针迹。织物正、反面的针迹看起来长度和松紧度相等。织物层由送布牙均匀地送入，织物完好无损。见图1-8。

张力太大使底线和面线在靠近上织物层处相扣，织物起皱，针迹易断。请将张力刻度盘调至较小的数字位。如果压力太大，下织物层会起皱，还可能被弄坏，针迹的长度和松紧度也可能不均匀。请将压力刻度盘调至较小的数字位。见图1-9。

张力太小使底线和面线相扣处偏向下织物层，线缝软弱。请将张力刻度盘调至较大的数字位。压力太小会引起跳针和针迹不均匀，可能把织物扯进送布牙。请将压力刻度盘调至较大的数字位。见图1-10。

图1-8

1.1.5　之字形针迹的张力和压力

适度的张力和压力使之字形针迹的底线和面线连锁相扣处恰好位于每一个针迹的角上和上、下层织物的中间。针迹平整，织物不起皱。见图1-11。

张力太大会使织物起皱，底线和面线相扣处偏向上织物层。可通过减小张力来纠正。若压力不合适，在之字形针迹中产生的后果不如在直针迹中明显。但是，如果压力不准确，针迹的长度就不均匀。见图1-12。

张力太小会使下织物层起皱，底线和面线相扣处偏向下织物层。请加大张力平衡针迹。通常在缝制档的过程中，应适度平衡之字形针迹。要缝装饰性针迹，稍微减小张力，那么表层针迹就变得丰满。见图1-13。

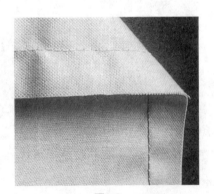

图1-9

图1-10

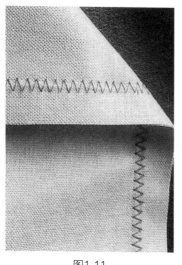
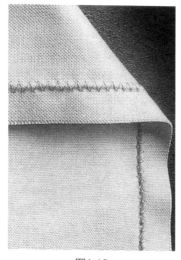

| 图1-11 | 图1-12 | 图1-13 |

1.1.6　缝纫机专用附件

　　锁纽孔附加装置可让你一步锁完纽孔。一种附加装置能锁纽孔并调整纽孔长度，使纽孔与在压脚背后纽扣架上的纽扣大小适合。若纽扣大于3.8cm或具有特殊的形状和厚度，可以用规线代替纽扣架。另一种直针迹缝纫机用的锁纽孔附加装置使缝纫机能利用各种规格的样板自动锁纽孔。钥匙孔形纽孔可以用此附件锁纽孔。

　　每一种缝纫机都有各种特殊用途的专用附件。有些通用附件，对任何一台缝纫机都适用。例如，装拉链压脚、锁纽孔附加装置及各种各样的折边压脚。而打裥附加装置这样的专用附件，在做特殊的缝纫作业时可省时、省力。

　　要将一个专用附件或压脚装到一台缝纫机上时，必须知道那台缝纫机是高杆、低杆还是斜杆。杆是指从压脚的底面到连接螺钉的距离。连接件总是设计成适合这三种杆中的某一种。

　　缝纫机通常都带有之字形针迹针板和普通压脚。别的附件包括直针迹针板和压脚、锁纽孔压脚及附加装置、装拉链压脚、接缝导向器、各种折边压脚、均匀送布或滚柱压脚。缝纫机使用说明书中介绍了如何安装及使用各种附件。见图1-14。

图1-14

　　直针迹针板和压脚只用于缝直针迹。针板上的针孔（箭头所示）小而圆。直针迹针板和压脚不允许机针做侧向运动。需严格控制的缝制作业，如缝边沿、做领尖可利用此特性。对透明薄织物和柔软的织物，此针板和压脚也很适合，因为小针孔不会把易破损的织物拉进送布牙。见图1-15。

之字形针迹针板和压脚是普通的针板和压脚，在购买之字形缝纫机时，随机提供。此种针板和压脚可用于缝之字形针迹和做多机针作业，也可在厚实的织物上缝平直针迹。针板上的针孔（箭头所示）较宽，压脚也有让机针能左右移动的较宽范围。可用此针板和压脚完成一般的缝制作业。见图1-16。

装拉链压脚可用于滚边、装拉链、缝包边纽孔及缝制各种一边比另一边膨松的接缝。此压脚在机针的两侧都能使用。见图1-17。

接缝导向器装在缝纫机台板上，有助于保持做缝均匀。接缝导向器可调节到任意接缝宽度，亦能随着弧形接缝而转动。见图1-18。

暗缝折边压脚用于在缝纫机完成暗缝折边作业时为折边定位，可代替手工折边，加快速度。见图1-19。

均匀送布压脚能将上、下两层织物一起送入，使接缝首和尾均匀齐整。此压脚用于维纶、绒头织物、蓬松的针织物或其他易粘、易滑或易拉伸的织物。此压脚也可用于缝制表层针迹和格子花纹。见图1-20。

缝纽扣压脚可将扁平纽扣固定在位，让缝纫机用之字形针迹缝牢纽扣。当一件衣服上要

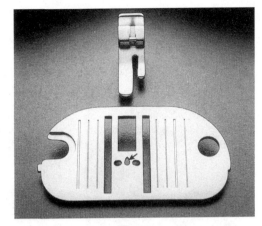

图1-15

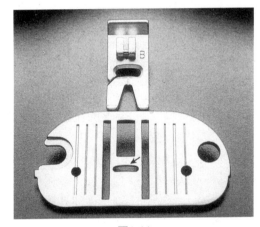

图1-16

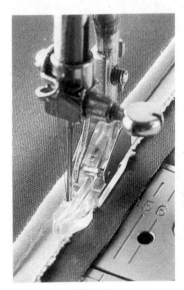

图1-17

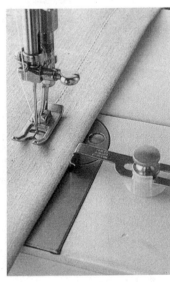

图1-18

图1-19

图1-20

图1-21

图1-22

缝几颗纽扣时，此压脚可节省不少时间。见图1-21。

　　包缝压脚使针迹达到足够的宽度，可防止平直的边卷曲。此压脚内边缘有钩，制作包缝时少不了此钩。见图1-22。

1.2　手缝工艺的常用工具

　　① 手缝针（或称引线），见图1-23。

　　② 机缝针（或称车针，有家用和工业用两种），见图1-24。

　　③ 顶针箍（俗称顶针），见图1-25。

　　④ 剪刀，见图1-26。

　　⑤ 刮浆刀，见图1-27。

　　⑥ 镊子，见图1-28。

　　⑦ 锥子，见图1-29。

　　⑧ 电熨斗，见图1-30。

　　⑨ 喷水壶，见图1-31。

　　⑩ 布馒头，见图1-32。

　　⑪ 铁矮凳，见图1-33。

　　⑫ 试衣模型（胸架），见图1-34。

　　⑬ 烫凳，见图1-35。

　　⑭ 拱形烫木（驼背），见图1-36。

　　⑮ 软尺（皮尺），见图1-37。

　　⑯ 竹尺，见图1-38。

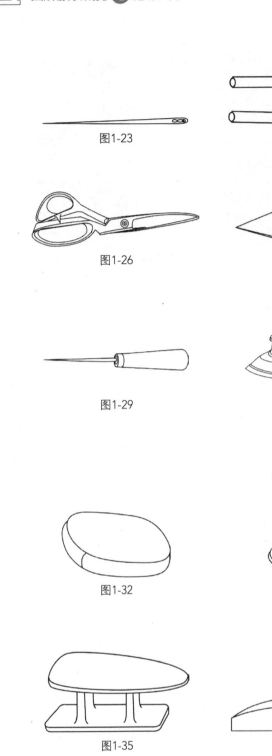
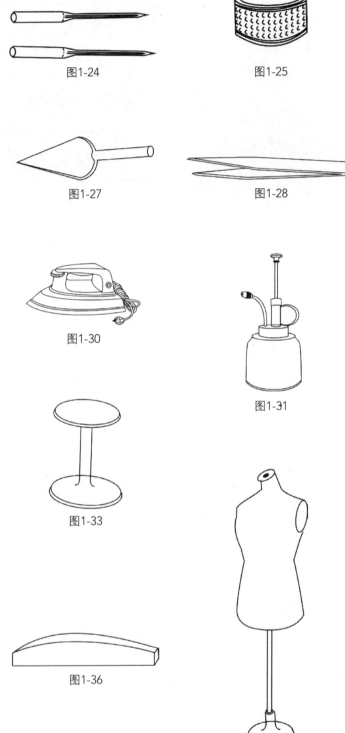

图1-23

图1-24

图1-25

图1-26

图1-27

图1-28

图1-29

图1-30

图1-31

图1-32

图1-33

图1-34

图1-35

图1-36

图1-37

图1-38

1.3　各种手缝针法基本动作的训练

手缝工艺在我国具有悠久的历史，在国际上也享有盛誉。手工操作具有灵活、方便的特点，现代服装的摆、拱、缲、锁、纳、环、撩、板、缝、衍、钩等工艺，女装与童装中的刺绣、盘花纽等都体现了高超的手工工艺技能。因此，我们必须勤学苦练各种手工操作技能，才能适应各种服装缝制工艺的要求。

1.3.1　捏针穿线方法

① 穿线。就是要把缝线穿入手缝针尾眼中。穿线的姿势是用左手的拇指和食指捏针，右手的拇指和食指拿线，将线头伸出1.5cm左右。随后右手中指抵住左手中指，稳定针孔和线头，便于顺利穿过针眼（线头可事先捻细、尖、光，便于穿线），线过针眼，趁势拉出，然后打结。见图1-39。

② 打线结。右（左）手拿针，左（右）手指一转打结。见图1-40。

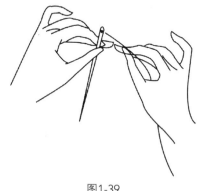

图1-39

1.3.2　捻布头缝针

练习捻布头的目的是使制作时的手指、手腕骨动作敏捷、正确有力，这是各种针法的基础。开始练习时会出现不耐烦、手出汗的现象，这是正常的。只有认识到手缝工艺在服装艺术处理方面的重要性，刻苦磨炼才能达到得心应手的程度。

连续针法，俗称缝"吃头"。它的针法简易，是初学者手工缝制的基础。方法是取两块长30cm、宽15cm的零料，上下重叠；取6号针一根，穿上线，两根线头无须打结，并戴上顶针，以针尾顶住。在捏住针、线的同时，右手食、拇、小指放在布上面，中、无名指放在布下面；左手拇、小指放在布上面，食、中、无名指放在布下面，将两层布夹住、绷紧，右手拇、食指起针。

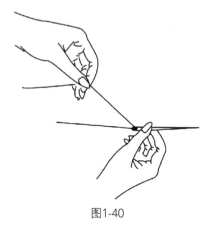

图1-40

缝针刺入0.3cm后向上挑出，并运用顶针的推力，右手拇、食指扶正针杆，上下稳直一针接一针地徐徐向前缝制。在连续缝五六针后，用顶针顶足拔出针，如此循序渐进。待缝线结束时，可将线全部抽掉，反复练习。开始练习时可用双层布，然后可用四层布继续练习，练习数日。要求达到手法敏捷、针迹疏密曲直均匀、得心应手的程度，如图1-41所示。

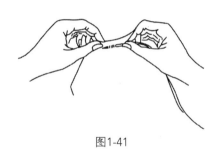

图1-41

1.3.3 锁纽眼

纽眼分平头与圆头两种。方法是先在衣片上按纽扣直径略放长0.1cm画好位置，沿粉线剪开。衬衫纽孔剪直线型，外衣纽孔剪Y形（图1-42）。锁Y形纽孔时要用衬线，衬线松紧适宜。在离开口边沿0.3cm处用衬线两条，然后从左边尾部起用左手食指与拇指将纽孔布的上下两层捏住，由里向外锁，按纽孔的宽度，由下而上、从左到右锁（图1-43）。锁完一周后在尾部打结，然后将结头引入夹层内（图1-44）。平头纽眼首尾锁法相同。锁眼的要求是针脚整齐，表面平整、圆顺，不露衣片毛丝。

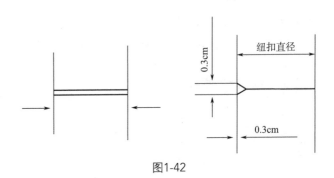

图1-42

(a)

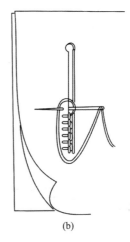

(b)

图1-43

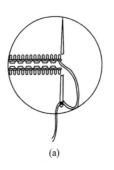

(a)

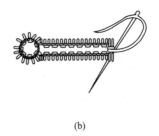

(b)

图1-44

1.3.4 钉纽扣

纽扣分实用扣与装饰扣两种。钉实用扣时缝线要松，使纽脚长高于衣服止口厚度0.3cm，底脚要小于纽眼直径1/2。当最后一针从纽眼孔穿出时，缝线应缠绕纽扣脚数圈，绕脚一定要紧、整齐。见图1-45。然后，将线尾结头引入夹层。钉装饰扣时不必绕脚，要贴着衣服钉平伏。

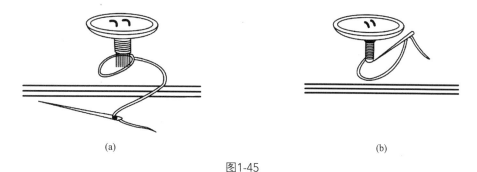

(a)　　　　　　　　　　　　　　　　(b)

图1-45

1.3.5 缲边针法

缲边针法，简称缲法。这种针法用途广，手法也较多，一般用于折边与面料相合之处，归纳起来大致有两种手法。

① 竖缲针。所谓竖，就是把相折合的边缘竖起来，然后进行缲针（图1-46）。这种针法适用于中西式服装的底边、袖口等。它的特点是面里可以露出少量的针迹，里层只能缲一两根丝缕；线不能太紧，表面不可有明显针迹。

② 平缲针。与缲中式纽襻相同。

在实际应用中，一种是针迹略露外面的针法叫明缲针，适用于底边、袖口、袖窿、膝盖绸、裤底、领里等部位；另一种是针迹不露外面，线缝在折边内的针法叫暗缲针，适用于西装夹里的底边、袖口等部位。

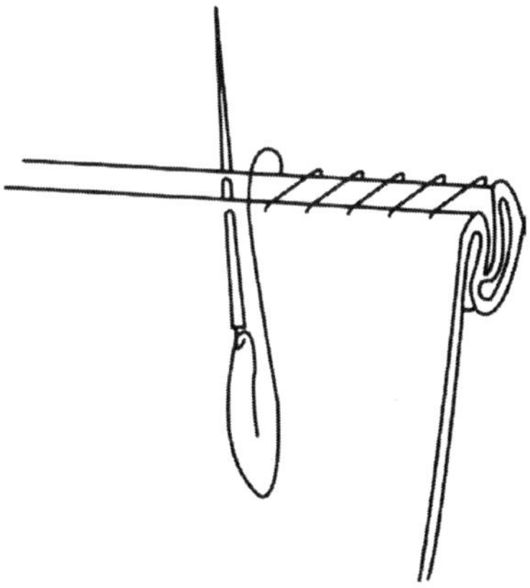

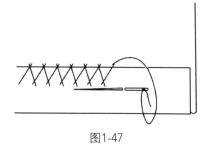

图1-46

1.3.6 三角针

三角针俗称花绷。它的针法是从左上到右下，里外交叉，针距斜横均匀成等腰三角形，正面不露线迹。它既能拦住毛边丝缕，又能起到装饰作用，适用于袖口、底边、脚口贴边等部位。见图1-47。

图1-47

1.3.7 杨树花

杨树花是一种装饰用的花形针法，操作时，针法是从右到左。它的花形，根据针数的不同变化常有一针、二针、三针等区别。图1-48的针法是上二针、下二针。绷好的杨树花呈人字形，每个人字形大小相等、松紧适宜，以防将面料抽皱。一般多用于女式大衣夹里底边。

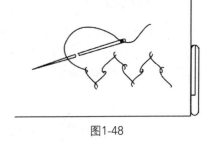

图1-48

1.3.8 打线襻

在需要打线襻的部位，把钉纽扣用的丝线线尾结头穿入夹层中，然后在正面打结。用钩针方法：①套进食指中，左手中指钩；②右手拿针，线放松；③用中指将钩住的线拉到根底；④右手将线拉紧。这样反复多次就形成线襻了。见图1-49。

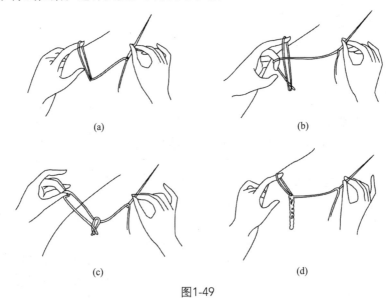

(a)

(b)

(c)

(d)

图1-49

1.3.9 纳驳头

纳驳头（攃驳头）前，先把纳针位置画好。斜针宽0.8cm，每针针距1cm，一针对一针，横直基本对齐。纳法：左手中指顶足，拇指将驳头衬向里推松；右手纳针时针脚缲牢面子的一两根丝。见图1-50。

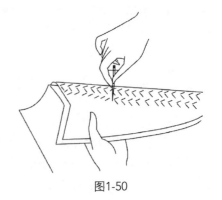

图1-50

1.4 车缝基础训练

家用缝纫机是最普通的平缝机。它能缝制衣料、刺绣、卷边、镶嵌花边等，是最经济实惠又操作简便的一种缝纫机。初踏缝纫机常因手、脚、眼的动作不协调，产生机器倒转，从而引起扎线、断线等故障。为了做到能随意控制机器使之始终顺转，各种针迹符合工艺要求，初学者应该先进行空车缉纸训练。在比较熟练的基础上再做引线缉布练习，学习各种缝的缝制方法，进入部件的制作缝制。

1.4.1 空车缉纸训练

① 先进行空车运转训练。练习前应先旋松离合螺钉，以减少机头内部零件不必要的磨损。扳起压紧杆扳手，避免压脚与送布牙相互摩擦。然后坐正，把双脚放在缝纫机的踏板上。踏动缝纫机踏板，进行慢转、快转、随意停转、一针一针转的空车运转练习，直至操作自如。

② 空车缉纸训练是在较好掌握空车运转的基础上，进行不引线的缉纸练习。练习前将旋松的离合螺钉旋紧，先缉直线，后缉弧线。然后进行各种不同距离平行直线、弧线的练习，同时还可练习各种不同形状的几何图形，如长方形、菱形、圆形等。注意手、脚、眼的协调配合，做到针迹（即针孔）整齐、直线不弯、弧线不出角、短针迹或转弯不出头。

③ 引线缉纸训练是在前面练习基础上进行的。在运转中要求做到不断线、不跳针，张力适宜、针迹平整。

通过以上训练，基本上能掌握使用机器的方法。但还要在缝制实践中，继续提高使用机器的能力。

1.4.2 各种缝的机缝方法

① 平缝。缝制时，把两层衣片正面叠合，沿着所留缝头进行缝合。要注意手法，保持上下松紧一致，达到上下衣片的缝头宽窄一样、上下衣片长短一样。见图1-51。

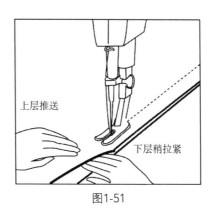

图1-51

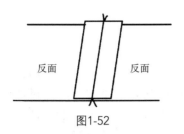

图1-52

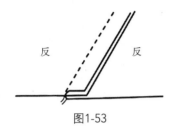

图1-53

② 分开缝。将两衣片平缝后分开缝头，用熨斗或指甲把缝头分开。分开缝大多用于面料或零部件的拼接部位。见图1-52。

③ 倒缝。平缝后将缝倒向一边，用熨斗烫平或用指甲刮平，一般用于夹里与衬布。见图1-53。

④ 搭缝。将缝头相搭合1cm，正中缝一道线，一般用于衬布或衬头。见图1-54。

⑤ 来去缝。来去缝分两步进行。第一步将物料反面与反面叠合，缉0.3cm宽的缝头［图1-55（a）］；第二步将0.3cm宽缝头的毛丝修齐，翻折转正面叠合缉0.5～0.6cm宽的线［图1-55（b）］。一般用于薄料衬衫的肩缝、衬裤等部位。

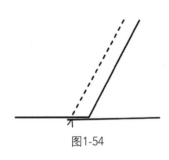

图1-54

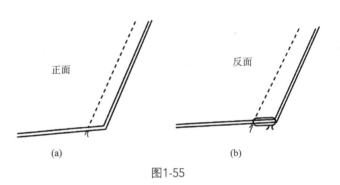

(a) (b)

图1-55

⑥ 外包缝。外包缝也是分两步进行，第一步将物料反面与反面叠合［图1-56（a）］；第二步下层包转0.8cm缝头，缝边缉0.1cm，然后反过来正缉0.1cm清止口［图1-56（b）］。外包缝外形为双线，较美观，适用于男两用衫、夹克衫等服装。

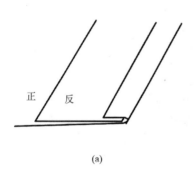

(a)

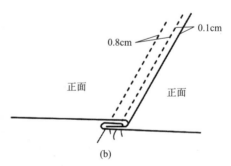

(b)

图1-56

⑦ 内包缝。同样分两步。第一步将物料正面与正面叠合，下层包转0.6cm缝头，缉牢布丝边。第二步翻身驳缉0.4cm单止口。见图1-57。

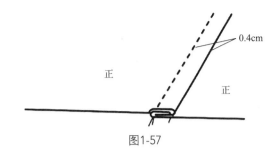

图1-57

⑧ 卷边。将衣片反面朝上，先卷好端部，送进压脚下，下层稍拉紧，拇指配合下面食指拉紧下层布料，防止裂形。卷边的宽窄，常见的有手帕的卷边0.2cm、平脚裤脚口的卷边0.6cm、衬衫底边的卷边1.5cm、上装底边和袖口的卷边3cm。见图1-58。

⑨ 缝制串带襻方法。串带襻毛长8cm、宽2.8cm，烫转一边0.7cm为第一道，再烫转另一边0.5cm为第二道；然后折转缉0.1cm止口，反面离进一线，不得外露。另一边同样缉0.1cm止口一道。见图1-59（a）、（b）、（c）。

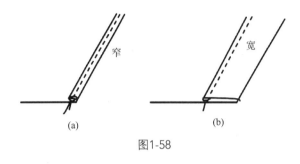

图1-58

缉止口也称明缉线，除了0.1cm外还有0.4cm、0.6cm、1cm单和双止口等。操作方法一般是以针洞眼为中心点，压脚右侧边掌握止口的宽窄。缉止口一般适用于袋盖、领头、门里襟、中山装门里襟止口等部位。见图1-59（d）。

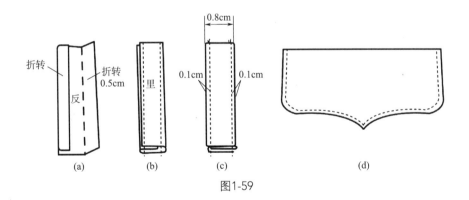

图1-59

1.4.3 开纽眼方法

它的眼布有两种：一种用直料，另一种用斜料。如果面料疏松，应将衬布粘于面料反面，方法如下。

第一步，画眼。眼长按纽扣直径0.2cm、眼宽0.6cm，呈长方形状。再在眼布反面画眼，并把眼布放在面料正面，上下对准标记。见图1-60。第二步，按粉迹缉长方形纽眼，针迹略密，3cm 16～18针。见图1-61。第三步，从缉线中间剪开，两端剪成Y形。

四角缉线不可剪断，也不能离角太远。因为剪断缉线，角要出毛；剪不足，翻出眼布后，四角起疙瘩，不平服，正确剪法见图1-62。第四步，翻出眼布，两端绷紧，进行分缝烫平。然后按缝头宽烫转眼布，眼头烫成三角形，两边眼嵌应宽窄一致，四角方正平服。第五步，封眼口。把衣片翻过，露出眼布，在长方形状眼两边各来回三道线封牢；反面将眼布缝头与大身衬缲牢。见图1-63。这种方法一般用于女式上衣。

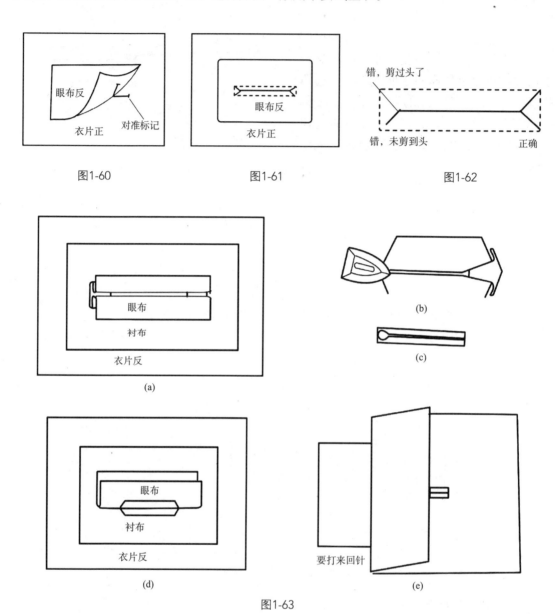

图1-60   图1-61   图1-62

图1-63

1.4.4　开后袋方法

服装的口袋式样繁多，一般可分为贴袋和开袋两大类。这里主要讲开袋，其式样很多，如一字嵌线袋、双嵌线袋、密嵌线袋、滚嵌线袋等。学习各种开袋的方法时，要注意掌握其共性和个性两个方面。从前面已学的开纽眼方法可以看出，开纽眼和开袋都是剪开织物料，因此称为开纽眼和开袋。它们的共性是都有嵌线，个性在于式样不同，外观效果不一样。因此，可以根据服装款式的需要配上袋饰。通过开后袋练习和开纽眼练习，我们可以体会到开的方法前几步基本相同，特别是双嵌线袋。见图1-64。它们的区别在于后几步。眼用缲的方法，留有纽眼，而开袋则放上袋布缲牢，做成袋。见图1-65。

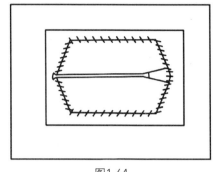

图1-64

这里选择图1-65（c）中后枪袋形作为基本练习，分七步操作。

第一步：做袋盖。缝合面里，圆角正确，二格相等，里外均匀合适；修剪缝头，圆头处要修窄，但不可毛出；翻出袋盖，尖角要尖，圆头要圆，照规格缲袋盖止口。

第二步：袋布上缲袋垫一块，离上端约6cm，然后用少量糨糊将袋布另一头粘在后裤片反面袋位处，按袋的高低、大小定位。袋布比袋口线高2cm定位，袋布两端（减去袋口大）缝头相等。见图1-65（c）。

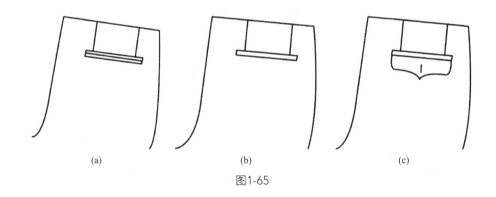

(a)　　　　　　　　　(b)　　　　　　　　　(c)

图1-65

第三步：在后裤片正面袋位处，按袋口缲上袋盖和嵌线，缝头分别为0.4cm，两线距离0.8cm，缲时嵌线稍拉紧，两头倒回针缲牢。见图1-66。

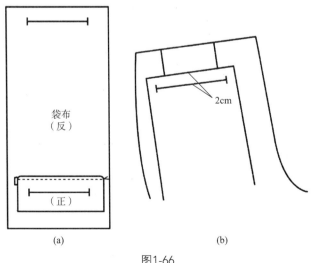

袋布
（反）

（正）

2cm

(a)　　　　　　　　　(b)

图1-66

第四步：在两线中间剪开，两头剪成Y形，见图1-67。

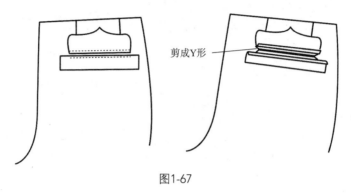

剪成Y形

图1-67

第五步：翻出嵌线刮平，然后做嵌线0.8cm，缉0.1cm止口一道。反面将嵌线与袋布缉牢。见图1-68。

第六步：合缉袋布时要注意袋垫高低位置，合缉后将袋布翻出，缉0.5cm止口一道。见图1-69。

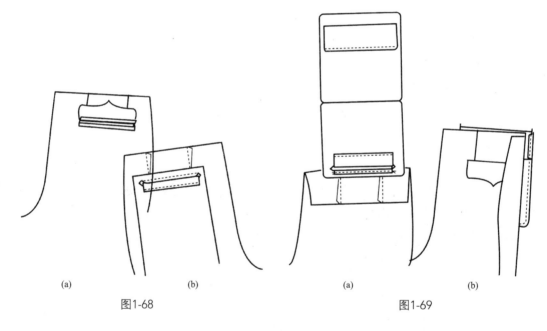

(a)　　　　　(b)

图1-68

(a)　　　　　(b)

图1-69

第七步：封袋口。袋盖摆平伏，从左侧至右侧在裤片正面缉0.1cm止口一道。两头打倒回针五道，注意袋角光洁、方正平伏，最后把腰口与袋布缉牢。见图1-70。

腰口与袋布缉牢

图1-70

1.5　平脚裤的练习

1.5.1　外形概述与外形图

内包缝明止口0.4cm，脚口卷窄边0.6cm，腰头缉三道线，穿两根橡根，贴小裆，后贴袋一只。见图1-71。

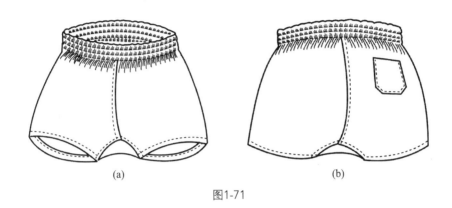

(a)　　　　　　　　　　　　　(b)

图1-71

1.5.2　成品参考规格

平脚裤成品参考规格（见表1-1）。

表1-1　平脚裤成品参考规格

单位：cm

臀围	85	90	95	100	105	110	115
裤长	31	32	33	34	35	36	37
直线	26.5	27.5	28.5	29.5	30.5	31.5	32.5
横裆	29	30	31	32	33	34	35
脚口	24	25	26	27	28	29	30
橡根毛长	39	41.5	44	46.5	49	51.5	54
纱绳毛长	105	110	115	120	125	130	135
后袋离裆缝	8.5	9.5	10	11	11.5	12	12.5
后袋离腰口	7.2			7.5		7.8	
后袋口大/深	8.5					8.5/9	

1.5.3 缝制工艺

① 腰口贴边毛宽3.8cm，净宽3cm，缉三道线排匀，上下用宽0.5cm橡根，当中留洞串纱绳一根，洞口上下要回针三道。

② 全部内包缝0.5cm，正面压缝0.4cm止口，内缝包好后压线。面料正面与正面叠合，前裆缝上包下，后裆缝下包上，外侧缝后身包前身，小裆包大身。

③ 后袋一只，袋口边净宽1.5cm，为双止口（回针三道）。

④ 脚口贴边宽0.6cm。

⑤ 明暗针一律3cm，为16～18针，腰头橡根针码为14～15针。

⑥ 折法：前身朝里，小裆折进，对折长25cm，后袋朝外。

第2章

织物的基本知识

所有的织物都是由两类纤维织成的，即天然纤维或再生纤维。天然纤维来源于植物或动物，如棉、毛、丝、麻。再生纤维则是通过化学变化过程产生的，包括涤纶、维纶、醋酯纤维、斯潘德克斯弹性纤维（氨纶）以及许多其他种类纤维。

将天然纤维和再生纤维结合起来，可生产出集几种纤维优点的最佳混纺织物。例如，将维纶的强度与羊毛的保暖性相结合，将涤纶的易保养性与棉织品的穿着舒适性相结合。

混纺织物的种类是无数的，每一种混纺织物的性能各异。每匹织物的端头上都标有该织物所用纤维的种类和含量，并列有保养说明。检查织物的手感——织物给你的感觉怎样、悬垂性怎样、是否易皱或纱线易脱散、是否会伸长，将织物搭在手上或臂上，以判断该织物的柔软度、挺爽性、厚薄程度是否符合需要，适合做哪种服装。

织物也可按其织造方法分类。所有的织物都可归入机织织物、针织织物和无纺织物这三类中。最普通的机织织物是平纹组织。平纹细布、府绸、塔夫绸都是平纹组织；劳动布、华达呢是斜纹组织；棉缎是经缎组织。针织织物也有几种，乔赛就是平针织物；针织套衫可织成双反面组织、提花组织和拉舍尔经编组织。毛毡就是一种无纺织物。

为待缝制的服装挑选合适的织物，需要一点实际经验。参照裁剪纸样封套背面的建议，学会感觉织物的手感。价格昂贵的织物未必质优，应挑选穿着挺括、看起来始终漂亮的精制织物。

2.1　易缝制的织物

有许多织物容易缝制，它们一般是中等厚度的平纹织物或厚实的针织织物。这些织物的纱线极少或完全不脱散，所以大多数不需要复杂的接缝整理或特殊的处理。见图2-1。

小印花纹、散印花纹及窄条纹容易缝制，因为这样的织物在接缝处不要求花纹相配。尤其是深色印花纹，还能遮盖针迹的不完美之处。

选用府绸、阔幅棉布这样的平纹织物会比较令人满意。坚实、伸缩中等的针织织物不需要接缝整理，而且具有拉伸性，使服装更容易合身。像棉布、轻薄型羊毛织物这样的天然纤维织物也容易缝制，因为针迹容易与这些织物交融在一起。

至于其他容易缝制的织物，参阅列在容易缝制裁剪纸样背面的推荐织物。

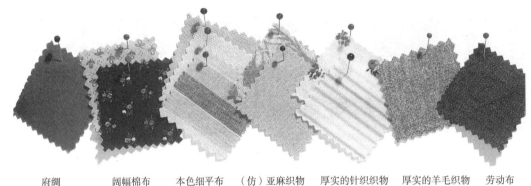

| 府绸 | 阔幅棉布 | 本色细平布 | （仿）亚麻织物 | 厚实的针织织物 | 厚实的羊毛织物 | 劳动布 |

图2-1

2.2 特殊织物

有些织物由于其花纹或织造方法，在排料和缝制时需要特别加以注意。其中，有些容易缝制的织物亦属于这一范畴。所需的特殊操作方法通常不难，常常只需要多加一个步骤（如接缝整理）或稍加细心一点。见图2-2。

图2-2

① 拉毛和绒面织物，如丝绒、平绒、维罗呢、法兰绒、灯芯绒在裁剪时要特别注意。当这些织物表面的绒毛都顺着长度方向时，看起来颜色浅且闪闪发光；而当绒毛顺着相反方向时，则颜色变深。为了使服装看起来色调统一，排料时一定要遵照裁剪纸样说明上的"有绒毛织物排料说明"。先确定你想要绒毛顺哪个方向，然后使上边缘朝着同一方向裁剪所有的衣片。

虽然丝织缎纹织物和波纹塔夫绸不是起绒织物，但是在不同方向上，其光亮表面反光程度不同。应先确定织物顺方向，然后单向排料。

② 透明薄织物采用特种接缝和接缝整理，这样看起来最佳。未经整理的做缝有损巴厘

纱、细薄织物、菠萝组织网眼织物、雪纺绸等织物纤巧透明的外观。按传统方法去缝，当然也可采用别的接缝整理方法。

③ 斜纹组织织物，像劳动布和华达呢有斜向脊状凸起。如果这些脊状凸起非常显眼，裁剪时则采用"有绒毛织物"排料法，避免选用与明显斜纹不相宜的裁剪纸样。劳动布的纱线容易脱散，要采用封闭式的接缝。

④ 方格花纹和条纹织物在排料和裁剪时要特别注意。在接缝处要使格子或宽条纹配对，就要多买些衣料。要比裁剪纸样上所规定的用料量多买1/4或1/2码（0.25~0.50m），视花纹大小而定。

⑤ 针织织物在缝制过程中必须轻拿轻放，以免织物伸长变形。要采用特殊的针迹和接缝整理，以保持正常的伸长量。

⑥ 单向图案织物如某种花卉、佩斯利涡旋花纹等要采用"有绒毛织物"排料法，以免该图案在服装的一边朝上，而在另一边则朝下。边纹图案要横向裁剪，而不要纵向裁剪。挑选能显示出边纹图案的裁剪纸样，确定该买多少衣料，通常要多买些料。

2.3　织物和缝纫技术

各类型织物及缝纫技术见表2-1。

表2-1　各类型织物及缝纫技术

类型	织物	平缝或边缘整理	接缝	机针号	线种类及粗细
透明薄织物至轻薄织物	纱罗织物、巴里纱、雪纺绸、透明硬纱、双绉、细网眼织物、丝网眼纱或网、乔其纱	加固的锯齿边、锯齿形	来去缝、假来去缝、自身滚边缝、双排针迹缝	9/65	特细：丝线、丝光棉线或棉/涤线
轻薄织物	丝绸、本色细平布、方格色织布、阔幅布、牛津（衬衫）布、印花棉布（平纹布）、轻薄型亚麻布、钱布雷布、泡泡纱、特里科经编织物、印花薄型毛织物、奥甘迪（蝉翼纱）、平纹细布、细薄织物、麻纱、上等细布、凹凸织物	加固的锯齿边、锯齿形，织边	来去缝、假来去缝、自身滚边缝	11/75	特细：丝线、丝光棉线 通用：棉/涤线
轻薄至中厚针织织物	棉针织物、特里科经编织物、棉涤针织物、平针织物、薄型针织套衫织物、弹力毛圈织物、弹力维罗呢	锯齿形，平直带包缝	双排针迹、直线和之字形针迹、窄字形针迹、直线弹力针迹、弹力拉伸针迹	14/90圆头针	通用：棉/涤线或涤纶长丝线
中厚织物	棉布、毛、毛法兰绒、人造纤维、亚麻布及仿亚麻织物、摩擦轧光印花棉布、绉纹呢、华达呢、丝光卡其军服布、府绸、劳动布、灯芯绒、丝绒、平绒、维罗呢、塔夫绸、丝织缎纹织物、双面针织物	加固的锯齿边、锯齿形，织边，卷边并接缝，包边整理	关边缝、搭接缝、平式接缝、假平式接缝	14/90（针织物用圆头机针）	通用：棉/涤线、涤纶长丝线或丝光棉线

续表

类型	织物	平缝或边缘整理	接缝	机针号	线种类及粗细
中厚织物/西服料	毛、混纺羊毛织物、粗花呢、法兰绒、华达呢、斜纹、马海毛、珠皮呢（结子线织物）、厚府绸、厚劳动布、双面针织物、纳缝织物	加固的锯齿边、锯齿形，织边，包边整理	关边缝、搭接缝、平式接缝、假平式接缝	14/90 16/100	通用：棉/涤线或丝光棉线
中厚至厚实织物	毛、混纺羊毛织物、重脂含杂毛法兰绒、人造毛皮、起绒织物、帆布、厚（棉）帆布、厚缝帆布、家具袋饰织物	加固的锯齿边，织边	关边缝、搭接缝、假平式接缝	16/100 18/110	粗实的棉线或棉/涤线，缝表层针迹和锁纽孔的线
无纹理（无纺）织物	皮革、仿鹿皮织物、爬行动物皮（天然及人造）、鹿皮（呢）、小牛皮、塑料、毛毡		关边缝、搭接缝、假平式接缝	14/90 16/100 楔形头机针	通用或粗实线（所有类型）

2.4　各种衬头介绍

几乎每一件衣服都少不了衬头的硬挺作用。衬头是面料的内层，用于支撑诸如衣领、袖口、腰头、口袋、驳头及纽孔等零件使它们成形。即使是简单的款式，也常需要衬头加固领口、贴边或贴条、折边等。衬头使服装有身骨，使服装虽经久洗、久穿仍挺括如新。见图2-3。

衬头由各种纤维织成，有各种厚度。一种裁剪纸样可能需要一种以上的衬头，根据流行织物的厚薄、需要的款式以及服装洗涤的方式选择衬头。一般来说，衬头与流行织物的厚薄应相同或更薄些。将两层织物和衬头悬挂在一起，查看织物和衬头的悬垂性是否协调。衣领、袖口通常需用较硬的衬头。对于透明的轻薄织物，用另一种流行织物作衬头则更佳。

衬头分机织衬头和无纺衬头两种。机织衬头有纵向纹理和横向纹理，裁剪时必须与服装上待装衬头部分的纹理相同。无纺衬头是将纤维黏合而成，无纹理。坚固的无纺衬头可以在任意方向上剪切，不会脱散。弹力无纺衬头在横向上有弹性，对针织织物最合适。

机织衬头和无纺衬头都有缝入式和热融式两种。缝入式衬头必须用别针或疏缝针迹定位，完全靠缝纫机针迹将衬头固定在位。热融式衬头的一面有一涂覆层，蒸汽压烫时，该涂覆层会熔化，将衬头粘在织物的反面。热融式衬头的塑料包装上有使用说明，可以参阅。由于各种热融式衬头使用方

图2-3

法各不相同，所以要严格按使用说明操作。装热融式衬头时，用一块湿压烫布以保护熨斗和产生更多的蒸汽。

选用热融式衬头还是缝入式衬头，通常依个人爱好而定。缝入式衬头所需的手工作业多些。热融式衬头操作快而简易，使衣服更挺括。然而，有些柔软织物承受不了熔合所需的高温。像泡泡纱这样的花式织物不能用热融式衬头，因为衬头熔合时，织纹也被破坏了。

衬头的厚薄从透明至厚实，颜色通常为白色、灰色、本色或黑色。对于腰头、袖口及叉，有专用省时衬头。这些都有预制针迹线使边缘平整。

可熔纤维网是另一种衬头辅助料，呈条状，宽度各异。它用以将两层织物黏合在一起，使缝入式衬头能与流行织物黏合。可熔纤维网也可用于在缝制前粘住折边，将贴花定位及固定补缀物。

2.5　衬头的分类

热融式机织衬头厚薄度从中厚到厚实都有一定的挺括度，只是各有差异。裁剪时注意保持其纹理与衣片的纹理相同，或斜裁以方便成形。见图2-4。

热融式无纺衬头从透明到厚实各种厚度都有。坚固的无纺织物在各个方向上的伸缩极小，所以可以任意裁剪不必顾虑纹理。见图2-5。

热融式尼龙衬头是用维纶经编织物制成的。该衬头纵向稳定，而横向有伸缩，适合轻薄针织织物和机织织物。见图2-6。

| 图2-4 | 图2-5 | 图2-6 |

缝入式机织衬头可保持织物形状和特性，应用于机织织物的自然成形。从透明硬纱、细薄织物至厚实的粗毛帆布等各种厚度都有。见图2-7。

缝入式无纺织物的厚薄、颜色、伸缩性、坚固程度及斜纹组合各异。适用于针织织物、有弹性的织物及机织织物。各种无纺衬头在使用前都要经预缩整理。见图2-8。

可熔纤维网是一种黏合材料，用于将两层织物不经缝纫黏合在一起。虽然可熔纤维网不是衬头，但它能增加织物的硬挺程度。见图2-9。

无纺可熔腰衬头可预先裁剪成各种宽度或条状，用于使腰头、袖口、袖叉及直贴边的边缘更牢固、挺括。其上面有预制的针迹或折叠线。见图2-10。

无纺缝入式腰衬头是一种厚实的、结实的、边缘光洁的条状材料。用于硬挺坚固的腰头或腰带，宽度尺寸有几种。可缝在腰头的背面或腰头的贴边上，但由于其太硬挺而不宜缝入腰头缝中。见图2-11。

图2-7

图2-8

图2-9

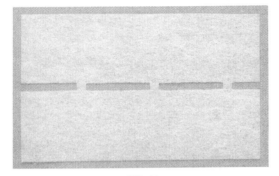

图2-10

图2-11

2.6　线的分类

可根据纤维、织物厚薄及针迹的用途挑选优质缝纫线。作为一般的准则，天然纤维织物用天然纤维线，合成纤维织物用合成纤维线。图2-12所示为放大20倍的照片，以便看清细节。

① 涤纶芯棉线是手工缝纫和机器缝纫都可用的通用线。适用于一切织物，如天然纤维织物、合成纤维织物等。

② 特细涤纶芯棉线用于轻薄织物时，不易使织物起皱；用于机绣时，不会卷绕在一起或断裂。

③ 表层针迹及锁纽孔线可用于缝表层针迹、装饰性针迹、机器锁纽孔及手工锁纽孔。

④ 手工绗缝线是一种结实的棉或涤/棉混纺线，在手工绗纳几层织物时不会缠结、打结或解捻。

⑤ 纽扣及地毯线适用于强度要求格外高的手工缝纫作业。

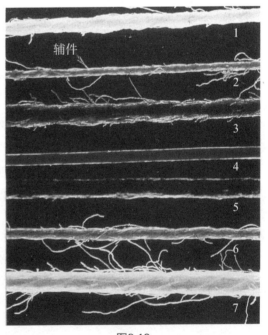

图2-12

⑥ 涤纶长丝线光滑、均匀，适用于手缝或机缝。

⑦ 100％丝光棉线可用于棉、麻、毛等天然纤维机织织物。对于针织织物，其伸缩性不够。

2.7　镶边及带子

挑选与织物和线相配的镶边及带子。大多数镶边、带子可以用机缝，但有些必须用手缝。装在可洗涤衣服上的镶边要预先缩水。见图2-13。

① 单折斜纹带1.3cm宽；阔斜纹带2.2cm宽，有印花的也有单色的，可用于做可嵌松紧带的套管、镶边和贴条。

② 双折斜纹带用于固住毛边。折叠宽度6mm和1.3cm。

③ 花边滚条是一种装饰性的花边折边整理或用于各种织物的花边嵌饰。

④ 接缝带用100％再生纤维或涤纶制成。宽1cm，用于加固接缝，使折边光洁及加固破裂的角。

⑤ 之字形花边带宽度6mm、1.3cm及1.5cm，可用于引人注目的饰边。

⑥ 编结带有环形、饰带形及水手形，可用于旋涡形花边、束带、领带或环带式纽孔。

⑦ 人字形斜纹带可用于加固接缝或卷成线条。

⑧ 衬线滚边是一种很显眼的饰边，可嵌入接缝中装饰边缘并使其轮廓清晰。

⑨ 松紧带嵌入套管内，使腰带、袖口及领口成形。针织的［图2-13（9a）］及机织的［图2-13（9b）］松紧带比编结带式松紧带［图2-13（9c）］要软些，不易卷曲，可直接缝到织物上。不会卷曲的松紧带有横向筋，使之不会扭曲或卷曲。

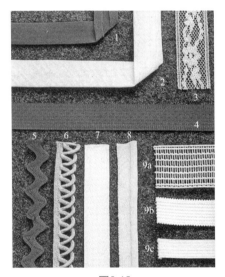

图2-13

2.8　纽扣及闭合辅件

挑选这些辅件时，挑选与服装能互相交融混为一体的，或者挑选与服装呈鲜明对比的纽扣样式。闭合辅件可真正起到封闭作用，也可作装饰用。见图2-14。

① 有眼纽扣，常用的通用纽扣有两眼或四眼

图2-14

纽扣。

②有脚纽扣，在纽扣下有一"颈部"或杆部。

③本色布包纽，可用与服装相同的织物包裹纽扣，使颜色格外协调。

④套索扣是索环及木杆组成的纽扣，附带皮革或皮革样饰物，用在服装的叠合区。

⑤盘花纽扣是索环及球头组成的纽扣，使特殊的服装显得更漂亮、时髦。

⑥揿纽和黏合纽扣在夹克衫、衬衫或便服的搭接部位，起闭合作用。

⑦搭钩及襻用在裙子或裤子的腰带部。

⑧衣钩及钩眼是内用闭合辅件，有各种大小以适用于各种厚薄的织物。

⑨揿纽是内用闭合辅件，用于受力不大的部位，如袖口。

⑩特大型揿纽，俗名拷纽。可用锤击或钳子之类工具将拷纽钉在服装外面起装饰作用。

2.9 拉链的介绍

拉链有金属齿或塑料齿，或由一条涤纶或维纶的合成丝圈绕附在机织带上。两种类型都有适合各种用途的重量。环扣拉链重量轻、柔韧性更好，耐热且不生锈。厚实的织物及运动服用较重的金属拉链。虽然通常把拉链制成与服装融为一体，但有些拉链则形大而色艳，就是为了炫耀一番。见图2-15。

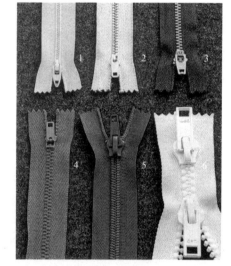

图2-15

①涤纶通用拉链适用于各种厚度的织物。适用于裙子、裤子、套装及居家装饰品。

②金属通用拉链结实、耐用。适用于裤子、裙子、套装、居家装饰品及运动服。

③铜质牛仔裤拉链是尾部封闭的冲压金属拉链。适用于中等厚度的织物或厚实织物缝制的牛仔裤、工作服和便服。

④金属开尾拉链有中型的和重型的。适用于夹克衫、运动服和居家装饰品。双面开尾拉链在拉链的正、反两面都有拉襻。

⑤模塑塑料开尾拉链是重量轻而结实、耐用的拉链，可使与之相配的织物光滑、平整、丰满。此拉链具有的装饰性外观自然与滑雪服、户外服装相配。

⑥派克（大衣）拉链是模塑塑料开尾拉链，带两个拉链拉襻，从上或从下都能拉开。

第3章
缝纫技术工艺

3.1 手缝几种针法

某些缝纫技巧在手工缝纫时体现得最充分，包括疏缝、装饰针迹、粗缝及折边。

剪一段长46～61cm的通用线进行手工缝制。让线从蜂蜡中穿过，增加其强度，也可避免扭结。用短针（圆眼短针或绗缝针）缝折边，用较长的针缝疏缝。见图3-1。

淌针针迹用于手工疏缝，为试穿或缝制用。此种针迹可暂时将两层或多层织物缝在一起。缝纫新手可能会觉得先用手工疏缝，再用别针固定和机制疏缝要方便些。

回针针迹是手缝针迹中最牢固的。在难以到达的部位或者缝纫机难以缝制的里层可用此种针迹。此种针迹正面的外观像机缝针迹，而在背面则是重叠的针迹。

刺点针迹是回针针迹的一种变化。织物正面只留下极细小的针迹。它用于装饰性的表层针迹或在手工装拉链时用。

暗缝针迹短而松，是一种几乎看不见的针迹。用于缝折边、粗缝贴边或贴条、整理腰头。此针迹用在整理过或折叠的边上。

之字形针迹可以在一条粗缝毛边上平展地缝制，也可在有衬里的服装上用作折边针迹。暗之字形针迹隐藏在衣片和折边之间。因为这种针迹富有弹性，对针织织物尤其适用。

暗针针迹位于折边和衣片之间，所以看不见针迹。它不会使折边的上边缘在衣片的正面形成一条隆脊。

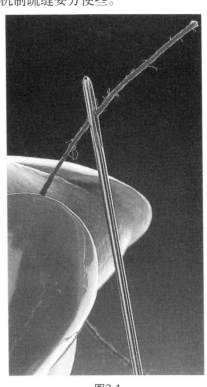

图3-1

3.2　穿针引线及锁住针迹

① 将穿针器的钢丝插入针眼，再将线穿过钢丝环。

② 将钢丝抽出针眼，把线拉过针眼，见图3-2。

在手缝针迹线的首端和尾端用回针针迹锁住。在织物反面挑一短小针迹，把线拉成一小环（图3-3中1）。让针穿过小环，带线过环形成另一个小环（图3-3中2）。再让针穿过第二个小环，把线拉紧。

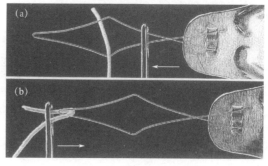

图3-2

3.3　直针迹

淌针针迹。让针连续缝几针淌针针迹，再拉针穿过织物。以回针针迹锁住针迹端头，长度为6mm短而均匀的针迹能紧扣织物。由一个1.3cm的长针迹和一个短针迹组成的不均匀疏缝，可用于直缝或稍呈弧形的接缝。见图3-4。

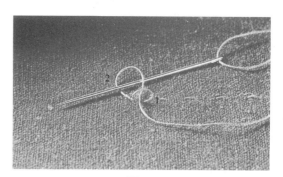

图3-3

回针针迹。让针连同线穿过织物，从上面拉出。在线穿出点后面1.5～3mm处插入针。引针向前，在线穿出点前面等距处拉出针线。照此继续缝制。下层织物上针迹线长度是上层织物上针迹线长度的2倍。见图3-5。

刺点针迹。让针连同线穿过织物，从上面拉出。在线穿出点后面相距一根或两根织物纱线处插入针。引针向前，在线穿出点前面3～6mm处拉出针线。上层织物表面的针迹应为非常细小的"刺点"。见图3-6。

图3-4

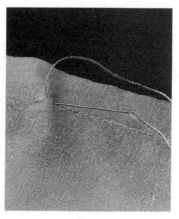

图3-5

图3-6

3.4 缝折边针迹

　　暗缝针迹短而松。左手握住折叠的边，从右向左缝。让针穿过折边向上拉出针线。正对线穿出点在衣片上缝一个针迹，此针迹只扣住一根或两根织物纱线。让针在折边中穿行约6mm，如此继续。针迹间距约6mm。见图3-7。

　　之字形针迹。从左向右缝，针尖朝左。在折边边缘缝一细小水平针迹。在衣片上缝另一细小水平针迹，位置在第一个针迹右边，距第一个针迹约6mm。让针迹交叉，如此交替缝制成之字形针迹。暗之字形针迹如同暗缝针迹般缝制，让折边位于外侧。见图3-8。

　　暗针针迹。从右向左缝，针尖朝左。将折边边缘往回卷约6mm，在衣片上缝一非常小的水平针迹。下一个针迹缝在折边上，位于第一个针迹左边6mm～1.3cm处，如此不断交替缝制。务必仔细使衣片上的针迹非常细小，也不要把线拉得过紧。见图3-9。

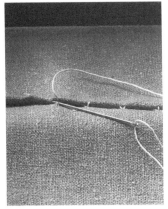

图3-7

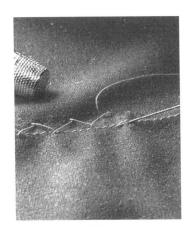

图3-8

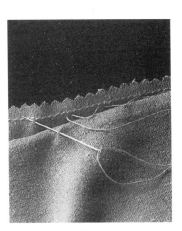

图3-9

3.5 机缝要领

　　许多传统的手工缝纫技术现在完全可以由机器来完成。缝制一件完整的衣服最快的方法是采用机器。认真读一读缝纫机使用说明书，以便熟悉所用机器可缝制哪些针迹。见图3-10。

图3-10

开始缝制时，先将线头拉到缝纫机针后面，以免线头卡在送布牙中。

使用合适的针板。直针迹针板能防止巴厘纱这样的薄纱、细薄织物或轻薄针织织物被扯入送布牙。此针板只有在缝制直针迹时才与直针迹压脚一起使用。

使用接缝导向器以便保持做缝均匀。接缝导向器装在缝纫机台板上，可调节接缝宽度为3~32mm。缝弧形接缝时，接缝导向器会转动，对非常狭窄或非常宽的接缝特别适用。

以适合织物的速度和针迹均匀缝制。长接缝可以全速缝制，弧形接缝和拐角处缝制要慢些。

针迹不要越过别针。勿将别针别在朝缝纫机台板那面的织物上，因为那样别针会与送布牙相碰。

缝纫作业时使用合适的附件。参看缝纫机使用说明书，以确定要用哪种附件。

在针迹线的首端及尾端缝回针针迹或打结以锁住针迹，这样针迹线就不会被拉出来。

缝接缝及滚边缝合时，采用连续缝制技术可节省时间。

3.6　缝回针针迹

① 将机针定在距织物顶边1.3cm处，放下压脚，把缝纫机调到倒缝。缝纫机做倒缝到边缘。见图3-11。

② 将缝纫机调节到向前缝制，然后一直缝到织物边缘，但不能超过边缘。将缝纫机调到倒缝，倒缝大约为1.3cm长的距离。见图3-12。

③ 升起机针，从机针的后面和左边挪出织物，于齐针迹尾端剪断线。见图3-13。

图3-11　　　　　　　　　图3-12　　　　　　　　　图3-13

3.7　在端头打结

① 剪断线，留10cm长的线头。左手捉住线绕成一圆环，右手将线头穿入圆环。见图3-14。

② 用左手捉住线端头。将别针插入圆环，把圆环拨得紧贴织物。见图3-15。

③ 拉扯线端头，把圆环拉成一结子。抽出别针，齐结子剪断线头。见图3-16。

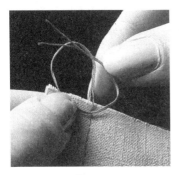
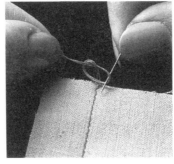
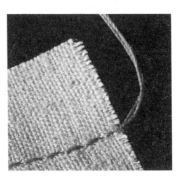

图3-14　　　　　　　　　　图3-15　　　　　　　　　　图3-16

3.8　连续缝制

① 连续缝到一条接缝或一块织物裁片的端头，继续缝至超出织物的边缘直达另一块织物裁片，勿剪断线或升起压脚。见图3-17。

② 继续尽可能多地缝接缝。见图3-18。

③ 剪断每块织物裁片之间的连线，立即翻开接缝并压平。见图3-19。

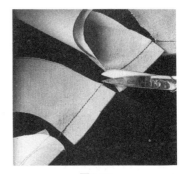

图3-17　　　　　　　　　　图3-18　　　　　　　　　　图3-19

3.9　机缝技术

滚边缝合是一条在单层织物上距接缝边缘1.3cm的普通机器缝制的针迹。这种针迹适用于领圈、臀围线、腰围线这样的弧形和角形部位，可防止在缝制过程中这些部位伸长。顺着纹理缝或定向缝，通常是从服装的最宽处缝向最窄处。见图3-20。

疏缝针迹（图3-21中1）是缝纫机上最长的针迹，用于临时将两层或多层织物合在一起，便于缝制、压烫或试穿。有些缝纫机有特长快速疏缝针迹（图3-21中2），为便于拆去它，缝制前需先减小面线张力。

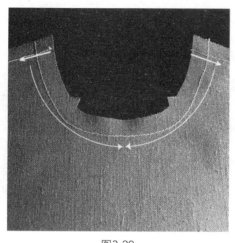
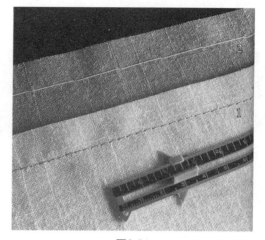

图3-20　　　　　　　　　　　　　图3-21

加固针迹是指每英寸18~20个针迹，缝在接缝线上，在应力集中点加固织物。也用在拐角或必须剪开的弧形部位，如V字领的"V"形、方领的直角等。见图3-22。

松弛针迹是缝在单层织物接缝线上的一行针迹，用于在一条接缝一边（图3-23中1）的织物稍有盈余时将织物略微抽紧，以便能平整地与无盈余那层织物的边缘（图3-23中2）相配。采用长针迹，稍微减小张力。

收皱针迹是缝在接缝线上的长针迹线。为更好地控制收皱，通常在做缝中距第一行针迹线6mm处缝第二行针迹。缝制前稍微减小面线张力，抽紧底线，即可收皱。见图3-24。

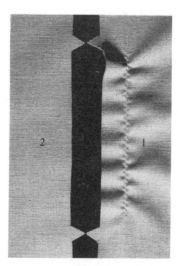
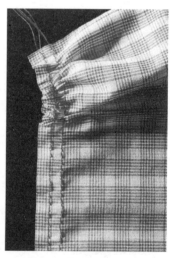

图3-22　　　　　　　　图3-23　　　　　　　　图3-24

里层针迹是直针迹，用于压住贴边（或贴条）不朝织物的正面翻卷。修剪和压烫做缝，使之折向贴边（或贴条），然后紧挨接缝线在贴边（或贴条）的正面缝。见图3-25。

表层针迹是在服装正面的针迹。用通用线、表层针迹和锁纽孔线在服装正面缝。为使针迹更显眼，要稍微加长针迹和减小张力。见图3-26。

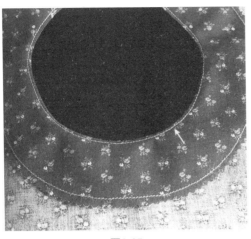
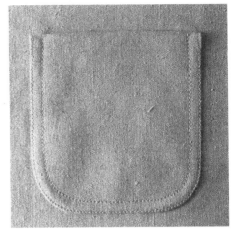

图3-25

图3-26

3.10 剥离针迹的两种方法

将线缝剥离器尖端插到针迹线下。拉紧织物边，每次轻轻剥离1～2个针迹。不能沿接缝滑动剥离器，只在针迹线被遮蔽时才用这技术。见图3-27。

剥离裸露的线缝时用线缝剥离器或尖头剪刀在线缝的一边将针迹线割断，间距为1.3～2.5cm。见图3-28。

拉扯掉在线缝另一边的线，用毛刷或胶带将断线除去。见图3-29。

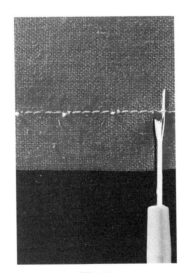
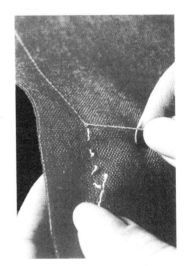

图3-27

图3-28

图3-29

第4章
技术接缝的方法

在服装制作中接缝是基本要素。将两片织物缝在一起就形成接缝，通常接缝距裁剪边缘1.5cm。服装做工是否考究，就看接缝是否完美。起皱的、歪歪扭扭的、不均匀的接缝不仅影响外观，穿着也不舒服。

接缝除了将衣片连接在一起，也被用作图案的要素。如将接缝缝制在不寻常的位置或用颜色呈鲜明对比的表层针迹缝制，接缝也会给服装增添美色。

多数平缝需要整理以防止脱散。接缝整理是处理或封闭做缝毛边的方法，使接缝边缘耐磨且不脱散。

变化的平缝有滚边缝、封闭式接缝、表层针迹缝、松弛针迹缝等。有些如平式接缝能增加强度或便于成形；另一些如来去缝、滚边缝可使服装更美观、耐穿。

4.1 机缝接缝

将织物主体置于机针左侧，织物上裁剪的边缘在机针右侧。缝制时，用双手轻按、轻推织物。见图4-1。

利用刻蚀在缝纫机针板上的导向线，缝制平式接缝。此外，为使接缝不扭曲，还可借助于接缝导向器或与机针保持所需距离的遮蔽胶带。见图4-2。

缝制结束后，利用装在压紧杆部件背面的割线刀割断线或用剪刀剪断线。见图4-3。

图4-1

图4-2

图4-3

4.2 缝制平缝

让织物的正面相对，用别针别住接缝，别针间距相等，剪口和其他标记都准确对齐。使别针与接缝线成直角，通常距边缘1.5cm。别针尖恰好超过接缝线，别针头朝向裁剪边缘以方便取下。见图4-4。

采用回针针迹固牢接缝首端，然后沿接缝线缝制，边缝边取下别针。接缝尾端亦用回针针迹缝1.3cm以固牢针迹，修剪线头。见图4-5。

在织物的反面接缝线上压烫，烫平接缝，使针迹切入织物，然后将接缝翻开压烫。压烫时，用手指或尖角翻转器的钝端将接缝翻开。如遇弧形接缝（如裙子或裤子的臀部），用裁缝用压烫衬垫的弧形部分垫着压烫。见图4-6。

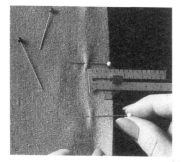  

图4-4   图4-5   图4-6

4.3 接缝整理

接缝整理可对女装起到点睛作用，对所有的服装起到改进外观的作用。经整理的接缝能防止机织织物脱散，针织织物接缝不卷曲。接缝整理也起着加固接缝的作用，使服装耐洗、耐穿，且在更长的时间内看起来仍新美如初。

接缝在缝制时就应该整理，即在与另一条接缝交叉前就该整理。整理不应增加接缝厚度，或压烫后在服装正面显出压痕。如果无把握确定采用何种整理为好，在织物碎片上试试几种整理，以便确定最佳的整理方式。见图4-7。

图4-7

　　下面接缝整理都以平缝开始，也可用作贴边（或贴条）、折边等的毛边整理。

　　布边整理不需要缝制，适用于机织织物的机器码边。布边整理要求调整裁剪纸样的布局，以便使接缝位于布边上。

　　加强缝及锯齿边接缝整理适用于织得很密实的织物。这是一种又快又容易的整理，可防止织物脱散或卷曲。

　　翻转及加强缝整理（亦称作光洁整理）适用于轻薄至中等厚度的织物。

　　之字形针迹接缝整理可防止织物脱散，适用于针织织物，因为之字形针迹比直针迹整理弹性大。此种接缝应利用锁边缝进行之字形锁边。

4.4　基本接缝整理

　　布边整理。调整裁剪纸样布局，使接缝位于布边上。为防止收缩和起皱，接缝缝制后，在两层布边上斜剪一些剪口，间距为7.5～10cm。见图4-8。

　　加强缝及锯齿边整理。分别在距两条做缝的边缘6mm处缝一行针迹，将接缝翻开、烫平。用锯齿边或月牙边剪刀紧挨针迹修剪。见图4-9。

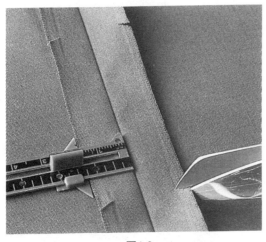

图4-8

图4-9

4.5　翻转及加强缝整理

　　① 分别在距两条做缝的边缘3～6mm处缝一行针迹。在直边上这行针迹可以免去。见图4-10。

　　② 沿针迹向下翻转做缝。针迹有助于向下翻转，尤其是弧形接缝。见图4-11。

　　③ 紧挨着折边缝一行针迹，只能缝在做缝里，再将接缝翻开、烫平。见图4-12。

 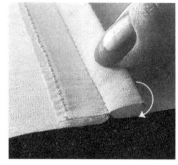 

图4-10   图4-11   图4-12

4.6　之字形针迹整理

① 将之字形针迹调到最大宽度。在靠近做缝边缘处缝，但勿缝在边缘上。见图4-13。
② 紧挨着针迹修剪，但不要剪到针迹。见图4-14。

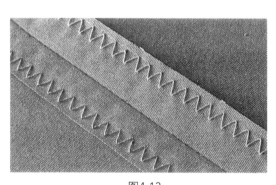 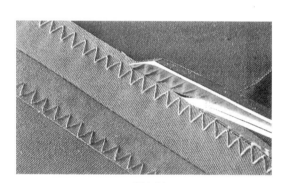

图4-13   图4-14

4.7　其他之字形针迹整理

　　之字形包缝针迹整理。按需要将接缝边缘修剪平。将之字形针迹长度和宽度调整至适合织物的程度，紧挨着做缝边缘缝使针迹包住边缘。如果织物起皱，调整到较小的数字位以减小张力。见图4-15。

　　三步之字形针迹整理。此针迹就是在一个之字形针迹宽度内含三个短针迹。将缝纫机调到花式针迹位置，并把长度和宽度调整到与织物相适合的程度。紧挨着做缝边缘缝，要小心，不要拉长织物。在有些缝纫机上，可用蛇形针迹代替三步之字形针迹，紧挨着针迹线修剪。见图4-16。

　　弹性之字形包缝针迹整理。修剪平接缝边缘。将缝纫机调到花式针迹位置，装上包缝压脚，在修剪过的做缝边缘缝。如果在轻薄织物上缝制要求针迹宽度小（狭窄），则采用通用压脚。见图4-17。

图4-15

图4-16

图4-17

4.8 滚边缝整理

　　滚边缝整理就是将做缝的裁剪边缘整个包裹住，以防止织物脱散，同时使服装的反面看起来美观些。滚边缝整理很适用于无衬里的夹克衫，尤其适用于以厚实织物或容易脱散织物缝制的夹克衫。

图4-18

　　最常用的滚边缝整理有斜条滚边整理、特里科经编织物滚边整理、香港式滚边整理。中等厚度的织物，如丝光卡其、劳动布、亚麻布、华达呢、法兰绒和厚实的织物，以及呢绒、天鹅绒、平绒、灯芯绒都可以采用上述任意一种滚边缝整理。上述几种滚边缝整理都要以缝制一条平缝开始。滚边缝整理也可以用从折边、贴边（或贴条）的边缘。见图4-18。

　　斜条滚边整理是最容易的滚边缝整理，根据所流行的织物采用棉、人造丝或涤纶双折斜条。

　　特里科经编织物滚边整理是适用于柔软薄纱织物或膨松、起绒织物的一种不明显的整理。购买薄纱斜纹特里科经编织物条或将尼龙网、轻质特里科经编织物裁剪成1.5cm宽的条状。尼龙网必须沿斜纹裁剪；特里科经编织物必须沿横纹裁剪，这样伸缩性最大。

　　香港式滚边整理是一种妇女时装制作技巧，因为这种整理非常容易，可使服装的反面非常细洁，所以许多家庭裁缝也喜欢采用。

4.9　斜条滚边整理

将斜条折叠，包住接缝裁剪边缘，斜条较宽的一边放在下方。紧挨着内折边缘缝制，针迹要扣住下方较宽的折边。见图4-19。

图4-19

4.10　特里科经编织物滚边整理

纵向对折轻薄特里科经编织物条，包住接缝裁剪边缘。缝纫时轻轻拉住，特里科经编织物条会自然地包住裁剪边缘。用直针迹或中等宽度的之字形针迹缝。见图4-20。

图4-20

4.11 香港式滚边整理

① 将衬里织物裁剪成3.2cm宽的斜条。按需要连接斜条，使其长度为待整理接缝长度的2倍。见图4-21。

② 在做缝正面，使斜条与做缝边缘对齐。在距裁剪边缘6mm处缝，缝制时稍稍拉紧斜条。用压脚边缘作为缝纫导向器。见图4-22。

③ 为降低膨松度，把厚实织物的做缝修剪至3mm宽，轻薄织物则不需要修剪。见图4-23。

④ 将斜条向反面压烫，盖住做缝的裁剪边缘。再将斜条向内侧折，包住裁剪边缘。见图4-24。

⑤ 用别针将斜条定位，别针要穿透各层织物。由于斜条边缘不会脱散，所以斜条的裁剪边缘不必整理。见图4-25。

⑥ 在沟里缝制是指将斜条和织物缝在一起形成的凹槽。这一针迹在织物正面不明显，却能扣住下方的斜条裁剪边缘。轻轻压烫。见图4-26。

图4-21

图4-22

图4-23

图4-24

图4-25

图4-26

4.12 封闭式接缝

封闭式接缝不同于滚边缝。它不需要附加的织物或滚条，做缝的裁剪边缘包裹在接缝内。封闭式接缝最适用于轻薄织物，因为封闭式接缝产生的膨起并不成问题。封闭式接缝对薄纱织物尤为适合，因为看不出毛边或醒目的边缘。请用直针迹压脚和针板，以免薄纱织物被拉进送布牙。见图4-27。

封闭式接缝适用于罩衫、无衬里夹克衫、女内衣及薄纱窗帘。这种接缝对于儿童服装也很适合，因为它耐磨、耐洗。

自身滚边接缝以一平接缝开始，一条做缝折向另一条做缝，然后再缝制。

来去缝在织物正面看起来像一条平缝，在织物反面像一条狭窄的缝裥。来去缝以将织物的反面缝在一起为开端。在呈弧形的部位，来去缝难以缝制，所以此种接缝最好用于直缝。

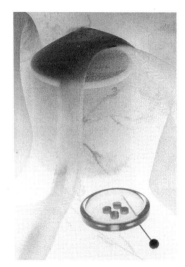

图4-27

假来去缝以一平缝开始。做缝修剪后向里折叠，然后沿折叠处缝制。自身滚边接缝和假来去缝可用于弧形部位或平直部位。

4.13 缝制自身滚边接缝

缝制一条平缝，不用将接缝翻开压平。把一条做缝修剪成3mm宽。见图4-28。

将未修剪的那条做缝折3mm宽，然后再折1次。将修剪过的狭窄那条做缝包住，使折边与接缝线重叠。见图4-29。

在折边上缝制，尽可能靠近第一条针迹，然后向一边压烫平接缝。见图4-30。

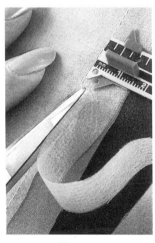

图4-28

图4-29

图4-30

4.14 缝制来去缝

将两层织物的反面用别针别在一起。在织物正面距边缘1cm处缝制。见图4-31。

把做缝修剪成3mm宽。顺着针迹线将织物正面叠在一起，准确沿着针迹线折叠，压烫平。见图4-32。

在距折边6mm处缝制，这一操作步骤可将裁剪边缘封闭住。检查一下正面，确保正面不露出脱散的织物线。然后向一边压烫平接缝。见图4-33。

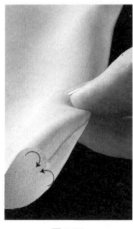

图4-31   图4-32   图4-33

4.15 缝制假来去缝

缝一条平缝。将两条做缝都修剪成1.3cm宽。翻开接缝，压烫平。见图4-34。

分别将两条做缝向接缝里面压烫，其宽为6mm。这样两条裁剪边缘可在针迹线处相会。见图4-35。

将边缘缝在一起，尽量靠近折边缝制。然后向一边压烫平接缝。见图4-36。

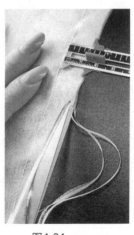

图4-34   图4-35   图4-36

4.16 表层针迹缝

便服、运动服常常以表层针迹缝为其特点。表层针迹缝在保持做缝平坦的同时，还起一点装饰作用。表层针迹缝也很坚固、耐磨，因为此接缝经双重或三重缝制。见图4-37。

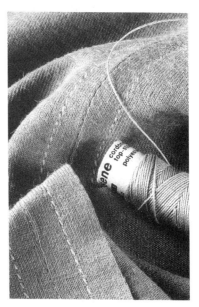

图4-37

最常用的表层针迹缝包括表层针迹平缝、关边缝、平式接缝、假平式接缝和搭接缝。结实且难以压烫的织物，如劳动布、府绸及针织织物宜采用此类接缝。

关边缝常在西装、外套、运动服和内裤上用。一条做缝经修剪后，被另一条做缝包住。这样可产生浅浅的突脊，使接缝看起来更醒目。

平式接缝在男装、儿童游戏服装、劳动布牛仔裤，以及可两面穿或定做的女装上用得很普遍。平式接缝很结实、耐穿、耐洗，两条做缝都被包住所以毛边不会脱散。因为平式接缝所有的针迹都制在衣服的正面，所以制缝时要耐心，缝制细部时要仔细。采用这种接缝时，不能在做缝里用切口作标记。

假平式接缝也称作双针迹关边缝。其缝制成的接缝外观像精制的平式接缝，却更容易缝制。此种接缝最适用于不易脱散的织物，因为做缝的一条毛边是裸露的。

搭接缝可用两种方法缝制：一种可用于将衬头缝在一起以防膨松变形；另一种用在无纺织物上，如合成仿麂皮织物和人造革或毛毡。

在平缝上制表层针迹，先将做缝翻开压烫平。从正面在接缝两边距接缝线6mm处缝制表层针迹，利用压脚的宽度作导向。当宽度大于或小于压脚宽度时，利用疏缝胶带或绗缝机杆附件作制缝导向。

4.17 缝制关边缝

缝一条平缝，将两条做缝向一边压烫。把下面的那条做缝修剪得略小于6mm。见图4-38。

在正面缝表层针迹，距接缝线6～13mm，距离取决于织物的厚度和所需要的外观。针迹要穿透两条做缝。见图4-39。

缝制成的接缝中两条做缝均被压烫向一边，但不粗笨，因为一条边缘修剪过并封闭在内。见图4-40。

图4-38

图4-39

图4-40

4.18 缝制平式接缝

① 在接缝线处用别针将织物反面别在一起，别针头朝向毛边。缝合，做缝为1.5cm。见图4-41。

② 将做缝压烫向一边，把下面的那条做缝修剪成3mm。见图4-42。

③ 翻折上面的那条做缝，折边宽略小于6mm，然后压烫平。见图4-43。

④ 在接缝线处用别针将织物反面别在一起，别针头朝向右侧。缝合，做缝为1.5cm。见图4-44。

⑤ 在折叠处缝制边缝针迹，边缝边取下别针。见图4-45。

⑥ 制成的缝是一条正反两面都可穿的平坦缝，每一面都有两行可见的针迹。见图4-46。

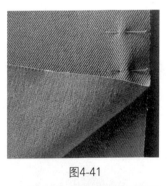

图4-41

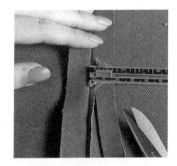

图4-42

图4-43

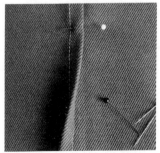

图4-44

图4-45

图4-46

4.19　缝制假平式接缝

① 缝制一条平缝，将做缝向一边压烫。把下面的做缝修剪成6mm宽。见图4-47。

② 在衣片的正面缝制表层针迹，距接缝线6mm～1.3cm。再紧挨着接缝线缝制边缝针迹。见图4-48。

③ 缝制成的接缝在织物正面看起来像平式接缝，但在反面则留有一条裸露的做缝。见图4-49。

图4-47　　　　　　　　　图4-48　　　　　　　　　图4-49

4.20　在衬头上缝制搭接缝

① 用画粉或切口在接缝线两端标示出接缝线。将一条边缘搭接在另一条上，并对齐接缝线。见图4-50。

② 在接缝线上用较宽的之字形针迹或直针迹缝制。见图4-51。

③ 紧挨着针迹线修剪做缝以防粗笨变形。见图4-52。

图4-50　　　　　　　　　图4-51　　　　　　　　　图4-52

4.21 在无纺织物上缝制搭接缝

① 用画粉、标记笔或疏缝标记在待缝接的衣片上标示出接缝线，剪去一条做缝。见图4-53。

② 将修剪后的边缘搭接在另一条做缝上，正面朝上，这样修剪后的边缘就对准在接缝线上。用胶带、别针或胶水将其固定就位。见图4-54。

③ 在织物正面沿剪切边缘制边缝针迹，在距边缘6mm处制表层针迹。这样看起来像平式接缝。见图4-55。

图4-53　　　　　　　　　图4-54　　　　　　　　　图4-55

4.22 缝制松弛针迹缝

如果待接缝的两块衣片长度不等，较长的那块衣片必须调节到与较短的那块相配。松弛针迹缝最常见之处是在肩缝、覆肩、肘部、腰带和衣袖，可增加人体各部位活动的自由度而不增加皱裥的膨松度。松弛针迹缝制作完美的标志是在接缝线上无小褶裥或皱裥。松弛针迹缝最常用在装袖上，这是一种基本的缝纫技巧。通过实践，可以做得很完美。见图4-56。

① 在接缝上或略微偏向接缝里缝制松弛针迹。针迹长度为每英寸8～10针。缝制时，稍稍用力把织物推过机器，这样会使针迹自动抽紧织物。见图4-57。

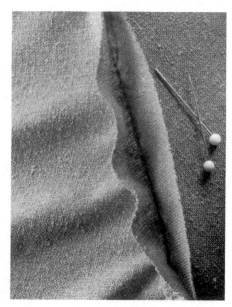

图4-56

②　在接缝的两端及两端之间以一定的间距用别针将松弛调节后的衣片边缘与较短的衣片边缘别在一起，使剪口和其他标记精确对齐。通过抽紧底线调节松弛针迹，按需要用别针别住以便使丰满度均匀分布。见图4-58。

③　沿着接缝线缝制，经松弛调节的衣片放在上面，边缝边取下别针。见图4-59。

图4-57

图4-58

图4-59

4.23　装袖子

①　用松弛针迹在织物正面、接缝线稍往里处缝袖山头（前后口之间的区域）。在袖山头上再缝一道松弛针迹，距边缘1cm。见图4-60。

②　缝制袖子的腋下接缝，让织物正面相对。然后翻开接缝，压烫平。压烫时使用烫袖板防止在袖子上面留下压痕。见图4-61。

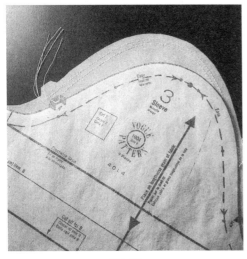
图4-60

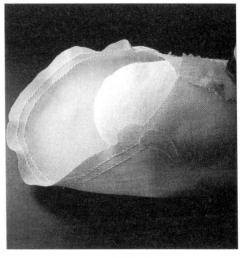
图4-61

③ 将袖子的正面翻出，把衣服的里面翻出。将袖子插入袖筒，使袖子与衣片的正面相对，对齐剪口、小点标记、腋下接缝和肩缝线。用别针别住接缝线以便控制松弛度。见图4-62。

④ 抽紧松弛针迹线的底线使袖山头与袖筒相配，丰满度均匀分布。在袖山头顶部，在肩缝处留出2.5mm长的平直段（不松弛段）。见图4-63。

⑤ 用别针将袖子与袖筒别住，别针间距要小些。在前面和后面，织物应松弛，而膨胀之处要多用些别针别住。见图4-64。

⑥ 从服装正面检查袖子与袖筒是否配合匀称、妥帖，袖子的悬垂状态是否正确，按需要做些调整。在做缝里可能有小皱裥或皱褶，但在接缝线上不能有皱褶。见图4-65。

⑦ 在前、后剪口处的别针上将松弛针迹线头缠成8字形以扣住线端头。见图4-66。

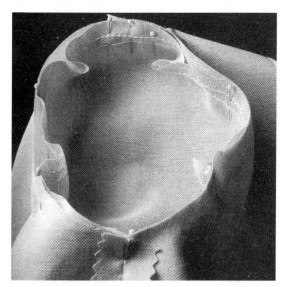

图4-62

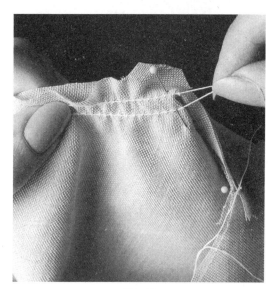

图4-63

图4-64

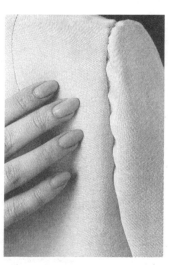

图4-65

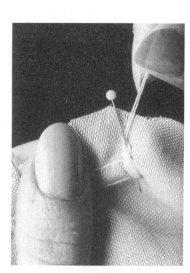

图4-66

⑧ 在松弛针迹线外缝制，袖片在上，以一个剪口为起点。围绕着袖子缝，缝针迹过起点达另一个剪口。在腋下部位缝两行针迹用以加固，边缝边取下别针。见图4-67。

⑨ 把腋下两个剪口之间的做缝修剪至6mm，切勿修剪袖山头的做缝。用之字形针迹将两层做缝锁住。见图4-68。

⑩ 压烫袖山头的做缝，压烫时请使用压烫手套或烫袖板端头，切勿压烫到袖子。见图4-69。

图4-67

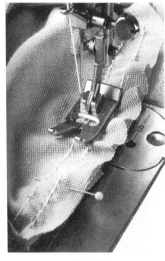
图4-68

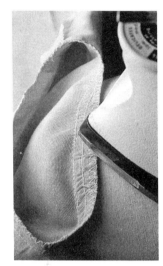
图4-69

4.24 弧形接缝

当弧形接缝使一块平的织物按人体的曲线成形时，就形成一条软贴合线。在公主线中，是一条向内或凹形圆弧与一条向外或凸形圆弧缝接在一起。待缝接的这两部分针迹线通常长度相等，然而凹形圆弧的裁剪边缘比针迹线短，凸形圆弧的裁剪边缘比针迹线长。因为这两条边缘的长度不同，在制缝前，凹形圆弧必须剪开边缘使裁剪边缘散开；制缝后，凸形圆弧上必须剪一些剪口以消除在翻开接缝压烫时产生的过度隆起。见图4-70。

剪开边缘及剪一些剪口，这种方法在别的弧形接缝上也可采用。例如，将一条直领装到弧形的领口上。用齿边布样剪刀可同时快速地在圆弧形领子、袖口、口袋、前襟或荷叶边上剪开边缘或剪一些剪口。

缝制弧形接缝时，针迹长度要短些，缝纫速度要慢些，以便控制。较短的针迹也要增加接缝强度和弹性，以防断线。

使用接缝导向器确保接缝宽度均匀。为适应弧形接缝的缝制，将接缝导向器转动一个角度，使导向器端头恰好与机针相距1.5cm。

图4-70

4.25　缝制公主线

① 在中心镶片凹形圆弧的接缝线里侧，挨着接缝线缝一道加固针迹。沿圆弧以一定间距剪开做缝，剪到针迹线。见图4-71。

② 将凹形和凸形圆弧用别针别住，织物正面相对，剪开的边缘在上方，使剪开的凹形圆弧展开，对齐所有的标记，使凹形圆弧与凸形圆弧相匹配。见图4-72。

③ 沿接缝线缝制，剪过的缝位于上面，针迹长度比通常适用于该织物的针迹短些。注意下面的那层织物要保持平坦。见图4-73。

④ 在凸形圆弧的做缝中使织物稍稍弓起，稍带角度地在做缝中剪楔形剪口。小心勿剪入针迹线。见图4-74。

⑤ 压烫平接缝，使针迹平坦且埋入织物。翻转，在另一面压烫。见图4-75。

⑥ 将接缝置于裁缝用压烫衬垫的圆弧上，翻开接缝并压烫平，只用熨斗尖头压烫，切勿烫衣片本体。如果不压烫出轮廓，接缝线会扭曲，外观会被牵扯得不成形。见图4-76。

图4-71

图4-72

图4-73

图4-74

图4-75

图4-76

4.26 弹性接缝

弹性接缝适用于做便服和工作服的弹性织物包括乔赛、弹性毛圈织物、弹性拉绒织物，以及其他针织织物。弹性机织织物有弹力劳动布、弹力府绸和弹力灯芯绒。对于泳装和低领口紧身衫裤，可用莱卡针织织物制作。在这些织物上的接缝，必须有弹性或与织物一起伸缩。有些缝纫机备有适合伸缩的特殊针织针迹。见图4-77。

在织物碎片上测试一下接缝或针织针迹的弹性与织物的厚度和弹性是否相宜。有些特殊的针织针迹比直针迹难拆除，所以在缝制前务必试穿一下服装。由于针织织物不会脱散，通常不需要接缝整理。

双排针迹缝使接缝有一行保险针迹。如果缝纫机不能缝制之字形针迹，可采用此种针迹。

直线和之字形针迹将直针迹与之字形针迹的弹性相结合。对于毛边易卷曲的针织织物，这种接缝整理很合适。

窄之字形针迹适用于边缘不会卷曲的针织织物，是一种快速易缝的针迹缝。

图4-77

直线弹力针迹是由可倒车的缝纫机做向前、向后动作时缝制的。此种针迹结实且富有弹性，适用于像袖筒这样应力集中的部位。

直线和包缝针迹是一种将直线弹力针迹与对角针迹相结合的特殊针迹样式。这种针迹对连接和整理接缝可同步进行。

弹力拉伸针迹最适用于泳装和低领口紧身衫裤，是窄之字形针迹和宽之字形针迹的结合。镶带接缝用在不希望有伸缩性的部位，如肩缝。

4.27 缝制镶带接缝

① 把织物正面相对，用别针别住。这样人字形斜纹带或滚条可用别针别在接缝线上。滚条应放在与做缝重叠1cm的位置。见图4-78。

② 用双排针迹、直线和之字形针迹、包缝针迹或窄锯齿形针迹制缝。将接缝翻开压烫平，或将接缝向一边压烫，具体视采用哪种针迹缝而定。见图4-79。

③ 紧挨着针迹修剪做缝，小心不要剪到滚条。见图4-80。

图4-78

图4-79

图4-80

双排针迹。在接缝线上缝制直线针迹，缝制时稍稍拉伸织物，使接缝具有弹性。再缝一行针迹，第二行针迹缝在做缝中3mm处。紧挨第二行针迹修剪，将接缝向一边压烫。见图4-81。

直线和之字形针迹。在接缝线上缝制直线针迹，缝制时稍稍拉伸织物。在做缝里，紧挨着第一行针迹缝之字形针迹，紧挨着之字形针迹修剪做缝。将接缝向一边压烫。见图4-82。

窄之字形针迹。将缝纫机定在窄之字形针迹位置，每英寸10～12个针迹。在接缝线上缝，缝时轻轻拉伸织物。把做缝修剪到6mm宽。将接缝翻开，压烫平或将边缘用之字形针迹锁住。见图4-83。

直线弹力针迹。用缝纫机内装的弹力针迹在接缝线上缝制。轻轻地引导织物，让缝纫机做向前、向后的动作。缝到折叠部位或接缝交接处，在压脚前和压脚后拉紧织物，帮助送布。修剪并将接缝向一边压烫。见图4-84。

直线和包缝针迹。把做缝修剪到6mm宽，使用专用包缝压脚（如果缝纫机有此附件）。将修剪后的缝放在压脚下，于是直线针迹缝在接缝线上，之字形针迹缝在接缝边缘。将接缝向一边压烫。见图4-85。

弹力拉伸针迹。把接缝修剪到6mm宽，将修剪后的缝放在压脚下。于是窄之字形针迹缝在接缝线上，而宽之字形针迹包住接缝边缘。将接缝向一边压烫。见图4-86。

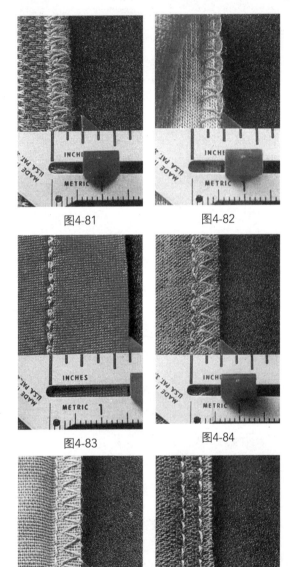

图4-81

图4-82

图4-83

图4-84

图4-85

图4-86

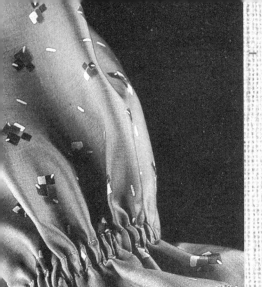

第5章
将衣服制作成型

　　将一块平坦的织物按人体曲线制作成型的技巧有几种。省、皱裥、褶裥、缝裥都可以控制织物的丰满度，然而它们的作用则各不相同。

　　省将织物拉拢，挨近人体。在胸围、臀围、肩缝及肘头的省可使织物贴合体形，省尖应总是指向身体最丰满的部位。

　　皱裥能形成柔和且圆滑的形状。皱裥容易合身，穿着舒服。在腰围、袖子、袖口、覆肩及领口处都有皱裥。皱褶花边是收皱的带状织物，镶在接缝里或折边上。缝制皱褶花边的技巧与缝皱裥的相同，与缝裥都可用于控制袖山头和袖口的丰满度。缝过针迹的褶裥与省的作用相同，未经压烫的褶裥能起皱裥所起的作用。褶裥形成的是一条垂直的直线。缝裥用作装饰或成型技巧，可能是水平的、垂直的或对角的。

　　所有这些技巧都相互关联，因为它们都用于制作服装成型，所以在有些情况下可以互换。例如，在肩缝处的省可以用皱裥替代，将紧贴合转变成松弛、自在的贴合。未经压烫的褶裥可被皱裥替代。开放式缝裥先控制丰满度，然后又像皱裥一样放松丰满度。因此，可以试一试用一种技巧代替另一种技巧。

　　省通常缝在衣服的反面，可以是直省也可以是弧形省。缝制省时针迹要均匀，使省尖完美。在与另一块衣片缝接前要先烫平省。见图5-1。

　　皱裥是一块较大的衣片与一块较小的衣片缝接时，较大的那块衣片收皱所形成的。织物的手感决定了皱裥看起来是柔和的还是僵硬的。见图5-2。

　　褶裥通常制在服装的反面，而缝裥则制在服装的正面。准确地做标记及缝制对于保证褶裥和缝裥的宽度均匀是非常重要的。见图5-3。

图5-1

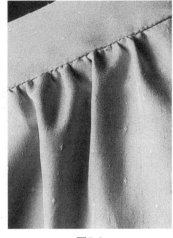

图5-2

图5-3

5.1 什么叫省

省用于使一块平坦的织物成型,与胸部、腰部、臀部和肘部的弧线相配。省有两类,见图5-4。单尖头省一端宽,另一端尖;成型省在两端都有尖头,通常用在腰围处,省的两个尖头分别伸向胸部和臀部。省除了可以形成紧贴合,也可用于体现设计师特殊的风格和创造独特的样式。

做工完美的省是笔直而平滑的,在端头处不起皱。服装左、右片上的省应对称,长度应相等。

5.2 缝制省

图5-4

① 采用适用于织物的标示方法标示省,用水平线标示省尖。见图5-5。

② 依据中心线折叠省,对齐针迹线、在宽端的标记、省尖及省中间各处。用别针定位,别针头朝向折叠边缘,以便缝制省时较容易地取下别针。见图5-6。

③ 从宽的一端向省尖缝。在针迹线开端缝回针,然后朝着省尖缝,边缝边取下别针。见图5-7。

④ 缝制省的针迹线应与折叠线形成锥度,锥尖位于省尖。缝至距省尖1.3cm时,将针迹长度缩短至每英寸12~16个针迹。最后的2~3个针迹就缝在折叠线上。在省尖处勿用回针,因为回针可能产生皱褶。继续缝直至机针缝出织物边缘。见图5-8。

⑤ 提起压脚向前拉省。在距省尖约2.5cm处，放下压脚。在省的折叠处缝几针以固住线，此时针迹长度定在"0"位。紧挨线结剪断线。见图5-9。

⑥ 压烫平省的折边。小心不要在省尖以外的部分压烫出折痕。然后将省置于裁缝用压烫垫的圆弧上，朝合适的方向压烫省。为使省平整，在将省缝入接缝之前先压烫省。见图5-10。

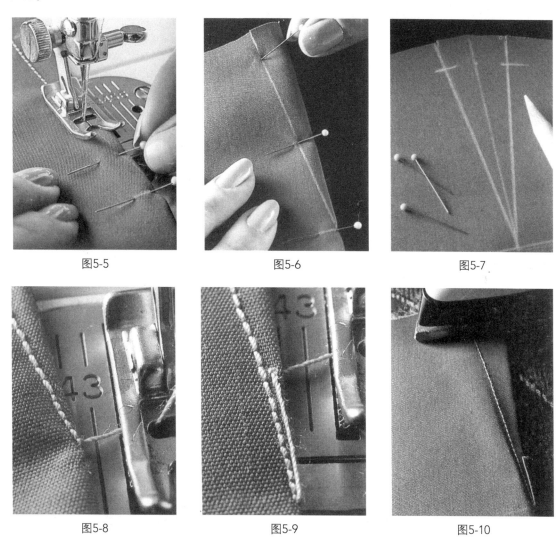

图5-5　　　　　　　　　图5-6　　　　　　　　　图5-7

图5-8　　　　　　　　　图5-9　　　　　　　　　图5-10

5.3　制省技巧

① 成型省的缝制分两步，从腰围处开始，朝两个端头方向缝制。在腰围处让针迹重叠约2.5cm。在腰围处和伸向省尖的中途位置横向剪开省折叠，剪口深度不超过与针迹相距3～6mm，以减小张力，使省呈平滑的弧形。见图5-11。

② 宽省和在膨松织物上的省应该在折叠线上剪开，修剪到宽度为1.5cm或再窄一点。剪口剪到距省尖1.3cm。将省翻开，压烫平省尖。见图5-12。

③ 将省置于裁缝用压烫垫的圆弧上压烫，以维持省内含的圆弧。垂直的省通常朝前衣片中心或后衣片中心压烫，水平的省通常向下压烫。见图5-13。

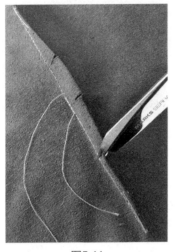
图5-11

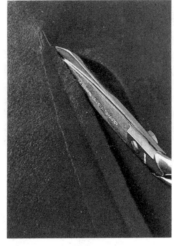
图5-12

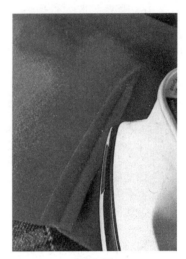
图5-13

5.4 什么叫皱裥

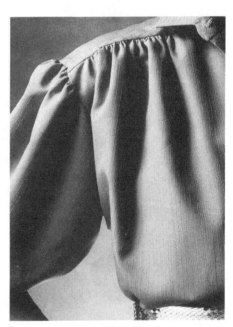

一件柔媚女装上的线条常常借助于皱裥而成型。皱裥可能在腰围、袖口、覆肩、领口及袖山处。柔软轻薄的织物收皱裥后呈现垂悬外观，优质的亚麻织物收皱裥后会产生波浪效应。

皱裥起始于在长的那片织物上缝两行针迹，然后拉住针迹线两端收拢织物。最后将收皱后的织物与短的那片织物缝在一起。见图5-14。

收皱用针迹比通常缝制时的针迹长些。对厚度中等的织物，采用每英寸6~8个针迹的长度。对柔软的或薄绢织物，采用每英寸8~10个针迹的长度。可在织物上试一试，以便确定哪种针迹长度收皱效果最佳。长针迹容易收皱，而短针迹则便于调整皱裥。

先减小面线的张力，然后再缝。收皱时，底线被拉紧。如果张力小些，收皱就容易些。

如果织物厚实或硬挺，底线用色彩鲜明的重型线有助于与面线相区别。

图5-14

5.5 缝制基本的皱裥

① 在织物正面距毛边略小于1.5cm处缝一行针迹，起点和尾点都在接缝线上。减小面线的张力，放长针迹使其与织物相适合。在做缝里距第一行针迹6mm处，再缝一行针迹。双针迹线比单针迹线更能控制收皱。见图5-15。

② 用别针将缝过的边缘与服装上相应的部位别在一起，两个正面相对，对齐接缝、剪口、中心线和其他标记。在别针别住的区域内，织物会下垂。如果无标记，那么将直边及收皱的边折叠成四等分，用别针标示出折叠线。将边缘用别针别住，对齐标示用别针。见图5-16。

③ 从一端拉两根底线，让织物沿底线收皱成皱裥。当收皱部分长度的一半与直边相符时将底线绕着别针打一个8字形结，固定底线。再从另一端拉底线，使剩下的那一半也收皱。见图5-17。

④ 以很小的间距用别针将皱裥定位，使得别针间的皱裥均匀分布。调整针迹长度和张力，进行常规缝纫操作。见图5-18。

⑤ 紧挨着收皱线外侧缝制，收皱的衣片位于上面。边缝边调整别针之间的皱裥，在机针两边用手指紧拉住皱裥。保持皱裥均匀，这样在缝制时织物就不会打褶。见图5-19。

图5-15

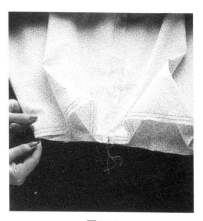

图5-16

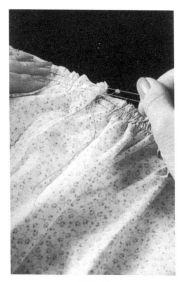

图5-17

图5-18

图5-19

⑥ 修剪缝入针迹线的各条做缝，把对角线处的角剪去。见图5-20。

⑦ 用熨斗尖头在织物反面压烫做缝。然后将衣片拉开，顺着接缝在制成服装上的走向压烫接缝。将接缝朝皱褶压烫产生膨松感，朝衣片压烫产生平服感。见图5-21。

⑧ 在服装正面用熨斗尖头压烫入皱褶，遇接缝时将熨斗提起。勿横向压烫皱褶，因为那样会把皱褶压平。见图5-22。

图5-20

图5-21

图5-22

5.6 用松紧带收皱

用松紧带收成的皱褶会使针织织物和运动服穿着舒服、贴身。用松紧带收皱可保证皱褶均匀一致，服装呈松弛型，而其他服装成型技术则使服装紧贴身体。

松紧带可直接缝入服装或嵌入套管。套管是装松紧带的管道，通过向下折边或将斜纹带缝在织物上制成套管。要根据缝纫技术和松紧带装在哪个部位来挑选松紧带。见图5-23。

在套管里的松紧带可为任意宽度，采用厚实的编织松紧带或不卷曲松紧带均可。编织松紧带有纵向筋，被拉长时会变窄。

直接缝入的松紧带要采用机织的或针织的松紧带。这种松紧带柔软、结实，贴身穿着舒适。当诸如袖口、裤口这样短小的部位平展着，侧缝还未缝制时，装松紧带较容易。如在腰围处直接缝松紧带，将松紧带的两端重叠在一起，缝成一圆环，然后再用别针别在服装上。

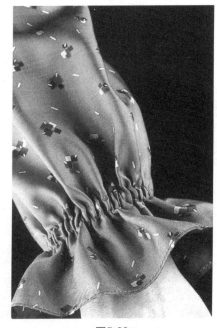

图5-23

　　按裁剪纸样上推荐的长度剪松紧带，此长度含做缝。如果裁剪纸样上未注明用松紧带，而想添加松紧带，那么松紧带的长度比量体尺寸加上做缝的长度略短一点。直接缝入的松紧带允许超长2.5cm，嵌入套管的松紧带允许超长1.3cm。

5.7　缝套管中的松紧带

　　① 在服装的反面沿着所标示的套管线，将比松紧带宽6mm的稀薄斜纹特里科经编织带或斜纹带用别针别住。以同一条侧缝为起点和终点，斜纹带的两端分别向下折进6mm，用别针将端头别在接缝线上。为操作方便，将服装反面翻出，放在熨烫板上操作。见图5-24。

　　② 紧挨着边缘缝制，在接缝处留出开口以便嵌入松紧带。在针迹末端勿用回针针迹，因回针针迹会显露在服装的正面。将四个线头拉到反面并打结。见图5-25。

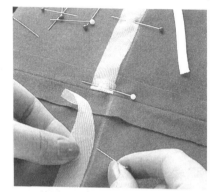

图5-24

　　③ 用穿孔锥或安全别针将松紧带嵌入套管，小心不要让松紧带扭曲。用一枚大安全别针横别在松紧带的自由端以免松紧带缩进套管。见图5-26。

　　④ 将松紧带两端头重叠1.3cm，用直针迹或之字形针迹将两端头缝合。先向前缝，接着缝回针，然后再向前缝。剪去线头，放松松紧带，让它缩回套管。见图5-27。

　　⑤ 用短而松的暗缝针迹将套管两端缝合，沿松紧带把皱褶分布均匀。见图5-28。

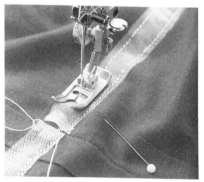

图5-25

图5-26

图5-27

图5-28

5.8 将松紧带直接缝入服装

① 将松紧带和织物分别折成四层。用别针分别标示出松紧带上和衣片上的折叠线。见图5-29。

② 用别针将松紧带别在衣片的反面，对齐标示别针。在松紧带的两端留出1.3cm做缝。见图5-30。

③ 将松紧带缝到织物上，松紧带位于上面。一只手在机针后面拉住松紧带，另一只手握住下一个别针拉伸开别针间的松紧带。分别沿松紧带两条边缘缝之字形针迹、多重之字形针迹或两行直针迹。见图5-31。

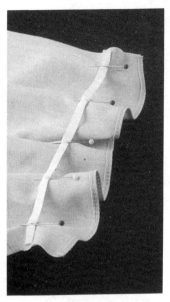
图5-29

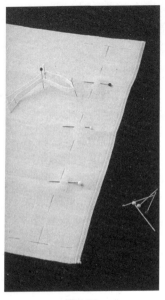
图5-30

图5-31

5.9 褶裥和缝裥的区别

像皱裥一样，褶裥和有些缝裥也可给服装增添丰满度。这是一种被控制的、缝制而成的丰满度，能产生比皱裥产生的柔和性更精美的外观。

褶裥总是垂直的，有四种基本类型：箱式褶裥（和合裥），含两个朝向相反的褶裥；刀形或侧向褶裥，所有褶裥朝向都相同；阴裥（倒褶裥）的褶裥方向相对并相接；多道褶裥的褶裥狭窄，像手风琴的风箱。多道褶裥总是沿全长压烫，最好由专业人员缝制。其他的褶裥可以压烫成或缝制成刀锋般褶裥，或不加以压烫，任其轻柔下垂。见图5-32。

精确的标示、缝制和压烫对于完美的褶裥是十分重要的。用画粉、标记笔或色线标示，用不同颜色标示折叠线和部位线。折叠线表示在压烫后褶裥上明显的折痕。部位线表示每一褶裥折叠边缘的位置和该缝在哪里。罗拉线用于未经压烫的褶裥，表示该种褶裥会形成松软的罗拉而不是明显的折痕。

缝裥是织物上沿全长或部分长度缝制的细长折叠，只缝部分长度的缝裥称作开放式缝裥。缝裥可为横向，也可为纵向。通常顺着直纹理或与纹理成正交折叠，且折叠位于衣服的正面。如果缝裥用于控制衣服的丰满度而不是作装饰用，则折叠位于衣服的反面。

缝裥有三种基本类型：间隔缝裥，即在两个缝裥之间有空间；细缝裥，即非常狭窄的缝裥；暗缝裥，即两个缝裥紧紧相挨或重叠。

轻薄织物或中等厚度的织物可用缝裥或褶裥，而在厚实织物上采用会显得过分膨松。在亚麻布、华达呢、府绸、法兰绒、阔幅布、双绉、轻薄的毛织物上采用缝裥或褶裥最佳。不需压烫的褶裥适用于柔软的织物，需压烫的褶裥适用于优质细亚麻布。经缝边或经喷雾上浆和压烫后的柔软织物也可采用压烫褶裥。

缝制褶裥和缝裥时要考虑织物的花纹图案，单色织物总是合适的。条纹和印花织物，只要缝裥或褶裥不会扭曲织物的花纹图案就可采用；格子花纹可以缝制成有美感的褶裥，但要仔细挑选。在购买或裁剪衣料前，可用手将织物折叠成褶裥试一试，以便心中有数，知道褶裥缝制后看起来会是什么样的。

缝制缝裥或褶裥时，用接缝导向器或沿针迹线放置遮蔽胶带有助于缝裥或褶裥的宽度均匀。

箱式褶裥可以压烫或不压烫。不压烫的箱式褶裥轻柔地下垂比压烫的褶裥更丰满，如棉织物、针织织物、毛织物、印花薄型毛织物及双绉这样的流动态织物最适合用不压烫的箱式褶裥。见图5-33。

图5-32

刀形褶裥需精心裁剪和缝制。有些服装上的刀形褶裥中，一组褶裥朝一个方向，另一组褶裥朝相反方向。亚麻织物、华达呢和织造紧密的羊毛织物都适宜用刀形褶裥。见图5-34。

阴裥会产生一种轻便且精心裁剪的外观。适宜用刀形褶裥的织物，也很适合用阴裥。见图5-35。

间隔缝裥是一种很有迷惑力的图案花纹，可缝制在衣服的大身部位、裙子的折边附近或袖子上。大多数轻薄和中等厚度的织物都可缝制出漂亮的间隔缝裥。见图5-36。

细缝裥见于小晚礼服式的衬衫、精心裁剪的礼服及儿童服装上。细缝裥通常为3mm宽。优质细亚麻布及像阔幅布这样的轻薄织物很适宜用细缝裥。见图5-37。

暗缝裥能给女罩衣和女服装增添可爱和精美感。暗缝裥可以成任意宽度，适用于大多数轻薄织物和中厚度的织物。见图5-38。

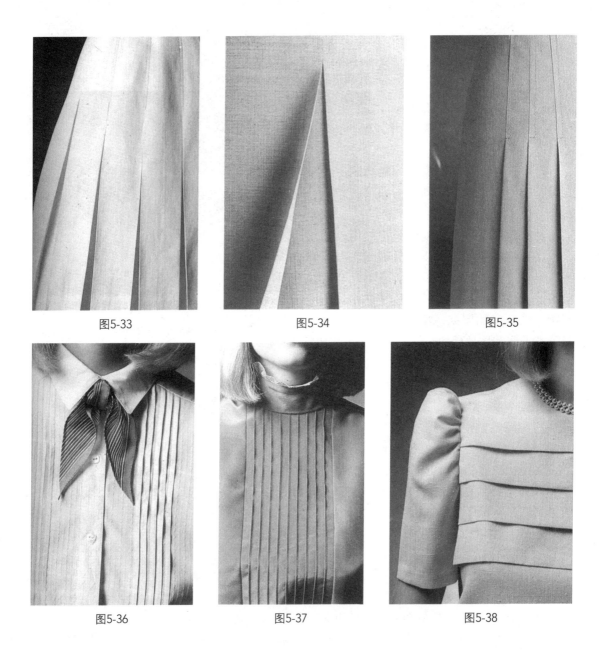

图5-33　　　　　　　　图5-34　　　　　　　　图5-35

图5-36　　　　　　　　图5-37　　　　　　　　图5-38

5.10　缝制箱式褶裥和刀形褶裥

①　在织物反面、做缝里剪切口或采用与织物相宜的标示方法标示褶裥，将标示出的褶裥线对齐让褶裥成型。从折边边缘起别上别针直至腰，褶裥的折叠部分朝右（顶边缘面对操作者），别针与针迹线成直角。见图5-39。

②　沿标示的针迹线，从折边向褶裥端头缝疏缝（在裁剪纸样图上通常用实线标示）。在褶裥端头，更换成常规的针迹长度并缝回针。继续缝至腰围线。见图5-40。

③　沿褶裥的朝向压烫褶裥，在反面用少量蒸汽轻轻压烫。刀形或侧向褶裥的折叠都朝同一方向，箱式褶裥的折叠则方向相对。见图5-41。

④ 沿裙子或褶裥的上边缘缝机制疏缝将褶裥定位。缝在接缝线上，确保所有的折叠方向正确。为避免试穿时针迹线断裂，可以缝上罗缎带。见图5-42。

⑤ 将牛皮纸条放在每个褶裥的折叠下，以免压烫时在服装正面产生压痕。压烫使褶裥定型。使用台面熨烫板，或在熨烫板附近放一张桌子或椅子，以免织物垂落。见图5-43。

⑥ 将服装正面翻出。压烫褶裥时用压烫布，不压烫的或柔软褶裥亦需轻轻压烫。而折痕明显的褶裥压烫时蒸汽要足，再加湿的压烫布。让褶裥在熨烫板上晾干。见图5-44。

⑦ 缝制表层针迹（刀形褶裥）。在服装正面用别针标示褶裥端头，从褶裥底开始缝。在距褶裥针迹线6mm处进针，勿缝回针。从别针至褶裥顶端针迹与接缝线平行，线在服装反面打结。若在同一褶裥上要制边缝和表层针迹，先折边和制边缝。见图5-45。

⑧ 缝制表层针迹（阴裥或箱式褶裥）。用别针标示针迹线端头，就在接缝上进针。从接缝向褶裥区缝3～6mm。在机针留在织物内的状态下，提升压脚，转动织物。放下压脚，缝至腰部。以相同的方向在正、反两面缝，从臀部缝至腰部。线在反面打结。见图5-46。

⑨ 拆除机制疏缝。将回针迹线剪断，并且沿疏缝线，每隔4～5针把线剪断。在完成缝制表层针迹前勿拆除疏缝，因为疏缝有助于在压烫和进行其他操作时固定褶裥在位。见图5-47。

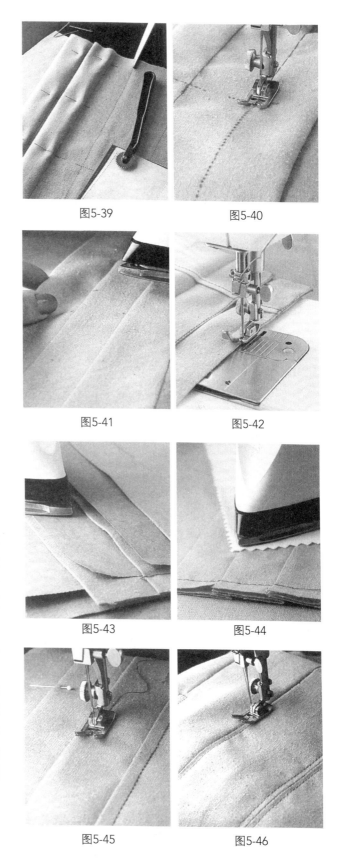

图5-39

图5-40

图5-41

图5-42

图5-43

图5-44

图5-45

图5-46

⑩ 修剪做缝，从裁剪边缘直至折边线剪去做缝的一半，以消除膨松。接着，按适宜的宽度完成折边。在褶裥上缝边缝前，必须先在褶裥上折边。见图5-48。

⑪ 在经压烫的褶裥折边上制边缝，以便获得永久性的明快线条。这样对于可洗的服装，在洗后重新压烫褶裥时更容易些。从折边缝向腰，尽量靠近折边。里、外折边上都可以缝边缝。见图5-49。

⑫ 对于既要缝边缝又要缝表层针迹的褶裥，就以边缝的端头作为表层针迹的起点（图中的压脚被移开以便显示起点）。缝透重叠的各层，将所有的线头都拉至反面打结。见图5-50。

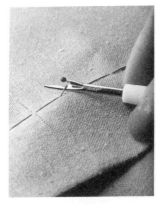
图5-47

图5-48

图5-49

图5-50

5.11 标示缝裥的三种方法

在含有皱褶的织物上用切口和压烫标示缝裥。在每一条缝裥的两端，在做缝里剪6mm的切口。将切口之间的织物折叠并压烫以标示缝裥。缝裥宽度标明在裁剪纸样上。见图5-51。

在织物正面剪切口和用水溶性标记笔或裁缝用画粉做标记。在织物碎片上试试标记，确认标记可除掉。然后，用直尺或码尺连接切口。缝裥折叠线可用一种颜色标示，而针迹线用另一种颜色标示。见图5-52。

用硬纸板制作一把缝裥量规，只标示第一个缝裥的折叠线并按缝制说明缝制。在硬纸板上剪一个缺口，缺口到边缘的距离与缝裥的宽度相等（图5-53中1）。测量缝裥折叠之间的宽度（见裁剪纸样），剪另一缺口（图5-53中2）标示宽度。沿已缝制的缝裥折叠放左边的缺口。量规的右边缘标示下一个折叠位置，而右边的缺口标示下一条针迹线。

图5-51 图5-52 图5-53

5.12 缝制缝裥

① 用最薄的热融式衬头衬在待缝制缝裥的区域，能增加双绉这样滑溜、轻薄织物上缝裥的稳定性和挺爽性。这类织物难以压烫和平稳均匀地缝制。为更准确地缝制缝裥，可采用直针迹压脚和针板。见图5-54。

② 如果标记是用画粉或标记笔做的，那么要在缝制前压烫缝裥。如果使用水溶性标记笔标示，则勿压烫。因为熨斗的热会使标记牢固地留在织物上。见图5-55。

③ 折叠缝裥并用别针固定在位，别针与折叠垂直，使折叠朝向右边，这样缝制时能较容易地取下别针。滑溜织物则要用手工疏缝将缝裥固定在位。见图5-56。

④ 缝裥要做得使面线针迹可看得见，而不是底线。以相同的方向缝制所有的缝裥，利用压脚或针板上的导向线作为导向。开放式缝裥上不要缝回针针迹，线头要拉到反面打结。见图5-57。

⑤ 分别压烫每一个缝裥以便将针迹埋入织物中，然后以一个方向压烫所有的缝裥。要使用压烫布以免损坏织物。见图5-58。

⑥ 在织物反面以一个方向压烫缝裥。只用很少量的蒸汽轻轻压烫，以免缝裥在织物上留下压痕。见图5-59。

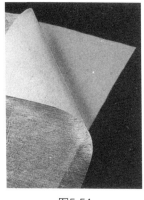  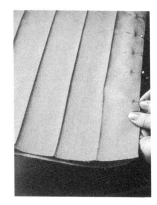

图5-54 图5-55 图5-56

图5-57

图5-58

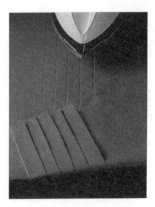

图5-59

5.13　缝制缝裥的要领

普通服装上的缝裥可以在裁剪之前先做在织物上。缝裥的宽度乘2，再乘要制作的缝裥个数，即可算出需要增加的用料量。购买预制缝裥的织物也是采用在服装上添加缝裥的方法。见图5-60。

沿条纹或机织纵向图案缝直针迹较容易。沿条纹的一部分折叠，在下一条条纹上缝针迹。通常沿直纹理做缝裥。见图5-61。

用双针缝制，缝出两行间隔狭窄的平行针迹线，两行针迹线间即为细缝裥。装饰用的缝裥可用两种不同的色线缝制，较大的张力可制出较紧的缝裥。有些装饰性针迹也可用双针缝制。见图5-62。

图5-60

图5-61

图5-62

第6章
缝制衣服的外缘

服装的外缘包括下摆、腰头、前片或后片上的开口、领口、袖筒、领子和袖口。外缘缝后要消除膨松以达到平滑、光洁，各种针迹、镶边和压烫技术有助于达到此目的。在多数情况下，衬头用于挺爽、稳定整理。

装有衬头的外缘需要贴边（缝在外缘上的织物条）和向内翻而达到整理边缘。如果边缘有一定形状或呈圆弧形，那么要裁剪与衣片分开的贴边，使其与所需形状相符。在直边缘上，贴边常常是折向服装反面裁剪纸样图的延伸。无衬里服装的边缘应该装贴边以免脱散。

热融式衬头有各种厚度，适用于多数织物，可节省时间。热融式衬头常常装在贴边上而不是服装上，因为热融式衬头可能在服装正面产生不希望有的突脊。先在织物碎片上试试热融式衬头。如果沿热融式衬头的边缘形成突脊，用齿边布样剪刀修剪衬头的外缘，然后再试一下；如果突脊仍然很显眼，那么衬头只能融贴在贴边上。为了使线条更流畅，可采用缝入式衬头。这种衬头通常直接装到服装上而不是贴边上。

这一章将描述热融式衬头或缝入式衬头的操作技术。衬头操作的特殊方法可以用于任何一种装贴边的边缘和所示的领子。整理袖口的方法与装领子的方法一样。

6.1 加贴边的领口及领子

方形领口必须将拐角对角剪开，直剪到针迹线，这样贴边翻向反面时领口才平坦。为使领口保持平坦，领口边缘要缝制里层针迹或表层针迹。见图6-1。

弧形领口要用缝制弧形接缝的技术。必须修剪做缝（在做缝里的切口要到达针迹线，但不剪过针迹线），这样贴边翻向反面时领口边缘才十分平滑。见图6-2。

尖领要求仔细并精确地修剪，以使领子翻向正面时不出现膨松。腰头、方形口袋、镶片、袖口等处的拐角都需要精确、仔细地修剪。见图6-3。

圆领要有剪口（小楔子形，剪在接缝外）以减少膨松。缝制弧形接缝时为加固和控制得更好，要缩短针迹长度。见图6-4。

图6-1

图6-2

图6-3

图6-4

6.2 给外缘装贴边

① 仿照剪贴边那样剪热融式衬头。为去除做缝，沿接缝线而不是裁剪线剪切。用齿边布样剪刀修整无剪口的边缘。见图6-5。

② 将衬头的剪切边缘置于衣片反面的接缝线上，有黏性的一面朝下。沿边缘用蒸汽熨斗在几个点上轻轻压烫，使衬头与衣片在压烫点处粘接。见图6-6。

③ 按衬头包装袋上生产者的说明将衬头热融到位。用足够的时间和规定的热量保证粘接妥帖。在熨斗能到的小部位或搭接区域融接衬头，切勿滑动熨斗。见图6-7。

图6-5

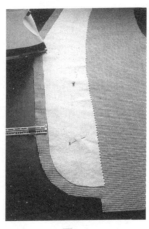

图6-6

图6-7

④ 在肩缝处缝接前、后衣片和装贴边的部分，将贴边做缝修剪到6mm。翻开接缝，压烫。不用整理贴边接缝，而用合适的整理方法整理衣片接缝和贴边边缘。见图6-8。

⑤ 将贴边的正面缝到衣片的正面，使剪口和接缝分别对齐。按箭头方向缝，从后背中心缝到两面前贴边的下边缘。有方向性地缝制能保持纹理线，防止弧线扭曲。见图6-9。

⑥ 修剪做缝与肩缝线相交的角，以消除膨松。见图6-10。

⑦ 将做缝修剪成不同宽度，使做缝形成坡度。将贴边做缝修剪至3mm，衣片做缝修剪到6mm。朝向衣片的做缝比紧挨贴边的做缝宽，以此消除膨松的突脊。见图6-11。

⑧ 剪开领口做缝弧线，切口间距要小，而且要剪到接缝线，但切勿剪过接缝线。剪后握住接缝两端，接缝应呈一直线，做缝不应卷曲。见图6-12。

⑨ 在外侧弧形边缘的做缝里剪口形楔口，小心勿剪入衣片。将衣片翻到正面，如果做缝中有波形小皱纹，再多剪一些V形楔口。见图6-13。

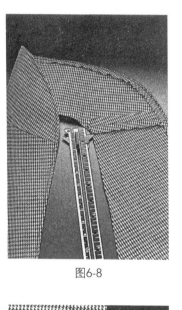

图6-8

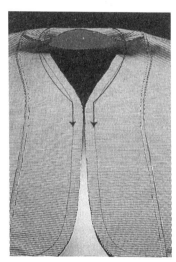

图6-9

图6-10

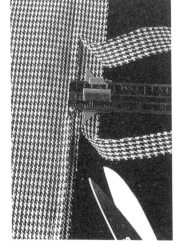

图6-11

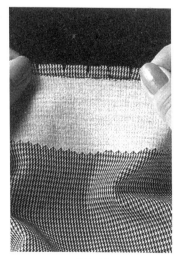

图6-12

图6-13

⑩ 将所有的做缝折向贴边，用熨斗尖压烫衣片上的小缝裥。见图6-14。

⑪ 紧挨接缝线在贴边正面缝里层针迹，针迹要穿透贴边和两条做缝。展开呈弧形曲线的、已剪切的做缝，这样在贴边翻到反面时能平坦地贴合在衣片上。见图6-15。

⑫ 在贴边和做缝之间缝3~4个短针迹，将贴边与肩缝连接。小心切勿将针迹缝到衣片的正面。见图6-16。

图6-14

图6-15

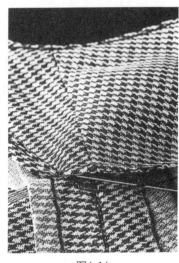
图6-16

6.3　缝制方形领口

① 按照给外缘装贴边的说明去除热融式衬头的做缝。按照生产者的指点将衬头热融到贴边的反面。见图6-17。

② 将贴边和衣片在肩缝处缝接，把接缝翻开压烫。将贴边的做缝修剪至6mm以消除膨松。不用整理接缝，但要整理贴边的外侧边缘。见图6-18。

③ 将贴边的正面缝到衣片的正面，对齐标记和肩缝。在距离拐角2.5cm处缩短针迹长度，并缝至拐角。停机，但要让机针留在衣片中。见图6-19。

图6-17

图6-18

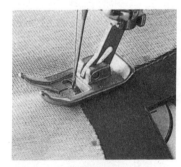
图6-19

④ 提升起压脚，围绕机针转动衣片。放下压脚，以短针迹缝2.5cm。重新调整到常规针迹长度，继续缝制。见图6-20。

⑤ 剪切拐角，剪到加固针迹。把做缝修剪成坡度，翻转，缝里层针迹并定位。见图6-21。

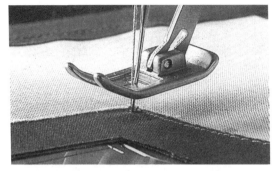

图6-20

图6-21

6.4 缝制弧形领口

① 用搭接缝连接衬头裁片，缝制和整理衣片肩缝。在距边缘1.3cm处用机制疏缝把衬头缝到衣片反面，紧挨针迹线修剪衬头。把外缘修剪去1.3cm。见图6-22。

② 在肩缝处缝接贴边，把做缝修剪至6mm宽。翻开做缝压烫，但不做整理。要整理贴边的外缘。见图6-23。

③ 将贴边正面缝到衣片正面，把做缝修剪成坡度。再压烫，缝里层针迹并将贴边定位。见图6-24。

图6-22

图6-23

图6-24

6.5 缝制尖领

① 在接缝线里侧对角修剪衬头的拐角。在距边缘1.3cm处用机制疏缝将衬头缝到上领片的反面。紧挨针迹线修剪衬头。见图6-25。

② 将下领片的外缘修剪去3mm略欠一点，这能防止下领片在领子缝到领口上后向正面卷曲。用别针将领子正面与下领片别在一起，外侧边缘对齐。见图6-26。

③ 在接缝线上制缝。在拐角处对角缝制1～2个短针迹，不能缝成急转弯。这样翻转衣领时，领尖更利落、美观。见图6-27。

④ 修剪拐角。先紧挨针迹线，横过顶点修剪。然后在顶点的两侧与接缝成一定角度进行修剪。见图6-28。

⑤ 把下领片做缝修剪至3mm，把领子做缝修剪至6mm，使做缝形成坡度。见图6-29。

⑥ 在尖头压片上将接缝翻开、压烫，将领子正面翻出。见图6-30。

⑦ 用尖角翻转器轻轻地将领尖翻出。见图6-31。

⑧ 压烫平领子。稍稍将接缝移向下面，以便在制成的领子上不显露接缝。见图6-32。

图6-25　　　　　　　　　图6-26　　　　　　　　　图6-27

图6-28　　　　　　　　　图6-29　　　　　　　　　图6-30

图6-31　　　　　　　　　图6-32

6.6 缝制圆领

① 修剪去热融式衬头的做缝。按外包装上所示生产者的说明将衬头融接到上领片的反面。见图6-33。

② 像缝尖领那样将下领片的外侧边缘修剪去3mm略欠一点。在领子的正面和领衬上一起缝制针迹，在弧线处用较短的针迹。见图6-34。

③ 用齿边布样剪刀紧挨针迹线修剪做缝（图6-35中1），或修剪做缝成坡度（图6-35中2）。即使接缝呈封闭式，也要翻开压烫。这可使针迹线平坦，领子更容易翻转。

图6-33　　　　　　　　　图6-34　　　　　　　　　图6-35

6.7 缝制领子和装领子

① 在衣片的领圈边缘缝制滚边缝。把做缝修剪开，剪到接缝线。见图6-36。

② 握住接缝两端，将接缝拉直。如果剪口有足够数量、足够深度，那么接缝不应卷曲或起皱。见图6-37。

③ 沿领圈边缘压烫上领片的下做缝，把已经压烫的做缝修剪至6mm宽。见图6-38。

图6-36　　　　　　　　　图6-37　　　　　　　　　图6-38

④ 将领子的正面和领衬一起缝。见图6-39。

⑤ 像缝制尖领和圆领那样，修剪、翻转和压烫领子。见图6-40。

⑥ 用别针和针迹只将下领片与领圈边缘连接，在两端头固定针迹。将做缝修剪至1cm宽。见图6-41。

⑦ 剪开下领片弧线，剪到针迹线。朝领子方向压烫接缝。见图6-42。

⑧ 将折叠后和修剪过的上领片边缘用别针别在做缝上，使折叠线与针迹线相重合。见图6-43。

⑨ 以短而松的暗缝针迹将折叠边缘缝到接缝线上。见图6-44。

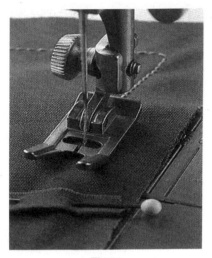
图6-39

图6-40

图6-41

图6-42

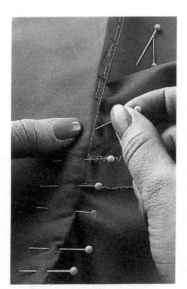
图6-43

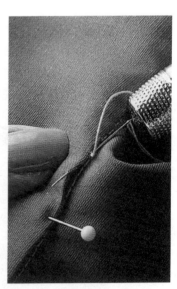
图6-44

6.8　什么是腰头

　　由于腰头支撑整件衣服，所以腰头的外缘整理必须牢固和坚实。裙子和裤子的腰头基本上沿织物的纵向纹理裁剪，那样伸缩量最小。使用黏合衬、双层料并缝入腰围线边缘，再做缝封住，从而可加固腰头。见图6-45。

　　多数腰头在衣服反面要向下翻折边缘。操作较快、膨松度较小的方法是改变一下裁剪纸样的排料，让腰头的一条长边缘位于布边上。因为布边不脱散，所以不必向下翻折边缘。如采用此种方法，那么完全可用机器缝制腰头。为进一步消除膨松，可用轻薄织物或罗缎带作为厚实织物腰头的贴边。

　　腰头应足够长，其长度应包含适当的放松和搭接所需的量，等于腰围尺寸加7cm。添加的量中包括供放松用的1.3cm、做缝3.2cm和供搭接用的2.5cm。宽度应为腰头净宽加做缝3.2cm后再乘2。

图6-45

6.9　缝制腰头

　　① 沿纵向纹理裁剪腰头，将一条长裁剪边置于布边上。见图6-46。

　　② 按裁剪纸样剪一节热融式衬头。在针迹线处剪去端头，这样衬头不会伸入做缝。见图6-47。

　　③ 将衬头热融到腰头上，衬头较宽的一边朝布边。衬头应放在合适的位置，要保证有剪口的一边留有1.5cm的做缝（在布边一侧的做缝较窄）。见图6-48。

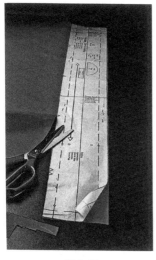

图6-46

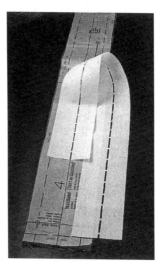

图6-47

图6-48

④ 将腰头有剪口一边的正面用别针别到服装的正面，对齐剪口。缝制一条1.5cm宽的做缝。见图6-49。

⑤ 向上翻起腰头，朝腰头方向压烫做缝。见图6-50。

⑥ 将腰头上的做缝修剪至6mm，服装上的做缝修剪至3mm，使做缝形成坡度以消除膨松。见图6-51。

⑦ 沿衬头中心折叠线折腰头，使腰头的反面翻在外面。在两端头分别缝1.5cm宽的缝，将做缝修剪至6mm。斜对角修剪拐角。见图6-52。

⑧ 将腰头正面翻出。（a）在下搭接片上（如箭头所示）将布边对角剪开至拐角。（b）将做缝从下搭接片的边缘至豁口底向上折入腰头。以一定角度将剪开的拐角折起。见图6-53。

⑨ 用别针将腰头边缘别住。在服装正面、腰围接缝沟里缝制或在接缝向上6mm处缝表层针迹。缝制时要把布边缝入。采用在沟里缝制的方法时就用边缝针迹缝住下搭接片的下边缘（如箭头所示）。见图6-54。

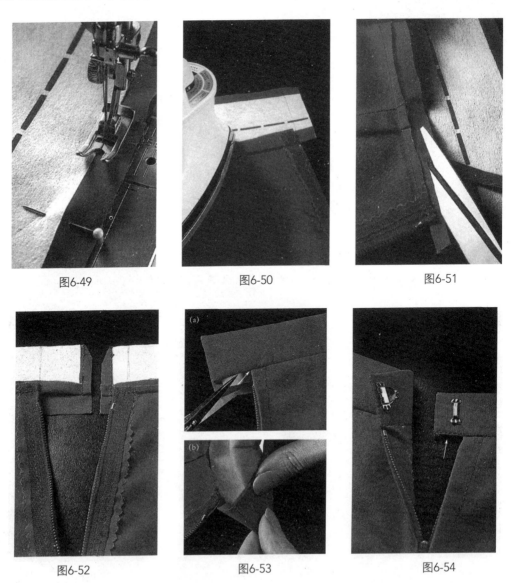

图6-49   图6-50   图6-51

图6-52   图6-53   图6-54

6.10　什么是折边

　　除了装饰性折边，折边在正面应该几乎看不见。一般采用与织物色泽相同或略深一点的线缝折边。

　　手工缝折边时，每一行针迹从外层织物只挑1~2股纱线。缝折边时，线不能拉得过紧，否则折边看起来会皱皱巴巴的。压烫要仔细，过分压烫会沿折边边缘产生一条突脊。见图6-55。

　　折边的宽度取决于织物和服装的样式。平直服装的折边宽度可达7.5cm，而喇叭口形服装的折边宽度为3.8~5cm。透明薄织物，无论服装是什么样式，通常都采用狭窄的折边。柔软的针织织物上，一条狭窄的折边能使针织织物不产生悬垂现象。机器缝制和用表层针迹缝制的折边既牢固又经久。

　　缝折边前，让服装悬挂24h，尤其是那些具有斜折边或圆形折边的服装。试穿一下意欲配套穿着的上、下装，看看上装是否与下装相配，上装的悬垂情况是否合适。如果该上装需系腰带，那么试穿时要穿上鞋并系上腰带。

　　折边线标记通常要由另一个人帮助用别针或码尺作标示。沿服装用别针或画粉标示折边线，保证地面到折边线的距离均等。以正常的姿态站立，让助手沿着折边标示折边线。然后折叠折边，并用别针别住。在全身穿衣镜前试穿服装，再次检查折边是否与地面平行。

　　裤子的折边就不能像裙子或衣服那样，依据折边与地面的距离而定。因为标准长度的裤子，在前面，裤脚应垂落在鞋子上；在后面，则稍稍向下滑落。用别针将两只裤脚的折边别住，在穿衣镜前试穿一下，检查长度是否合适。

　　缝制前，整理折边的毛边，以免织物脱散，也给折边针迹定了位。接着，选用对织物和服装都合适的折边整理并进行缝制。

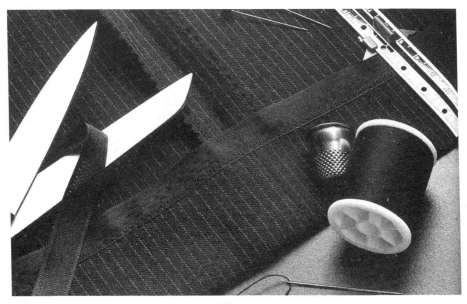

图6-55

在机织和针织织物上采用机制暗缝针迹能缝制出牢固的折边。许多缝纫机内都装了此种针迹。专用压脚或针迹导向器有助于缝暗缝针迹。

羊毛织物、粗花呢或亚麻织物这类易脱散的织物采用接缝滚条或花边整理较合适。在织物正面，让接缝滚条与折边边缘搭接6mm。用边缝针迹缝滚条到位，在接缝线处两端头搭接。直折边采用机织接缝滚条，而弧形折边和针织织物采用弹性花边。对于轻薄或中等厚度织物，用之字形针迹缝折边；而对于膨松织物，则用暗缝针迹。

6.11 折边整理和缝制

缝制表层针迹的折边，将毛边整理和服装折边一步完成。向上折折边，宽度为3.8cm，用别针定位。对于易脱散的织物，用齿边布样剪刀修剪毛边或向下翻折毛边。在正面，相距折叠边缘2.5cm处缝制表层针迹。另一道表层针迹是图案花纹的一部分。见图6-56。

图6-56

双针缝制的折边适用于针织织物和便服。双针缝制在正面会留下两行紧挨着的平行针迹，在反面则为之字形一类的针迹。向上翻折折边达所需宽度。在正面，利用接缝导向器缝制，缝透两层织物，然后剪去多余的折边做缝。见图6-57。

图6-57

之字形针迹整理适用于针织织物和易脱散的织物，因为针迹会随着织物伸缩而伸缩。用中等宽度和长度的之字形针迹紧挨毛边缝，并紧挨针迹修剪。用暗针针迹、暗之字形针迹或机制暗缝针迹缝折边。见图6-58。

翻折并制缝整理适用于机织轻薄织物。向下翻折毛边6mm，靠近折叠边缘制缝。折边采用短而松的暗针针迹。见图6-59。

图6-58

滚边折边整理适用于厚实羊毛织物或易脱散的织物。用双折斜纹带整理或香港式滚边整理，处理折边的毛边。用暗针针迹或暗之字形针迹缝折边。注意不能将折边缝线抽得太紧，否则织物会起皱。见图6-60。

锯齿形热融黏合折边对于轻薄机织织物是一种快捷、易操作的整理。在折边和服装之间放置一个条状热融纤维网，遵照使用说明进行蒸汽压烫。多数热融纤维网用蒸汽压烫15s可获永久性粘接效果。见图6-61。

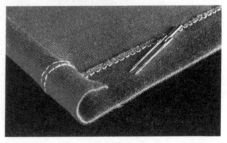

图6-59

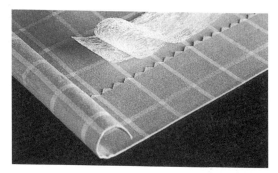

图6-60

图6-61

6.12 翻折折边

① 用别针或画粉及码尺或裙子标示器标示服装与地面的距离。让你的助手围绕你转一圈，这样你就可不必改变位置或姿势。每5cm做一个标记。见图6-62。

② 将折边做缝修剪掉一半以减少膨松。只修剪服装底边到折边针迹线之间的做缝。见图6-63。

③ 沿标示线向上翻折折边，以相等的间隔别别针，让别针与折叠成直角。试穿服装查看长度。见图6-64。

④ 在距折叠边缘6mm处缝制手工疏缝。轻轻压烫边缘、放松折边使其与服装相配。见图6-65。

⑤ 测量和标示折边，折边宽随意，加放6mm供边缘整理用。在熨烫板或熨烫桌上操作，利用接缝规以保证均匀标示。见图6-66。

⑥ 沿标示线修去多余的折边做缝，按照织物类型采用合适的毛边整理。将整理后的边缘用别针别到服装上，对齐接缝和中心线。见图6-67。

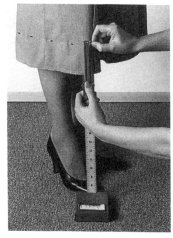
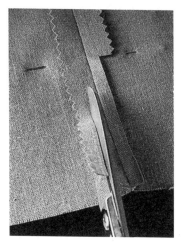

图6-62

图6-63

图6-64

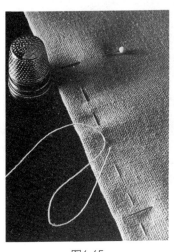

图6-65

图6-66

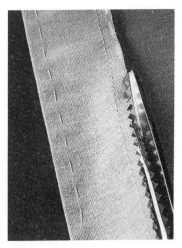

图6-67

6.13 缝制弧形折边

① 如6.12所示准备折边，但不用整理毛边。弧形折边有额外的丰满度，所以必须放松，使折边与服装相配。减小缝纫机张力，距边缘6mm处缝松弛针迹，以一条接缝线作为起点和止点。见图6-68。

② 隔些距离用别针将底线挑出，成一圆环，以此收紧底线、放松丰满度使折边平滑地与服装形状相配。收缩折边切勿过分，否则折边会牵扯服装。在压烫手套上压烫折边能消除一些丰满度。见图6-69。

③ 用之字形针迹、斜纹带、接缝滚条或锯齿切裁法整理毛边。用别针将折边边缘别到服装上，对齐接缝和中心线。采用机制暗缝针迹或合适的手工折边针迹缝折边。见图6-70。

图6-68

图6-69

图6-70

6.14　缝机制暗缝针迹

① 如6.12所示准备折边，在距毛边6mm处用手工疏缝将折边缝到服装上。把缝纫机调整到制暗缝针迹位置，并装上暗缝针迹压脚。依据织物的厚度和质地选择之字形的宽度和针迹的长度。缝进服装的针迹可在1.5～3mm间调整。见图6-71。

② 将折边做缝朝下放在缝纫机送布牙上。沿疏缝线将大块服装向后折叠，让松软的折叠靠着压脚的右边（如箭头所示）。有些缝纫机采用普通的之字形针迹压脚附带一个暗缝针迹折边导向器。见图6-72。

③ 紧挨折叠沿折边缝制，只将之字形针迹缝入服装。缝制时，将折边边缘牵成一直线，让松软的折叠靠着折边压脚的右边或导向器的边缘送入。打开折边并压烫平整。见图6-73。

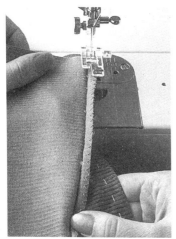

图6-71

图6-72

图6-73

第7章
缝制衣服的闭合辅件

通常人们把拉链、纽扣、揿纽、衣钩及钩眼当作最不引人注意的东西。但是有时这些东西则被用作装饰小件，式样新颖的纽扣、色彩鲜艳的拉链或珍珠般大的揿纽都能展示一种特定的样式。

依据服装的样式和在服装的前襟加多大的张力挑选闭合辅件。例如，搭钩及襻比普通的衣钩及钩眼更能承受裤腰上的张力。裁剪纸样封套的背面注明了要购买闭合辅件的类型和大小。

由于闭合辅件都要承受张力，所以加固服装上装闭合辅件的部位是很重要的。做缝或贴边能起轻度加固作用，其他闭合区域应用衬头加固。

用通用线盒尖头、长度中等的缝衣针或绒线刺绣针将纽扣、揿纽、衣钩及钩眼等缝到服装上。对于厚实织物，或要承受相当大张力的闭合辅件，采用粗实的或缝表层针迹和锁纽孔的线。

7.1 搭钩及襻

搭钩及襻是结实的闭合辅件，有几种类型。普通的通用搭钩及襻（钩眼）分为0号（细）到3号（粗），经发黑处理，它们有的呈直眼；在两条边缘交汇处，如在居中的拉链上方领圈处用圆眼。在柔软织物上或金属眼过分显眼的部位可用线环和穿带襻，只是基底针迹线要长些。

搭钩和襻比普通的衣钩和钩眼结实，能承受更大的张力。搭钩和襻经发黑处理，只用在服装搭接处。外套和夹克衫上可用大、平、被包覆了的搭钩和襻。这种搭钩和襻美得足以引人注目，且结实得足以拉住厚实织物。

7.1.1 装腰头搭钩和襻

① 将搭钩放在腰头搭接部分的下侧，距里侧边缘约3mm处。穿过每个孔眼缝3～4针将

搭钩定位，定位针迹勿缝透到服装的正面。见图7-1。

　　② 将搭钩一侧重叠到下搭接件上以标示襻的位置，将直别针插入孔中以标示位置。每个孔缝3~4针，将襻定位。见图7-2。

　　圆衣钩和钩眼用于不搭接的腰头。如同给搭钩定位一样，将圆衣钩置于恰当位置。穿过两个孔和在钩子的端头缝几针定位。将钩眼放置在稍稍位于织物里侧边缘上方的位置（服装的边缘应对接），缝几针将钩眼定位。见图7-3。

图7-1　　　　　　　　　　图7-2　　　　　　　　　　图7-3

7.1.2　制作线环扣眼

　　① 用针引双股线穿过织物边缘，缝两道基底针迹，长度按扣眼的需要而定。这些即为支撑点，在基底针迹线上可缝制毯子边锁缝针迹。见图7-4。

　　② 使针眼从基底针迹线下面和线环中穿过，缝制毯子边锁缝针迹。见图7-5。

　　③ 使针穿过线环，抽紧线环使其扣住基底针迹线。沿基底针迹线全长缝毯子边锁缝针迹。见图7-6。

　　④ 缝两针短小的回针针迹以便拴住针迹线，修剪掉线头。见图7-7。

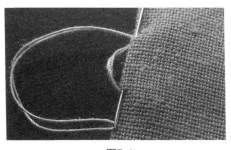

图7-4　　　　　　　　　　　　　　图7-5

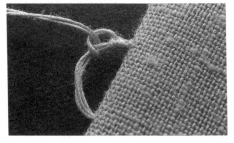

图7-6　　　　　　　　　　　　　　图7-7

7.2 纽孔

缝制得好的纽孔应达到以下标准。

① 宽度与织物的厚度及纽孔的大小适宜。

② 端头经锁眼缝迹加固，防止纽孔在受力时被撕破。

③ 在纽孔两侧针迹均匀分布。

④ 纽孔比纽扣长3mm。

⑤ 纽孔两侧的针迹间距足以保证纽孔剪开时针迹不会受损。

⑥ 偶尔也不剪开端头。

⑦ 支撑纽孔的衬头与流行织物相配，在剪切边缘处衬头不能显露。

⑧ 纽孔顺着纹理。直纽孔完全与服装边缘平行，横纽孔与边缘成直角。

横纽孔最牢靠，因为纽扣不易滑出。横纽孔也可吸收闭合辅件所承受的拉力，只是纽孔略微扭曲。横纽孔应朝服装的边缘伸展直至超出纽扣位置标示线3mm。从中心线到服装经整理边缘之间的间隔应该至少为纽扣直径的3/4。有这样一段间距，服装门襟扣上时，纽扣不会伸出服装边缘，如图7-8所示。

图7-8

直纽孔可用在袖叉、裙叉和衬衫领或袖的衬布上。直纽孔通常与较小的纽扣相配，使闭合牢靠。直纽孔直接缝制在前或后中心线上。服装扣上后，纽扣位置线应与两侧中心线相匹配。如果搭接部分多于或少于裁剪纸样的规定，服装可能不合身。

纽孔间的间距一般相等。如果裁剪纸样更改过，总长度或胸围线变动过，那么纽孔间的间距也要作相应的变动。如果选用的纽扣比裁剪纸样上规定的大或小，那么也必须调整纽孔间距。纽孔通常应位于张力最大的区域内。如果纽孔位置不合适、间距不当，那么闭合部分就会豁开，从而破坏服装的外观。

对于前门襟，纽孔位于颈部和胸部最丰满处；对于外套、女式长罩衣，包括有公主线缝的连衣裙或夹克衫，在腰部开一纽孔。为减少膨松，对于打褶上衣或腰带连衣裙，在腰围线处勿开纽孔。最低一颗纽扣和纽孔应位于距连衣裙、裙子或开襟明纽女式长服的折边12.5～15cm处。

为了使纽孔均匀分布，可标示出最高和最低两颗纽扣的位置。测量这两颗纽扣间的距离，测得的值被待用的纽扣数减1再除，所得商即纽孔间的距离。标示后，试穿一下服装，确保纽孔的位置与体形相宜。当然，可按需要做调整。

7.2.1 确定纽孔长度

测量待用纽扣的宽度和高度，这两个测得值之和加上3mm（纽孔端头整理留量）即为机制纽孔的合适长度。纽孔大小必须保证扣纽扣方便，却又有足够的紧贴合度，保证服装能稳稳地扣牢。见图7-9。

试做待缝制的纽孔。先在织物碎片上剪一切口，长度为纽孔长度减去3mm。如果纽扣能容易穿过该孔，长度就合适了。下一步，在服装、贴边和衬头上缝制纽孔。检查长度、针迹宽度、针迹密度和纽孔间距是否合适。见图7-10。

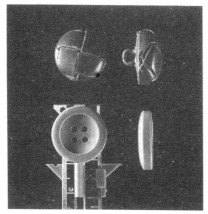

图7-9

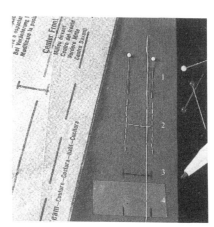

图7-10

7.2.2 标示纽孔

将裁剪纸样放在服装上面，使裁剪纸样上的接缝线与服装门襟边缘对齐。在每个纽孔标示线的两端头垂直插入别针，让别针穿透裁剪纸样和织物。将裁剪纸样从别针头上方拉出，仔细去除裁剪纸样。见图7-11。

用下列方法标示纽孔：①安全别针；②在别针之间及沿端头机缝或手缝疏针针迹；③用水溶性笔做标记；④在别针上方粘一条胶带，用笔标示出纽孔长度。先试一下，要保证胶带不会损坏织物。见图7-12。

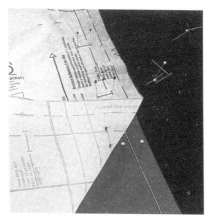

图7-11

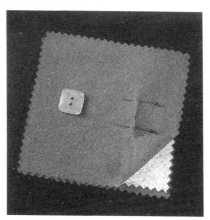

图7-12

7.2.3 机制纽孔

机制纽孔适用于多数服装，尤其是便服或定制服装。机制纽孔有4种类型：内含功能缝制的（通常2步或4步）、包缝的、1步缝制的和通用附件缝制的。在服装上缝制纽孔前，一定要用合适的衬头先试制一下。试制纽孔时，就可明白缝纫机锁纽孔的起点在哪里，以便将织物放到合适位置。见图7-13。

① 内含功能缝制的纽孔是将之字形针迹和锁眼缝迹组合。多数缝之字形针迹的缝纫机都内含有可分2步或4步缝制这类纽孔的结构。4个步骤是：之字形向前针迹、锁眼缝迹、之字形向后针迹、锁眼缝迹。2步操作锁纽孔是将一向前或向后的动作与锁眼缝迹组合。参看缝纫机使用说明书以获取一些专用操作说明，因为各种缝纫机有各自的专用操作法。此种纽孔的优点是可以调整之字形针迹的密度以适合织物和纽孔的尺寸。在膨松或疏松的织物上用较稀的之字形针迹，而在轻薄透明或柔软织物上用较密的针迹。

② 包缝纽孔是内含功能缝制的纽孔或1步缝制的纽孔的改型。包缝纽孔先缝窄之字形针迹，剪开孔后再缝1次，所以剪切边缘被之字形针迹包住。包缝纽孔看起来像手工锁的纽孔。如果衬头与流行织物的颜色不太相配，则采用包缝纽孔最佳。

③ 1步缝制的纽孔是利用一种专用压脚和有些缝纫机中内含的之字形针迹在一步操作中完成的。1步缝制的纽孔可用标准宽度的之字形针迹缝，对轻薄织物可用窄之字形针迹。纽扣放在附件后面的纽扣架上，可起导向作用，所以纽孔能完全与纽扣相配。当纽孔达到所需长度，在机针附近的杠杆就落下，使缝纫机停止工作。所有的纽孔长度一致，所以唯一需要标示的是位置。

图7-13

④ 通用附件缝制的纽孔是用一个能装到各种类型的缝纫机上，包括直针迹缝纫机上的附件。此附件含有一量规，能确定纽孔的大小。此种方法也具有纽孔长度一致、之字形针迹宽度可调的优点。定制的服装或厚实织物上用的钥匙孔形纽孔可以用此附件缝制。在纽孔一端的钥匙孔形可为纽扣的脚提供空间。

如果纽孔的位置并不因为裁剪纸样的更改而要调整，那么可在装上并整理贴边后，与另一块衣片缝合前制作纽孔。这样在机器上要处理的膨松较小，织物较轻。

7.2.4 缝制纽孔

内含功能缝制的纽孔：将织物置于锁纽孔压脚下，起点和机针对齐，压脚中心位于中心标记的上方（4步分开，但缝制操作是连续的，每一步都要把缝纫机调整到新的操作定位上）。①将度盘或杠杆装到第1步上，缓慢地在端头缝3针或4针形成锁眼缝迹。②缝一侧。

有些缝纫机先缝左侧，另一些先缝右侧，只需缝到标示的端头。③在端头来回缝3针或4针形成另一条锁眼缝迹。④缝另一侧，完成纽孔。缝至第一条锁眼缝迹即停止操作，回到起点缝1针或2针扣紧针迹。见图7-14。

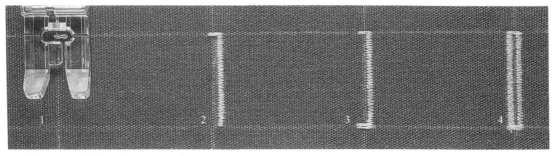

图7-14

包缝纽孔。①以窄之字形针迹缝纽孔，剪开纽孔并修剪松散纱线。②如第1步缝制操作那样重新将纽孔准确定位，调整加大之字形针迹宽度。再次锁纽孔，让之字形针迹包住纽孔剪开的边缘。见图7-15。

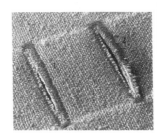

图7-15　　　　　　图7-16

一步缝制的纽孔。将纽扣放在附件架上，参看缝纫机说明书查找合适的针迹类型。制成的纽孔长度合适了，缝制操作会自动停止。剪开纽孔，再次锁纽孔进行包边整理。见图7-16。

通用附件缝制的纽孔。照说明书所述装上锁纽孔附件，挑选尺寸与纽扣相配的量规。为了加固，使纽孔更结实，沿纽孔再缝1次。见图7-17。

图7-17　　　　　　图7-18

7.2.5 剪开纽孔

① 在纽孔两端的锁眼缝迹前插入直别针，以免剪透端头。见图7-18。

② 将尖头小剪刀或线缝剥离器的尖头插入纽孔中心，小心地向前剪至一端头。然后，再剪向另一端头。见图7-19。

③ 在切口边缘涂上防擦散液加固切口边缘，防止脱散。先在试样上试用一下。见图7-20。

图7-19　　　　　　图7-20

7.3 纽扣

纽扣比任何其他的闭合辅件更能使服装个性化。纽扣可起闭合作用，也可起装饰作用。纽扣有两大基本类型，有眼纽扣和有脚纽扣。但是，这两种类型的变化形式则是无穷尽的。

有眼纽扣通常为平的，有四孔眼。如果仅作装饰用，纽扣可缝得紧贴着服装。作其他用途时，有眼纽扣需要有线脚。线脚使纽扣升离服装表面，提供空间使门襟扣上时各织物层能平伏贴合。

有脚纽扣在下侧有自己的脚，厚实织物以选用有脚纽扣为宜。当然，在采用纽扣环或线环时也可采用有脚纽扣。

挑选纽扣时要考虑颜色、样式、质量和养护等方面。见图7-21。

颜色：通常纽扣颜色与织物相配，但协调或悬殊的颜色都可获得时髦的外观。如果找不到合适的相匹配的颜色，则可自己制作用本色布包覆的包纽。

样式：女式服装选用小而精美的纽扣；定制服装选用颜色纯洁、样式古朴的纽扣；花式纽扣用在儿童服装上；水晶纽扣使丝绒服装更闪闪发光；灯芯绒和粗呢服装上可试用皮革制纽扣或金属纽扣。

质量：质量轻的纽扣与轻薄织物相配，沉重的纽扣会拉扯和扭绞轻薄织物。厚实织物上的纽扣需要大点或看起来重一点。

养护：挑选养护方法与服装的养护方法相同的纽扣。可水洗或者可干洗。

图7-21

裁剪纸样封套背面要注明买多少纽扣，及纽扣的大小。若所买的纽扣比裁剪纸样规定的尺寸小或大，那么相差勿超过3mm。过小或过大的纽扣可能与服装边缘不成比例。纽扣尺寸以英寸、毫米表示。

去购买纽扣时，带一小块织物样品，以保证颜色相匹配。在织物样品上剪一切口，这样纸板上的纽扣可穿过切口让织物衬在纽扣下面，就能对该种纽扣在服装的外观上会怎样做到心中有数。

对于轻薄织物，用双股通用线钉纽扣，而厚实织物则用粗实或锁纽孔线钉纽扣。若要钉几颗纽扣，那么再双折缝纫线，这样一次就缝四股线，只要两针就可钉牢纽扣。

7.3.1 标示纽扣的位置

① 标示纽扣位置时将服装的纽孔一侧搭接到纽扣一侧上，对齐中心线。在纽孔之间用别针别住两侧衣片，使其闭合。见图7-22。

② 插入别针直穿透纽孔，直入下层织物。对于直纽孔，别针插在纽孔中心；对于横纽孔，别针插在紧挨服装外缘的那条边缘处。见图7-23。

③ 小心地将纽孔提升到别针上方，在别针尖处插入穿有线的缝衣针钉纽扣。一次只标示一颗和钉一颗纽扣。将钉牢的纽扣扣起，以便准确标示下一颗纽扣。见图7-24。

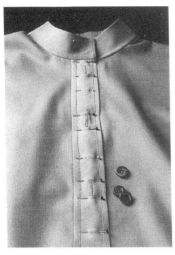
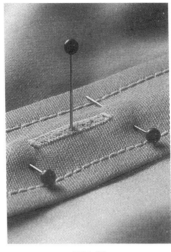

图7-22　　　　　　　　　　　图7-23　　　　　　　　　　　图7-24

7.3.2 钉有脚纽扣

① 剪一节线，长76cm，把线拉过蜂蜡，以增加线的强度。将线对折，引线的折叠端穿过绒绣针，在线的尖端打结。将纽扣放在服装中心线上别针标示处，使脚孔与纽孔平行。见图7-25。

② 在织物正面，纽扣下以短小针迹固定线。引针穿过脚孔，向下插缝衣针入织物，并引线穿过。如此重复，针要穿过脚孔4~6次。见图7-26。

③ 在纽扣下打结或缝几针短小针迹，以便在织物中拴住线头，剪去线端头。如在厚实织物上用有脚纽扣，可能也需要线脚。见图7-27。

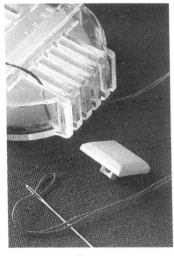

图7-25　　　　　　　　　　　图7-26　　　　　　　　　　　图7-27

7.3.3 用手工钉有眼纽扣

① 如钉有脚纽扣那样穿针引线，把纽扣放在别针标示位置，使纽扣上的孔眼与纽孔平行。从下面使针穿透织物并一直向上穿过纽扣的一个孔眼，插针入另一孔眼并穿透各织物层。见图7-28。

② 将一根牙签、火柴或一枚缝纫机针插在线和纽扣之间形成脚，在每一对孔眼内缝3针或4针。将针和线都引到服装的正面、纽扣的下方，去除牙签等辅助物。见图7-29。

③ 让线围绕纽扣针迹线缠绕两或三圈以形成脚。在服装正面、纽扣下方打结或缝几针短小针迹固住线。紧挨结剪断线。见图7-30。

图7-28   图7-29   图7-30

7.3.4 用缝纫机钉有眼纽扣

① 装上钉纽扣压脚和专用针板盖住送布牙或卸下送布牙，用密实的之字形针迹钉纽扣。按照缝纫机使用说明书调整针迹宽度和张力。见图7-31。

② 把纽扣放在压脚下。转动手轮使机针下降，插入一个孔眼的中心。降下压脚，转动手轮直至机针向上升离纽扣至恰好位于压脚上方。插入火柴或牙签以形成脚。见图7-32。

③ 利用之字形针迹宽度调节器将针迹宽度调到与纽扣孔眼间的间距宽度相等。慢慢操作直到调至正确宽度，缝上6针或更多针。按照缝纫机使用说明书中的指点固住针迹。见图7-33。

图7-31   图7-32   图7-33

7.4 揿纽

揿纽有三种：普通揿纽、拷纽和揿纽带。

普通揿纽适用于张力小的区域，如在领口或腰围处，在使用纽扣的同时用揿纽抓住贴边边缘；在罩衣的腰围处和在用搭钩和襻闭合腰带的尖头端。普通揿纽由两部分组成，一半为球头，另一半为球座。挑选有足够的强度，但对于织物来说又不过分粗大的揿纽。见图7-34。

拷纽要用专用虎钳或锤子钉到服装上。拷纽的抓力比普通揿纽大，要钉在服装正面。在运动服上，拷纽可以代替纽扣和纽孔等辅件。

揿纽带由带子和装于其上的揿纽组成，用装拉链压脚将带子缝到服装上。揿纽带适用于运动服上、居家装饰物上、婴儿和学步小孩的裤子内接缝上。

图7-34

装普通揿纽

① 将一颗揿纽的球头那一半放在上搭接片的反面，距边缘3～6mm，这样就不会显露在正面。用单股线穿过每个孔眼缝。针迹只穿透贴边和衬头，切勿穿透到服装的正面。缝2针短小针迹以固住线。见图7-35。

② 在下搭接片的正面标示球座那一半的位置，用下述方法标示。如果在球头那一半的中心有孔，将别针从正面插入孔中直刺入下搭接片。如果球头上没有孔，将裁缝用画粉擦在球头上，然后稳稳地将球头压在下搭接片上。见图7-36。

③ 使球座那一半的中心位于标记上。用缝球头那一半的方法缝球座这一半，只是针迹要穿透各织物层。见图7-37。

图7-35

图7-36

图7-37

7.5 制作拉链

在后背往下拉，在前面向上拉，在袖子、口袋或裤脚上，拉链不仅能起到闭合作用，也体现了各种各样的款式特点。最常用的是普通拉链，一端封闭，且缝入接缝。专用拉链有隐形拉链、开尾拉链和重型拉链。见图7-38。

裁剪纸样注明了要买何种拉链及拉链的长度。挑选拉链时，颜色与织物应十分相配。当然，也要考虑拉链的重量与织物的厚薄是否相宜。轻薄织物选用合成环扣拉链，因为这类拉链比金属拉链重量轻、柔韧性好。如果找不到长度合适的拉链，就买比所需长度稍长一点的拉链，将拉链缩短。

装拉链的方法有几种，依据服装的类型和拉链在服装上的位置选用合适的方法。下面介绍了怎样用搭接、中心对接或暗门襟法装普通拉链以及装开尾拉链的方法，也有这些方法的变通方法。本书所示的方法均又快又方便，其特点是利用织物粘胶带、透明胶带这类节省时间的工具。

装拉链前，先拉合拉链，烫平皱褶。如果拉链含棉织带，又要装到可水洗的服装上，在装拉链前要用热水让拉链预缩水。这样，在洗服装时拉链就不会起皱。为美观，在服装表面的最后一道针迹应平直，与接缝的距离应均匀。缝拉链时，两侧都要以底部为起点缝向顶部。向上翻拉襻，使针迹较容易地通过拉链头。

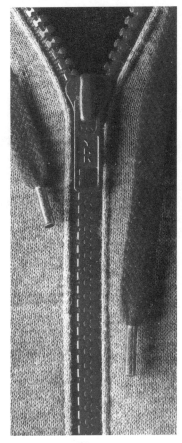

图7-38

7.5.1 组成拉链的零件

顶部止片是位于拉链顶部的小金属固定夹，起挡住拉链头不滑出带子的作用。

拉链头和拉襻是操纵拉链的结构。它锁住齿使拉链闭合，或解开齿使拉链打开。

带是装齿或环扣的织物条，带要缝入服装。

齿或环扣是组成拉链的零件，可为尼龙的、涤纶的或金属的。当拉链头沿它们滑过时就被锁住。

底部止片是位于拉链底部的固定夹。当拉链打开时，拉链头就靠在底部止片上。开尾拉链的底部止片可裂成两半，使拉链能完全打开。

在夹克衫或背心上装开尾拉链时，可采用拉链齿遮蔽式或裸露式。装饰性的运动服拉链含塑料齿，质量轻但坚实，适用于灵便的运动服。

7.5.2 装普通拉链的方法

搭接法将拉链完全遮蔽。此法加大了拉链选择范围，因为颜色与织物颜色不很相配的拉链也能用。最常用于连衣裙、裙子和裤子的侧缝闭合。见图7-39。

　　中心对接法，服装的前片中心闭合和后片中心闭合常采用此法装拉链。装拉链前，先装贴边。先装拉链后装腰头。见图7-40。

　　暗门襟法装拉链常用于裤子和裙子，偶尔可用于外套、夹克衫。仅在裁剪纸样上规定要用此方法时才采用，因为暗门襟法需要更宽的下搭接片和贴边，裁剪纸样上会注明。见图7-41。

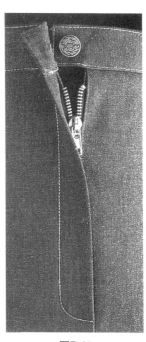

图7-39　　　　　　　　　　图7-40　　　　　　　　　　图7-41

7.5.3　缩短拉链

①以顶部止片为起点沿环扣量出所需长度，用别针做标示。见图7-42。

②在别针标示处横跨环扣缝之字形针迹，形成新的底部止片。见图7-43。

③剪去多余的拉链和带，以通常的方法装拉链。在底部横跨环扣时慢慢缝。见图7-44。

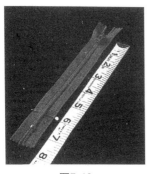

图7-42　　　　　　　　　　图7-43　　　　　　　　　　图7-44

7.5.4 用搭接法装拉链

① 把服装翻到反面，检查接缝开口确保顶部边缘齐平。开口长度应等于拉链环扣长度加2.5cm。从开口底部向顶部用别针别住接缝。见图7-45。

② 从开口底部向顶部沿接缝线机制疏缝，边缝边取下别针。见图7-46。

③ 每隔5cm剪断疏缝针迹，以便装拉链后拆除疏缝时容易些。见图7-47。

④ 将接缝翻开压烫平。如果是在裙子或裤子的侧缝里装拉链，请在压烫手套或裁缝用压烫衬垫上压烫接缝以便保持臀围的形状。见图7-48。

⑤ 拉开拉链。把拉链正面放在做缝右侧（衣服顶部朝向操作者）。让拉链环扣对准接缝线，顶部止片距裁剪边缘2.5cm。向上翻拉襟，用别针、胶水或胶带将右侧拉链带固定在位。见图7-49。

⑥ 换上装拉链压脚，让压脚位于机针右侧。紧挨着环扣边缘机制疏缝，从拉链底部缝向顶部，让装拉链压脚边缘靠着环扣。边缝边取下别针。见图7-50。

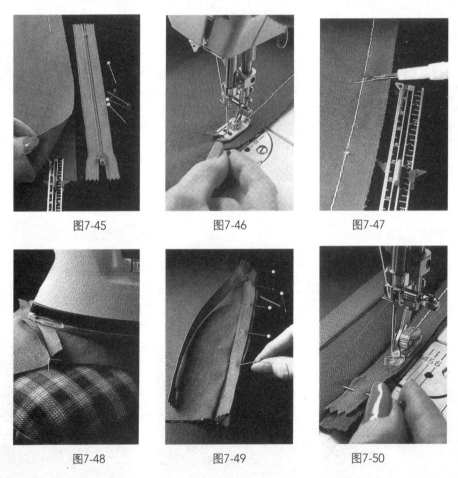

图7-45　　　　　　　图7-46　　　　　　　图7-47

图7-48　　　　　　　图7-49　　　　　　　图7-50

⑦ 闭合拉链，将正面向上。以背着拉链的方向抚平织物，使织物在拉链环扣和疏缝之间形成一条狭窄的折叠。见图7-51。

⑧ 把装拉链压脚调整到机针左侧。以拉链带底部为起点，在靠近折叠的边缘处缝，针迹要穿透折叠着的做缝和拉链带。见图7-52。

⑨ 把拉链翻转过来，拉链正面正对着接缝。注意，缝针时拉襻要向上翻以减少膨松，用别针定位。见图7-53。

 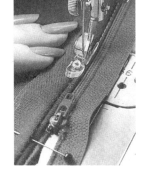 

图7-51　　　　　图7-52　　　　　图7-53

⑩ 把装拉链压脚调整到机针右侧。以拉链顶部为起点机制疏缝，针迹只穿透拉链带和做缝。这可为缝最后一道针迹做准备，因为已将做缝定了位。见图7-54。

⑪ 在服装正面距接缝1.3cm处制表层针迹。为加固直针迹，采用1.3cm的透明胶带，并沿边缘缝。以接缝线为起点，横跨拉链底部缝，在胶带边缘处转向，继续缝到上裁剪边缘。见图7-55。

图7-54　　　　　图7-55

⑫ 去除胶带。在拉链底部把线拉向反面并打结，去除接缝中的机制疏缝针迹。压烫，垫上压烫布以免织物发亮。修剪拉链带至与衣服的顶部边缘齐平。见图7-56。

7.5.5　用中心对接法装拉链

① 把服装翻到反面，检查接缝开口确保顶部边缘齐平。开口长度应等于拉链环扣长度加2.5cm。见图7-57。

② 从开口底部向顶部用别针别住接缝。见图7-58。

③ 从开口底部向顶部沿接缝线机制疏缝。每隔5cm剪断疏缝针迹，以便拆除疏缝时容易些。见图7-59。

 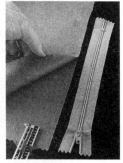

图7-56　　　　　图7-57

图7-58　　　　　图7-59

④ 翻开接缝，压烫平。如果织物易脱散则整理毛边。见图7-60。

⑤ 在拉链的正面轻轻涂上黏结膏。见图7-61。

⑥ 将拉链正面朝下放在接缝上，拉链环扣正位于接缝线上，顶部止片距裁剪边缘2.5cm（保持拉襻上翻）。用手指压使拉链固定，让黏结膏干燥几分钟。见图7-62。

⑦ 平展服装，正面朝上，用别针标示拉链的底部止片。将透明胶带或穿孔的标示带裁至1.3cm宽，长度与拉链长度相同，放在接缝线的中心。起绒织物或柔软织物上勿用透明胶带。见图7-63。

⑧ 换上装拉链压脚，让压脚位于机针左侧。在衣服正面，在拉链上缝表层针迹。在接缝上以胶带底部为起点，横跨拉链底部缝，在胶带边缘处转向。在拉链左侧一直向上缝到上裁剪边缘，以胶带边缘为导向。见图7-64。

⑨ 把装拉链压脚调整到机针右侧。在接缝上以胶带底部为起点，横跨拉链底部缝。转向并在拉链右侧一直向上缝，以胶带边缘为导向。见图7-65。

⑩ 将在拉链底部的两根线头拉向反面，把4根线头扭在一起打结。用别针将结拉得紧挨着拉链，剪去线头。见图7-66。

⑪ 把服装翻到正面，去除胶带。仔细去除接缝线中的机制疏缝。见图7-67。

⑫ 压烫，垫上压烫布以免织物发亮。修剪拉链带，使之与服装的顶部边缘齐平。见图7-68。

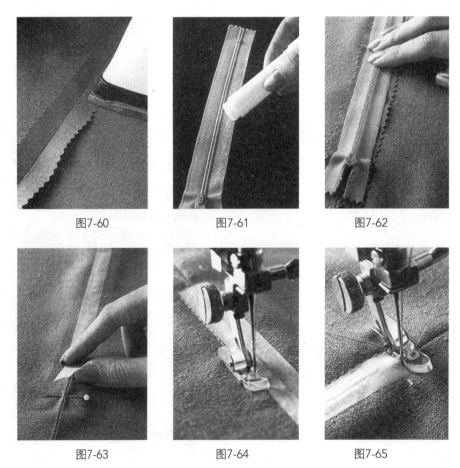

图7-60　　　　　　图7-61　　　　　　图7-62

图7-63　　　　　　图7-64　　　　　　图7-65

图7-66　　　　　　　　　图7-67　　　　　　　　　图7-68

7.5.6　用暗门襟法装拉链

① 在正面用手缝疏缝针迹或非永久性的标记（图7-69中1）标示拉链表层针迹线。缝制前裆缝，在标记处缝回针针迹作为拉链开叉端（图7-69中2）。机制疏缝（图7-69中3）。每隔2.5cm剪断疏缝针迹，剪去门襟贴边（图7-69中4）以下的做缝。翻开贴边压烫平。

② 向下折叠右侧门襟贴边（上边缘朝向操作者）6mm～1.3cm。让折叠边缘沿着环扣，拉链顶部止片距上边缘2.5cm。用别针或疏缝定位。见图7-70。

③ 换上装拉链压脚，让压脚位于机针左侧。紧挨着折叠缝，以拉链底部为起点。见图7-71。

④ 让拉链正面朝下叠合在左侧门襟贴边上。向上翻拉襻，以消除膨松。把装拉链压脚调整到机针右侧。以拉链顶部为起点缝制，让针迹穿透拉链带和门襟贴边，距拉链环扣6mm。见图7-72。

⑤ 平展服装，反面朝上。将伸出的左门襟用别针别到服装前片。将服装翻到正面，再次用别针将门襟贴边别住，从里面取下别针。见图7-73。

⑥ 在正面沿所标示的表层针迹线缝，装拉链压脚应在机针右侧。在接缝上以拉链底部为起点一直缝到衣服顶部，边缝边取下别针。把线头拉向反面打结，去除疏缝和标记。垫上压烫布压烫。见图7-74。

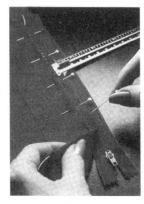

图7-69　　　　　　　　　图7-70　　　　　　　　　图7-71

图7-72

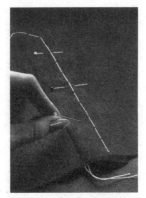
图7-73

图7-74

7.5.7 装遮蔽式开尾拉链

① 用疏缝胶带、别针或胶水将闭合的拉链固定在装有贴边的对襟边缘下，拉链正面朝上，让拉襻位于领口接缝线下3mm处。对襟的边缘必须在拉链的中心相会，遮盖住拉链齿。见图7-75。

② 拉开拉链，在衣服顶部将拉链带的端头向下折叠，用别针定位。见图7-76。

③ 分别在距对襟边缘1cm处缝表层针迹，针迹穿透织物和拉链带。两边分别从底部缝向顶部，把装拉链压脚调整到该位置的一侧。见图7-77。

7.5.8 装裸露式开尾拉链

① 用别针将装有贴边的对襟边缘别到闭合的拉链上，对襟边缘应挨着，但不能遮盖住拉链齿。拉襻距领口接缝线3mm。见图7-78。

② 用疏缝针迹将拉链定位，拉链带的端头伸出领口接缝线。如果贴边已装，则将拉链带端头在服装顶部处向下摺，拉开拉链。见图7-79。

③ 在服装正面，用装拉链压脚紧挨对襟边缘缝表层针迹，两边分别从底部缝向顶部。为使拉链带平服，两边分别在距第一道针迹6mm处再加缝一道针迹。见图7-80。

图7-75

图7-76

图7-77

图7-78

图7-79

图7-80

第8章

缝制工艺案例详解

8.1 简易女裤缝制工艺

8.1.1 外形概述与外形图

装全根腰头，前裤片左右折裥各两个，侧缝袋各一只，后省左右各两个，右侧开门。见图8-1。

8.1.2 成品假定规格

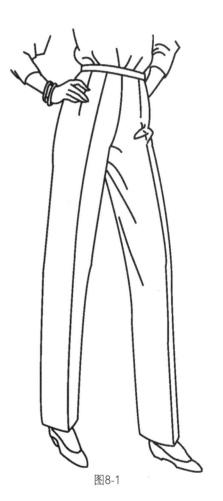

单位：cm

部位	尺寸
裤长	100
腰围	68
臀围	100
脚口	40

图8-1

8.1.3 缝制工艺程序

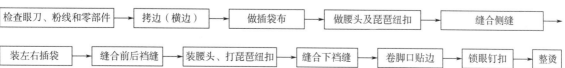

检查眼刀、粉线和零部件 → 拷边（横边） → 做插袋布 → 做腰头及琵琶纽扣 → 缝合侧缝 →

装左右插袋 → 缝合前后裆缝 → 装腰头、打琵琶纽扣 → 缝合下裆缝 → 卷脚口贴边 → 锁眼钉扣 → 整烫

8.1.4 缝制工艺

一般均按上述缝制工艺程序进行。

（1）检查眼刀、粉线和零部件　检查裁好的裤片（零部件）是否配齐，不能有遗漏。检查眼刀，如前腰口打裥眼刀、后腰口收省眼刀。检查钻眼是否有遗漏，如插袋的高低大小、后省的长短。检查脚口贴边宽窄、是否有粉线。如果是大批生产的裁片要检查编号是否正确。这些都属于开包检查范围，如果没有差错，方可进入第二步程序。

（2）拷边　除腰口装腰头之外，所有零部件都需要拷边。

（3）做插袋布

① 左插袋布。先把袋垫布放至插袋布的大半边，袋垫布缩进0.5cm。里口沿拷边缉线一道，左右两边袋口分别沿兜口缉牵带一根。

② 右插袋布。袋垫布正面与右插袋布大半边正面叠合，沿着右插袋布的大半边外口缉线0.8cm。翻过来把止口袋垫布外露0.1m刮平，里口沿拷边缉线一道。见图8-2。

③ 将装好的袋垫布、插袋布沿袋底兜缉0.8cm毛缝，注意袋口不要缉到头，留缝1.5cm。

④ 将袋底兜缉好的袋布翻过来刮平，沿袋底边匿缉0.3cm止口，袋口留1.5cm，见图8-3。

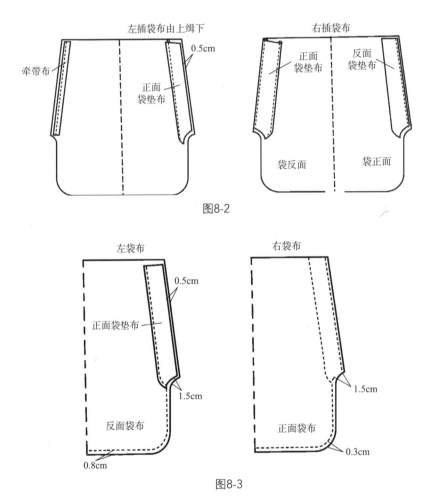

图8-2

图8-3

（4）做腰头及琵琶纽扣　先把腰面的宽和长按腰围规格加放四周的做缝，把净腰衬放在腰面上，四周包缉线0.7～0.8cm。初学者可用糨糊把面和衬粘牢，然后四周向里扣转，并将腰头烫干烫平。腰头一定要顺直，丝缕不能弯曲或腰头宽窄不一。见图8-4。

合缉腰面和腰里。腰里用本色原料，拼接在锁纽眼处，长10cm左右。上下两层在腰口处搭缉0.15cm，清止口一道。见图8-5。

做琵琶纽扣。琵琶纽扣长和宽按要求裁准确。面松里略紧，面长里短，面比里长3cm左右。正面合在里面，外毛缝缉线0.8cm，将箭头折成三角形，然后翻出刮平。缉清止口0.15cm一道，后三角形刮成箭头形或烫平。见图8-6。

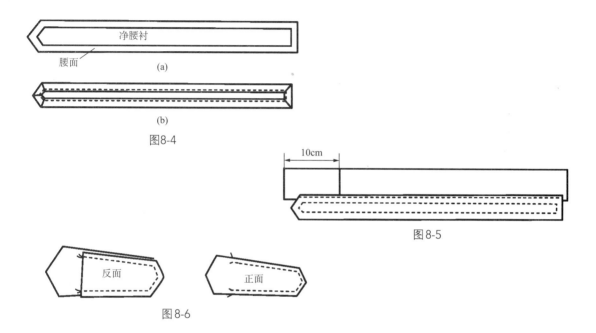

图8-4

图8-5

图8-6

（5）缝合侧缝　在缝合侧缝之前，先缉好后省，由大到小缉直。省长和省大按规格调整。然后将右边的后裤片放在下层，先装上里襟。再把前裤片放在上层，从插袋口缉来回针，由插袋口向脚处缉线。下层略紧，上层向前略推，脚口处平齐，毛缝缉线0.8cm。袋口处缝头可以多一点，起落针一定要缉来回针。见图8-7。

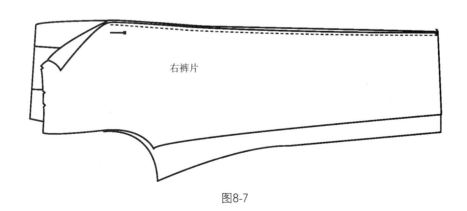

图8-7

将左边的后裤片放在下层，从脚口开始，前裤片放在上层，由脚口平齐向袋口处缉缝，在袋下口处缉来回针。上口处缉来回针后，向腰口缉缝，起落针一定要缉来回针。见图8-8。

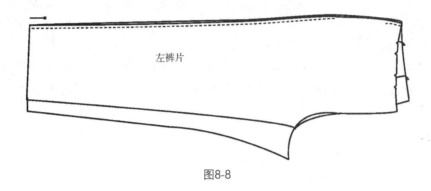

图8-8

（6）装左右插袋　女西裤右侧开叉，装插袋时左右两侧不完全相同。装右侧袋口时把里襟移开，把袋布小半边袋口与前裤片侧缝袋口搭缉一道，不剪断缉线；装左侧袋口时沿前裤片侧缝袋口锁边缝，将袋布塞进不能有出入，缉线一道。见图8-9。

然后把左右两侧袋口刮平，正面缉0.8cm的袋口直线，左侧袋口袋垫布与后裤片侧缝缉分开缝，不可将袋布缉牢。再把后袋布折缝覆盖在袋垫布的分开缝上，沿后侧缝锁边线缉一道直线。见图8-10。

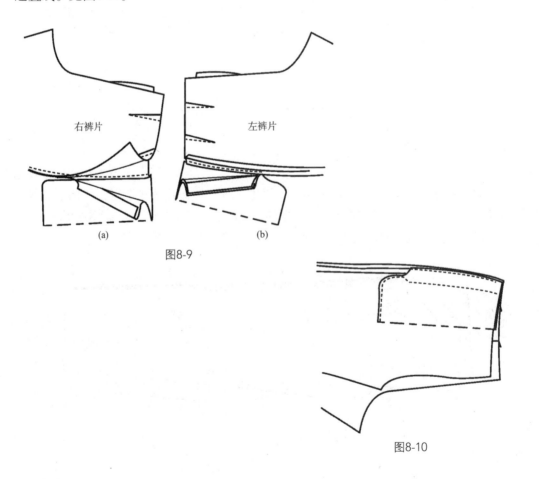

图8-9

图8-10

将左右插袋缉进，左右两侧袋口高低、大小一致，缉好封口，缉来回针4～5道；同时将前腰口的两裥和袋布一起摆平缉牢。见图8-11。

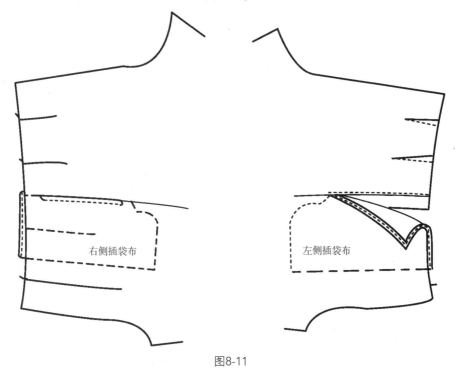

图8-11

（7）缝合前后裆缝 缉前后裆缝时，先要量准腰围规格，前裆缝基本上按0.8～1cm缝，后裆缝可以灵活掌握，按尺寸大小缝。缉线要求顺直，弯势处上下手拉紧，缉双线（重叠线），这样可以增加牢度，防止一拉就暴线。上下层不能有松紧，前后裆缝要求相同。见图8-12。

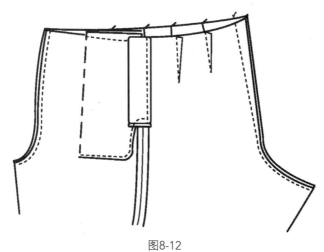

图8-12

（8）装腰头、打琵琶纽扣 将腰夹里刮平（或者烫平），腰头夹里对准，腰里比腰面宽0.6～0.7cm。在腰里和裤子腰口（除里襟宽），按腰里的1/2和腰口的1/2各放对眼刀。毛缝缉线0.8cm，腰里略紧一些，以防松口缝对不上。见图8-13。

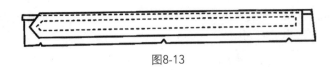

图8-13

　　腰头装上后，驳过来，把右侧开叉处的夹里腰头琵琶头角折好，以完全和腰面琵琶头相符，止口不能外吐，压腰头时，下层略带紧。清止口0.15cm，缉线要顺直，不能缉牢腰里，不能起链。

　　琵琶纽扣应该钉在腰口的侧缝中间，由前向后扣，即琵琶纽扣大头朝前、小头朝后。缉线清止口0.15cm。见图8-14。

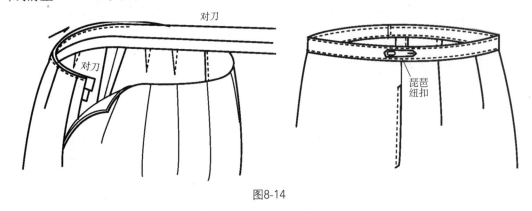

图8-14

　　（9）缝合下裆缝　脚口对齐，前后裆缝对准，缉线顺直，毛缝缉线0.8～1cm。中裆至裆底处缉重叠线两道。见图8-15。

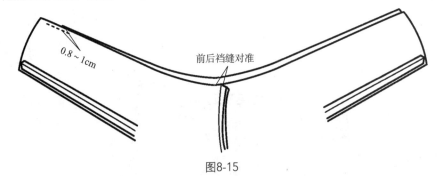

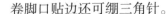

图8-15

　　（10）卷脚口贴边　缝纫机的底面夹准，底线略松，面线稍紧，脚口贴边按规格由下裆缝线起针，脚口兜缉一周，接线处不能有双轨，并把接线叠接1cm，不可脱线，线头剪净。见图8-16。

　　卷脚口贴边还可绷三角针。

　　（11）锁眼钉扣

　　① 锁眼。锁眼的位置，女裤腰头有两种：一种是宽腰头，腰头宽4cm。在开叉前腰头处上下两只纽眼，间距2cm，外口处偏进0.8cm，要求平齐，纽眼大1.5cm。另一种是窄腰头，腰头宽3cm，可以锁一只纽眼（或用裤钩）。开叉处上下两只纽眼，以开叉长

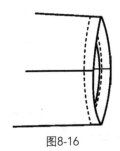

图8-16

1/3平分，袋口偏进1cm，锁眼以袋布为正面，腰头的琵琶纽扣锁纽眼一只。

② 钉扣。将后腰头开叉处与前腰开纽眼位置对齐，并在里襟直线钉扣两只，为使腰围大小可以伸缩，在偏进2cm处再钉两只扣。在里襟的开叉处与前叉锁眼位置对齐钉扣两只。琵琶纽扣摆平钉一只，同样为使腰头可以伸缩，在偏出2cm处，再钉一只扣。

③ 锁眼与钉扣的要求。锁眼针脚整齐，针针并齐，具体要求见锁纽眼练习；钉扣基点要小，钉线要松，三针上，三针下，绕三圈。见图8-17。

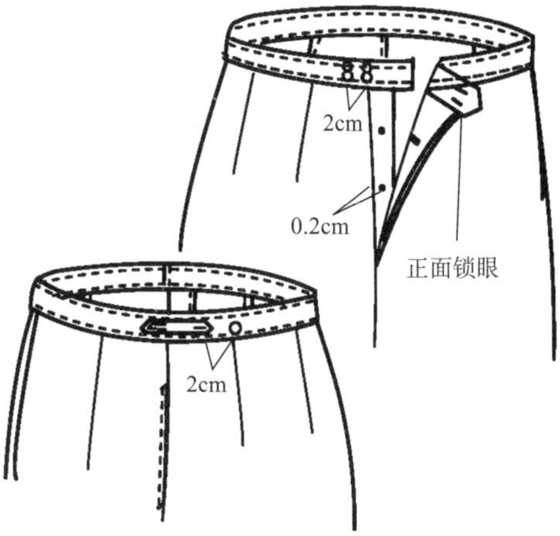

（12）整烫

① 剪线头。把所有的线头都剪干净。

② 烫分开缝。所有的分开缝，一律分开烫平。

③ 烫前裆后省。把裤子从反面翻过来，腰头和前裆面折平，盖上水布烫平（化纤、毛料类，不盖水布直接喷水烫，易起极光）。翻过来把腰面与后省处摆平，同样要盖水布，喷水烫平。同时将整条腰里从右到左烫平，把里襟和袋布烫平。

④ 烫下裆缝。裤子的上部分烫好后，把下裆缝和侧缝对准摆平。盖水布，喷水烫平烫干。在臀围处，一定要把它推出烫平。见图8-18。

⑤ 烫侧缝。把下裆的横裆、臀围、后缝处烫平之后，再把两只裤脚合拢摆平，盖上水布，喷水按烫下裆缝的方法熨烫，一定要烫出臀围的胖势，并把前迹线烫直。见图8-19。

规格尺寸完全符合标准，锁纽钉扣绕脚要符合要求，整烫无焦、无黄、无极光、无污渍。

图8-17

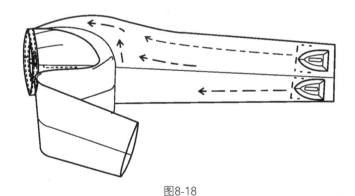

图8-18

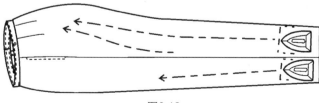

图8-19

8.2 毛料男西裤精做缝制工艺

通过女西裤缝制工艺的实习，我们初步掌握了女西裤工艺的操作程序及缝制方法。本节着重讲述毛料男西裤精做的缝制工艺。

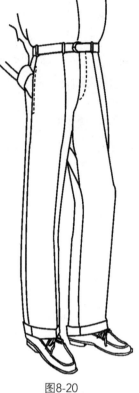

8.2.1 外形概述与外形图

装腰头，串带襻7根，前裤片左右插袋各一只，正反各两只，后裤片左右省各两只，左右后裤片开后袋各一只，门襟锁眼钉纽，外翻脚口。见图8-20。

8.2.2 男西裤裁片

前裤片两片，后裤片两片，腰面、腰里、腰衬各两片，串带襻7根，门襟三片（面、里、贴），里襟面、衬、里各一片，后袋嵌线、袋挚各两片，插袋袋垫布两片，侧缝直袋布两片，后袋布一片。

图8-20

8.2.3 规格要求

（1）成品规格。

单位：cm

					备注
腰围	70	72	74	76	备注
裤长	100	102	104	106	
臀围	98	100	102	104	
横裆	32	32.6	33.2	33.8	后窿门为 $\dfrac{H}{20}$
直裆	28.5	29	29.5	30	
中裆	24.5	25	25.5	26	
脚口	24.5	25	25.5	26	
后袋口大	13.2	13.5	13.8	14	按 $\dfrac{1.35H}{10}$
直袋口大	15.2	15.5	15.8	14	
前腰大	16.5	17	17.5	18	$\dfrac{W}{4}-1$
后腰大	18.5	19	19.5	20	$\dfrac{W}{4}+1$
后袋口距腰	7	7	7	7	

（2）小规格。

单位：cm

腰面宽	4	串带襻长/宽	4.5/0.8
腰里宽	5	后袋嵌线宽	0.8
门襟宽	4.5	脚口贴边	4.5
门襟缉线宽	3.6	表袋口大	基本按腰围的 $\frac{1}{10}$
里襟宽	3.5	脚口如有外翻边	10
小裆缝三角形等	0.8		
小裆缝高	1.5		

8.2.4　缝制工艺程序

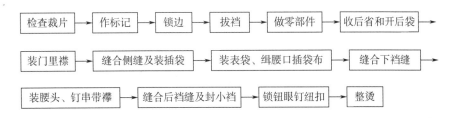

8.2.5　缝制工艺

（1）检查裁片　成批流水式生产的毛料西裤检查裁片。首先将裁片的毛坯劈准，然后检查片数与零部件是否齐全，检查规格和色差是否符合要求；单条独做者或者自裁自做者，只要检查眼刀和粉线是否准确、零部件是否齐全即可。

（2）作标记　作标记就是在裁片的某一个部位上作记号。

① 作标记有三种方法：画粉线；眼刀和钻眼；打线钉。

a. 画粉线适宜于裁剪棉布化纤类面料。由于粉迹容易脱落，对白色和浅色衣料容易污染，对毛料面料来说也不够理想。

b. 眼刀和钻眼只能用于布料，不能用在毛料面料上，因为毛料上根本看不出钻眼的痕迹。

c. 打线钉是毛料服装常用的标记方法。线钉可表示衣片各部位缝头大小和配件的装置部位，缝制时可利用线钉的对称作用达到左右一致。

在毛料上打线钉用的是白棉纱线，并且是双线。在需要作标记的部位，可以单针或者双针打线一段间距在4cm左右，也可根据需要调整。线钉的针脚露面都不宜过长，约为0.3cm。在两裁片中间剪断时，上下层所留的线钉过长容易脱落，过短难以钳拔，会失去线钉的作用。在剪线钉时应用剪刀头去剪，剪刀要握平，手眼动作协调，防止剪破裁片。

② 需要打线钉的部位。一般在前裤片的裥位、袋位、小裆高、中裆高、脚口贴边、烫迹线和后裤片的省位、后袋位、后裆缝的做缝、中裆高、脚口贴边、后下裆缝等处。如有微缝，要把做缝余地也打好线钉。注意，零部件不需要打线钉。见图8-21。

（3）锁边　毛料男西裤的锁边和女西裤的锁边相同，都是面料朝上，沿着毛边切掉0.1cm。右手拿着裤片的一边，左手拿着裤片的另一边，随着锁边机前进。除腰口外，其余部位都要锁边。

零部件的锁边：门襟边、里襟下层、插袋袋垫布、表袋袋垫布，后袋袋垫布等均要锁边。

锁边时要注意右手稳住，不能随便移动，左手动作要快，将裤片摆平随锁边机前进。思想要集中，碰到障碍物立即停车，以防裤片沿锁边弯曲，甚至锁坏裤片。

锁小裤底与贴脚绸时要先将其擦好，然后一起锁边。见图8-22。

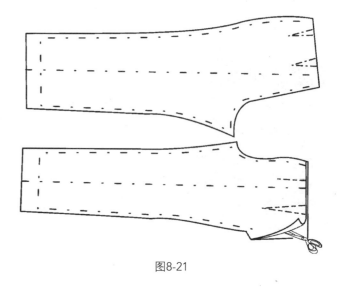

图8-21

（4）拔裆（俗称拔脚） 也就是归（即缩短）、拔（即伸长）、推（即推向一个方向）。通过熨斗在平面裤片上的运动，利用归、拔、推工艺使裤片成为符合人体曲线的形状。

① 前裤片的拔裆。前裤片拔裆比较简单。先将两裤片重叠，在臀围插袋胖势处和前直裆胖势处都要归进。在中裆两侧拔开，使侧缝和下裆缝烫成直线。在膝盖处归拢，脚口略拔开。在归拔时，将裤片靠近自己的身体。见图8-23。前裤片归拔之后，将腰口的两褶按线钉标记用扎线定好，在正面盖上水布，喷水烫平。然后再把下裆缝和侧缝折叠平齐，以前烫迹线的线钉为标记，盖上水布，喷水烫平。一定要按归拔要求烫，如将下裆缝和侧缝烫成直线。烫迹线由前裆向下，膝盖处略归，烫成直线。见图8-24。

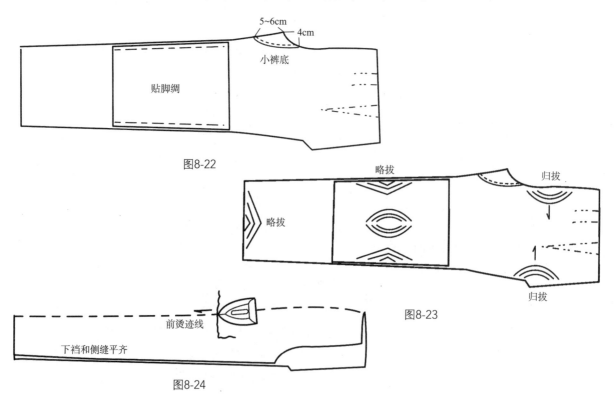

图8-22

图8-23

图8-24

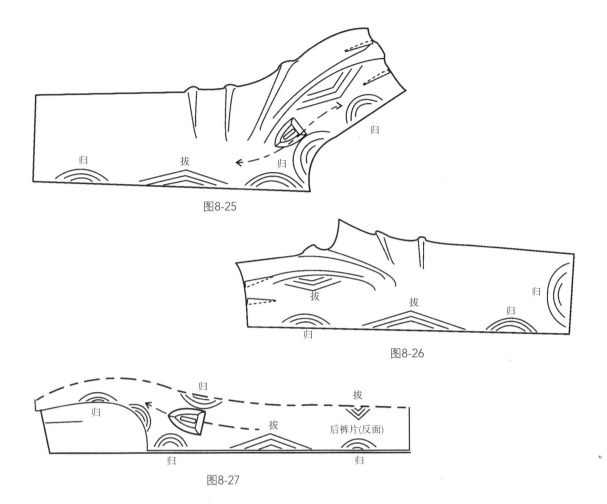

图8-25

图8-26

图8-27

② 后裤片的拔裆。后裤片难度比较大，也是两裤片重叠。

a. 先把后裤片的下裆缝靠身边摆好。

b. 喷水，在中裆部位用力烫拔。中裆以上要向上烫拔，中裆以下要向下烫拔。小腿处略归。

c. 在烫拔的同时，中裆里口要归拢，归至中裆烫迹线处。

d. 在喷水烫拔中裆时，窿门以下10cm要归拢。

e. 窿门的横丝绺处要拔开。

f. 后缝中段归拢一些，形成臀部胖势的形状。见图8-25。

g. 将侧缝转过来靠身边摆平，继续喷水归熨烫。

h. 把中裆部位的凹势略拔开，在伸长的同时，里口也要归拢，归至中裆烫迹线处。

i. 在侧缝臀围胖势处要归直。

j. 在中裆以下略归。

k. 在脚口低落处略归。见图8-26。

l. 把侧缝与下裆缝合拢，后烫迹线喷水归拔烫成曲线形。左手伸进裤片的臀围处，用力向外推出。再用熨斗在推出的胖势处，来回熨烫。为使熨烫部位不走样，在下裆的窿门处压上铁凳，这样可使臀围烫圆。见图8-27。

③ 拔裆的质量要求。拔裆位置要准确。一定要符合人体，烫干烫挺，切不可烫焦烫黄。尤其是后裤片，一定要把臀部烫出。臀部以下的烫迹线要归，下裆缝和侧缝两缝重叠处烫成直线。归拔后，让其冷却定形。

（5）做零部件

① 门襟。白漂布作门襟衬布，衬在门襟夹里反面，也就是放在最下层。中间门襟面子朝上，放在衬布之上。上一层是羽纱夹里正面与门襟面子叠和沿门襟外口缉线0.6cm一道，下口弯势处放眼刀，缉线不要有吃势。见图8-28。

在翻过来止口处坐0.1cm，把门襟面子摆平，盖水布喷水烫平烫煞。将门襟贴边放在最下层，里口缉线一道，然后锁边。门襟外口的贴边露0.8~1cm，用剪刀修齐。见图8-29。

② 里襟。白漂布作里襟衬布，将该衬布放在里襟夹里反面，在里襟的外口缩进1.5cm，并将夹里折转用少量糨糊搭牢烫干烫平。见图8-30。

把里襟的面子正面与里襟的里子正面重合，里襟外口缉线一道，在箭头弯势处放好眼刀，在箭头上口与腰口衔接处也放一眼刀。放眼刀切不可剪断线头或剪过线，以防毛出脱线。

把止口毛缝扣转烫平翻出，将外口定平，盖水布喷水烫平烫煞。见图8-31。

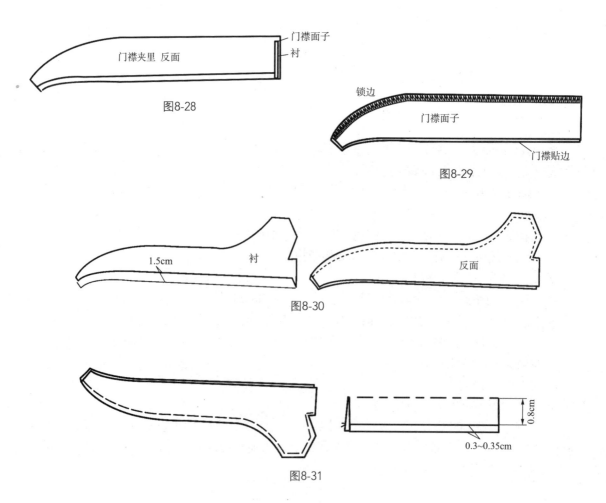

图8-28

图8-29

图8-30

图8-31

③ 串带襻。

a. 将毛缝折转缉线，串带襻0.8cm。缝头0.3～0.35cm。

b. 把缉线的毛缝喷水分开烫平。

c. 然后用小钳手钳住另一头，把它翻过来。翻串带襻的方法很多，可以用粗丝线一串，把它拉出来；也可用钢丝钩，把它钩出来。不管用什么方法，翻出来即可。见图8-32。

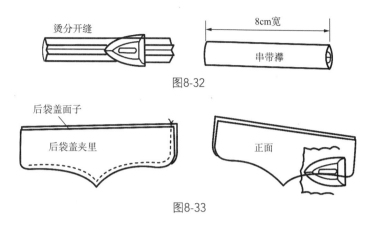

图8-32

图8-33

④ 做后袋盖。后袋盖面子放在下层，后袋盖夹里放在上层，正面合拢，沿外口缉线一道。弯势处放眼刀翻过来，夹里止口坐进0.1cm，盖水布喷水烫平。见图8-33。

⑤ 做前插袋布。男裤前插袋布工艺与女裤左袋前插袋布工艺要求相同。见图8-34。

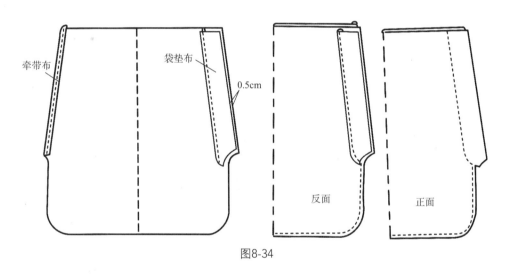

图8-34

（6）收后省和开后袋

① 收后省。省尖与省根要收顺直，缉成锥形，不可缉成弧形。省根缉来回针，省尖不要缉来回针，但一定要缉过省尖，空车多缝5～6针，线头打结，这样既可保持省的尖头，又不会脱线。省的大小、长短和位置要一致。

② 开后袋。

a. 把已经收好省的后裤片烫平。再把后袋布缉上袋垫布，离腰口5.5～6cm。然后用少量薄浆，将袋布另一头与后裤片反面后袋位置黏合烫干。

b. 把后袋布摆平，按线钉的后袋位置缉线0.4cm。袋嵌线按袋口大小与袋盖的两角垂直，缉线0.4cm。然后在袋角处放三角眼刀。注意，眼刀要放到缉线边。见图8-35。

c. 放好眼刀后，首先把袋嵌线翻到里面，烫分开缝。再把袋嵌线烫宽0.8cm，缉线在分开缝中，将袋布摆平，嵌线边和布袋缉牢。把后袋盖向下摆平，正面朝上，盖上水布喷水烫干烫平。见图8-36。

d. 缉后嵌线后，烫平袋盖，再把腰口翻平，将袋盖内缝和袋口连同袋垫布一起缉牢，同时把袋角两边封口缉来回针4～5道。然后将袋布摆平，毛边折进，兜缉0.3cm止口一道，腰口一起缉牢。见图8-37。

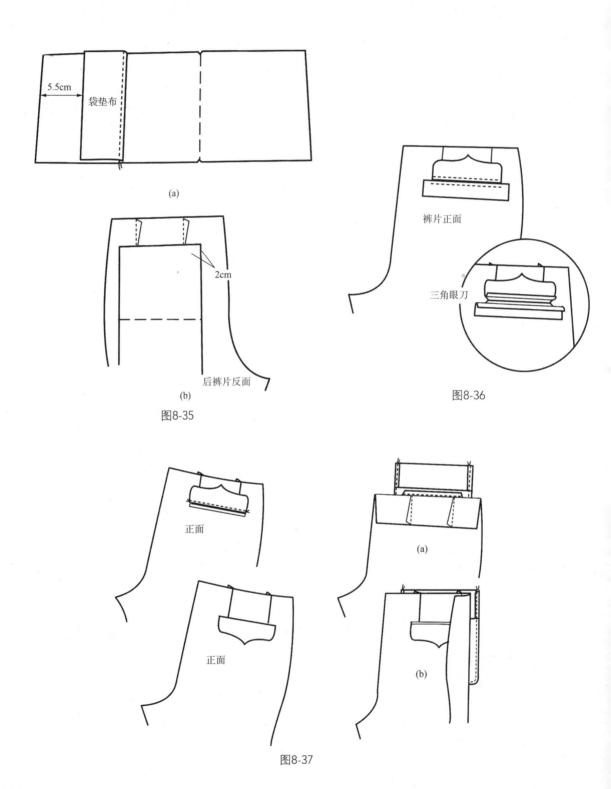

5.5cm

袋垫布

(a)

2cm

后裤片反面

(b)

图8-35

裤片正面

三角眼刀

图8-36

正面

正面

(a)

(b)

图8-37

③ 收后省和开后袋的质量要求。

a. 收后省的质量要求。收省长短和大小及收省的位置距离都要求左右对称、相等。省尖头顺直，省缝向后缝坐倒。烫平烫煞。

b. 开后袋的质量要求。袋盖平服，两边宽窄相等，袋嵌线宽窄一致。袋盖与袋嵌线基本并拢，袋口角无裥无毛出，兜绪后袋布止口顺直平服。

（7）装门里襟

① 装压门襟。

a. 把已经做好的门襟，由门襟贴边装在前裤片的左片上，从下至上距小裆弯4.2cm开始，绪线缝头0.6～0.7cm一道。绪线顺直，不能弯曲。然后下口放眼刀，不能剪断绪线和离绪线过远，以免造成裤片毛出或打裥。见图8-38。

b. 把门襟贴边翻过来，止口用攘纱定好、摆平，正反面盖水布喷水烫平。再将门襟正面摊平，扎线一道。门襟绪线宽3.6cm，绪线顺直，圆头圆顺。

② 装里襟和翻压里襟。

a. 装里襟。里襟与腰口平齐，绪线0.8cm，从上口绪至里襟的小头，绪线顺直。见图8-39。

b. 翻压里襟。装好的里襟，将绪缝喷水烫分开缝，然后再把里襟的夹里覆进摆平，明绪清止口一道。

③ 质量要求。门襟止口不能翻吐，绪线顺直圆顺。里襟平服，绪明单止口或者暗缝，一定要顺直。

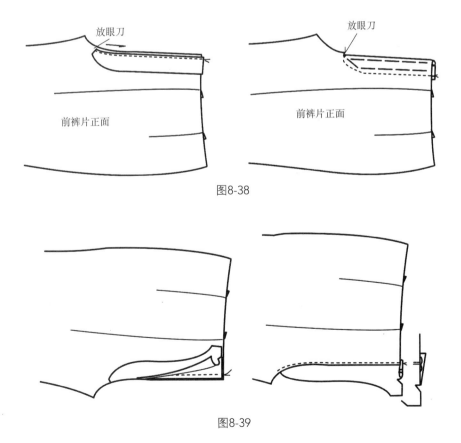

图8-38

图8-39

（8）缝合侧缝及装插袋

① 缝合侧缝。把装好门里襟的前裤片和收好后省及开好后袋后裤片的侧缝正面相合，反面朝上，把脚口、腰口、中裆处的线钉对齐。腰口侧缝处（即插袋口处），以线钉做缝为标记，用攘纱每隔4～5cm定一针，沿着侧缝边，在插袋以下保持离布边0.8～1cm的距离。左右两裤片攘线要求相同。见图8-40。

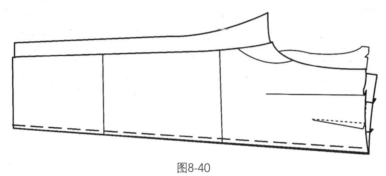

图8-40

先缉右侧缝（装有里襟格），由上向下缉。再缉左侧缝（即门襟格），由下向上缉。在插袋口处，缉好来回针。缉侧缝与女裤左侧缝相同。然后在侧缝喷水，烫分开缝。插袋口处，正面盖上水布，喷水烫平。

② 装插袋。装插袋的要求与女裤左侧袋要求相同。插袋装好后，正面朝上，下垫布馒头，上盖水布，喷水烫平。

③ 质量要求。左右袋口大小和封口高低要一致，袋口缉线宽0.8cm，袋口侧缝平服。

（9）装表袋、缉腰口插袋布

① 装表袋。首先将袋垫布缉在表袋布上，然后把表袋布转折兜缉三边。见图8-41。

② 缉腰口插袋布。把已做好的表袋贴在右裤片正面腰口，从前裆缉，缉线0.6cm。表袋口大7.5cm，或按规格要求。表袋口毛边缉线后，两角放眼刀。

把表袋翻过来，止口坐进，袋角摆平，并把前两裆摆平，下垫布馒头，上盖水布，喷水烫煞、烫平。然后把腰口、表袋、插袋布、前裆一起合拢摆平，缉线一道。使前腰大小固定，左右两格相同。见图8-42、图8-43。

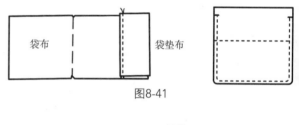

袋布　　袋垫布

图8-41

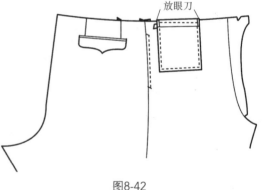

放眼刀

图8-42

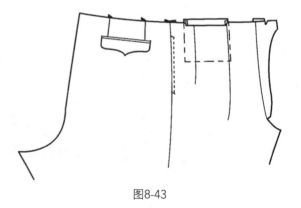

图8-43

③ 质量要求。装表袋、绢腰口插袋布时，袋布一定要摆平。收前褶时要量准前腰围的规格尺寸，前腰口大小与前褶位要对称。

（10）缝合下裆缝

① 攥绩下裆缝。把前后裤片下裆缝正面重叠，下裆缝的脚口对齐，中裆线钉对准，后下裆在窿门以下10cm处要有戤势，用攥纱定好，每针距离4～5cm合绩下裆缝，在中裆以上部位可以再绩重叠线加固。两只裤脚绩线相同。见图8-44。

② 分烫下裆缝。下裆缝合绩之后，把下裆缝摊平，喷水烫煞。分烫时，要把中裆处拔长，在中裆的后烫迹线处归平，后臀围处推出，脚口并齐。这样既是烫分开缝，又再一次把归拔的位置加烫一遍，对裤子定形起到一定的作用。分烫下裆缝时左右裤片相同。见图8-45。

③ 质量要求。一定要按照归拔原理攥绩下裆缝，分烫下裆缝时要烫平烫煞。下裆绩线不可走样，起落针时应注意脚口和窿门走形，要对齐。

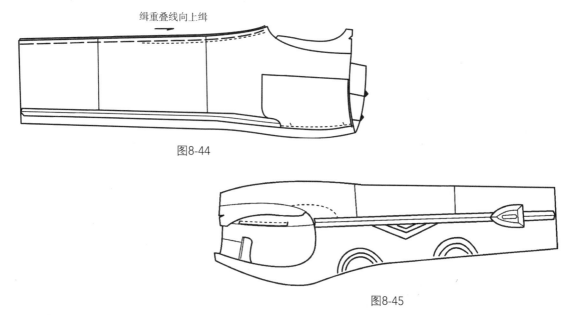

图8-44

图8-45

（11）装腰头，钉串带襻

① 做腰头。先将腰面朝上，放在中层。再把腰里反面放在上层，面里平齐。然后把腰衬放下层搭绩，腰衬要选进1.4cm，绩线0.6cm一道，左右腰头相同。见图8-46。再将腰里向下覆黏合衬，烫平。见图8-47。将少量糨糊在腰衬下口刷好，再把腰里扣转烫干烫平。见图8-48。腰头上口按腰衬宽，腰里向下坐0.8cm，腰头正反两面都要烫平烫煞，腰头下口比腰头毛缝宽0.3cm。见图8-49。

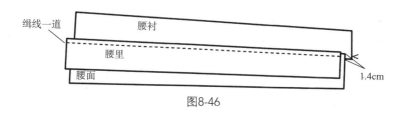

图8-46

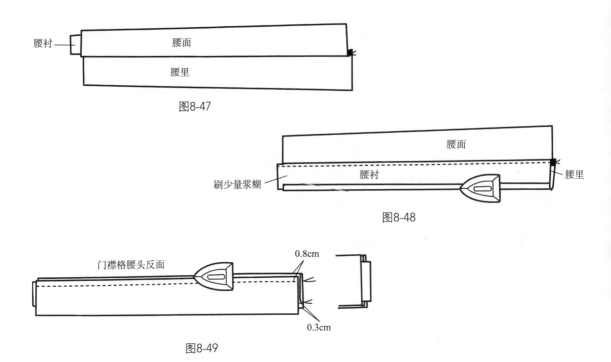

图8-47

图8-48

图8-49

② 装腰头。

a. 装腰头。从门襟格开始，让腰头的腰面与裤腰口重合缉线一道，缝头0.7cm。装里襟格的腰头，从后缝的腰口开始，向里襟处缉。在前裥处、侧缝处、后两省之间、后缝处，共装进串带襻7根。见图8-50。

b. 压腰头。一种做法是压腰头之前，先将腰头定攮好，然后缉漏落针，不可将腰面缉牢，又不能离腰头太开，缉至后省为止。另一种做法是腰头暂时不定攮，先缉后缝的小裆，然后在后腰头上口攮1.5cm，缉来回针，腰头复转，将全条腰里覆进定攮，裤钩钉好，再缉漏落针的全条腰头。

一般采用后面一种方法。其工艺程序是先缉后缝，后压腰头，再钉串带襻。腰头压缉好后，正面盖上水布，喷水烫平。见图8-51。

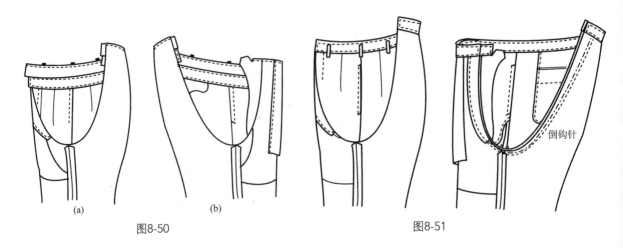

(a)   (b)

图8-50

图8-51

③ 钉串带襻。在装腰头时已经装进串带襻，在正面的串带襻下口离下腰0.8cm左右处缉来回针，钉串带襻上口离腰口0.6~0.7cm，缉来回针4~5道，后缝居中，两格串带襻对称。

④ 质量要求。左右前腰大小相同，两格腰头宽窄对称，腰头无起链，腰里不宜过松，反面的腰里余势顺直，腰围规格量准，七根串带襻长短按规格，门里襟处的腰头一定要和门里襟平齐，裤钩按腰宽居中，不可外吐。

（12）缝合后裆缝及封小裆　缝合后裆缝前面已经讲过，现在再讲一下有关手工工艺的问题。见图8-52。

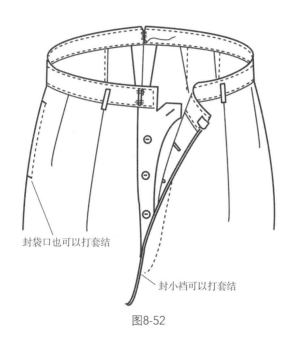

封袋口也可以打套结

封小裆可以打套结

图8-52

① 缉后缝而倒。要用粗丝线在缉线处用倒钩针一道，针脚要密，这样才能增加牢度。

② 缉前小裆与缉后裆缝一起进行。缉分开缝后，裆底放在铁凳上，分开喷水烫平。然后把分开的小裆缝用手工针缲好，这样裆底就能平服。

③ 封小裆。封小裆与封插袋及封后袋口相同，可以用缝纫机缉来回针，也可以用套结机或者用手工针打套结。

④ 后夹缝拼拢，用手工针缲齐。

⑤ 质量要求。后裆缝缉线顺直，不可有双轨线出现。后缝窿门斜势处用力拉无断线，钩针的针脚整齐。门里襟不可有长有短，前小裆一定要能摆平。

（13）锁纽眼钉纽扣

① 锁纽眼。门襟锁眼四只上下排匀。里襟箭头锁眼一只，后袋袋盖锁眼一只，外口锁圆头。

② 钉纽扣。钉纽扣与纽眼对齐。钉扣要绕脚，绕脚高度根据原料厚度而定。

③ 脚口绷三角针。根据裤长规格加翻边宽，把裤贴边翻上，先用擦线定好，然后绷三角针。在脚口翻边处烫缉缝和贴脚边，翻上翻边烫煞两边的暗针。见图8-53。

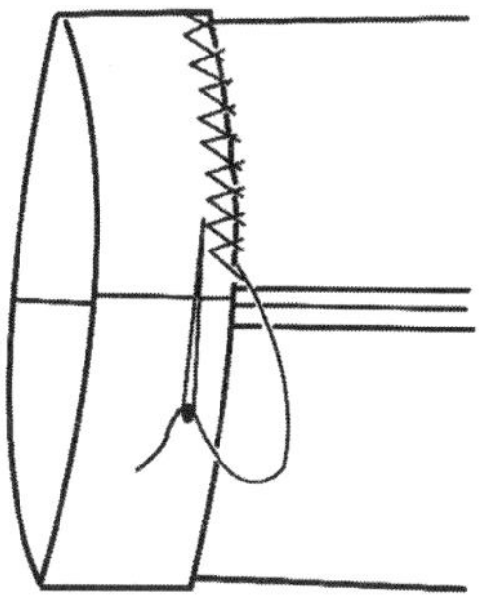

图8-53

（14）整烫　裤子的整个缝制工艺完成后，要进行整烫。

① 将裤子反面的所有分开缝，一律喷水烫平。再翻过来，把裤子正面的前裆与门里襟摆平，下垫布馒头，盖上水布，喷水烫平。两边插袋口、腰头及后省缝扣袋盖，都要下垫布馒头，上盖水布，喷水烫平。

② 把下裆与侧缝重叠，前后烫迹缝摆平。先拿开一只裤腿，另一只裤脚翻好外翻边，盖上水布，喷水烫平烫煞。见图8-54。

③ 内侧烫平之后，翻过烫外侧，盖水布喷水烫平，再盖干布，烫干烫煞。见图8-55。

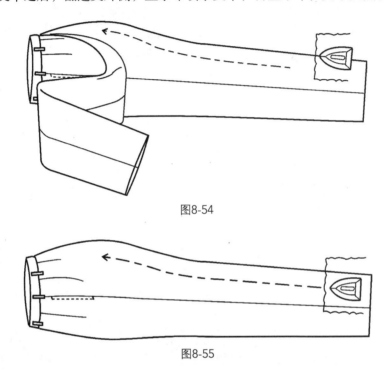

图8-54

图8-55

④ 锁纽眼、钉纽扣、绷三角针及整烫的质量要求。

a. 开眼高低、位置排匀。锁眼按纽扣大小放大0.1cm，锁眼不可毛出。

b. 钉纽扣和锁纽眼位置必须相符。

c. 绷三角针，针脚要细、要密、要齐，脚口宽窄一致，脚后跟贴脚边与脚口平齐略外露0.1cm。

d. 整烫：裤面料上不能有水迹，不能烫黄、烫焦，前后烫迹线要烫煞。后臀围按归拔原理将其向外推平，臀部以下要归拢。裤子摆平时，一定要符合人体构型。

8.3　中山装缝制工艺

中山装缝制工艺难度较大，原因是外表的零部件较多（如袋、袋盖），领头左右要求对称，缉止口要求宽窄一致，里外匀要求正确等。缝制好布中山装将为缝制男呢中山装打下良好基础。

布中山装止口的缝制分为单止口、双止口两种；缝头的缝制工艺有分开缝、里包缝两种。这里介绍的是单止口、分开缝中山装。

8.3.1 外形概述与外形图

关门领，领头分为里、外领（即上盘、下盘），圆袖、袖口设假袖叉，左右各钉装饰扣三粒，左右大小外贴袋各两只，装袋盖，明门襟，胸胁省两只，外领以及左右襟大小均缉单止口，肩缝、摆缝、袖子前后袖缝均为分开缝。见图8-56。

8.3.2 裁片组合

前身两片，后身一片，大小袖各两片；大小袋各两只，大小袋盖面里各两片，左右襟贴边两片，里外领面里各两片。见图8-57和图8-58。

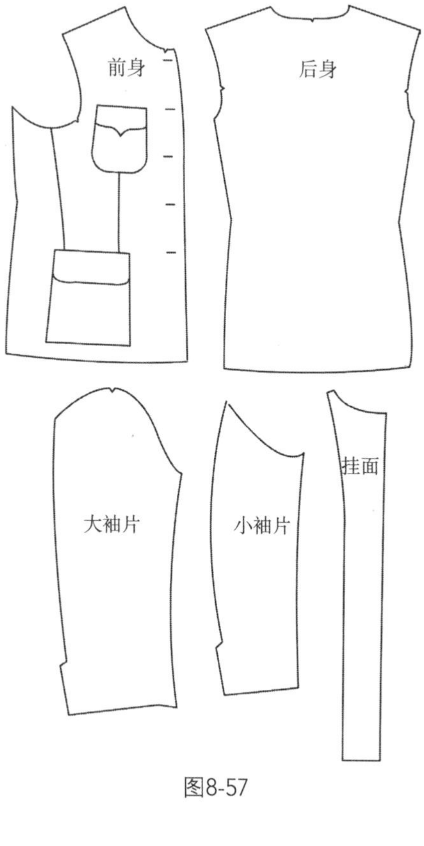

图8-56

前身

后身

大袖片

小袖片

挂面

大袋

大盖

小盖

小袋

领上盘

领下盘

图8-57

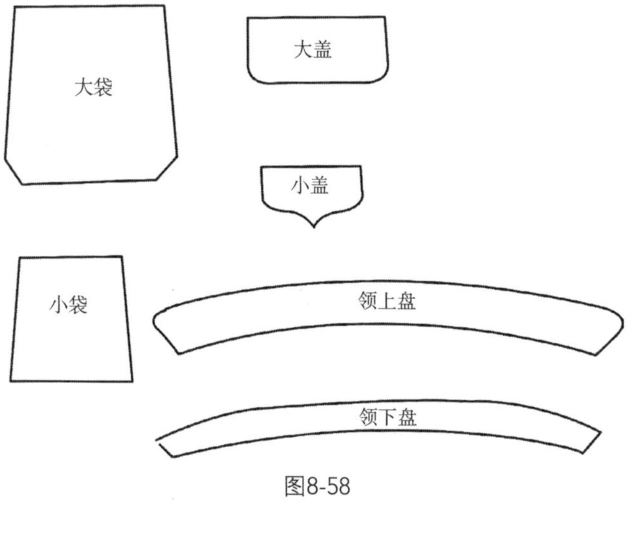

图8-58

8.3.3 规格要求

（1）成品假定规格。

单位：cm

部位	衣长	胸围	肩宽	领围	袖长	袖口
尺寸	72	110	45	41	59	16

（2）零部件规格。

单位：cm

部位	挂面宽 上/下	袖口 下摆贴边宽	单止口 缉线宽	滚袖窿 净宽	第一眼位 距缺嘴止口
尺寸	7.2/5.2	3	0.4	0.8	1.8
部位	门里襟 缺口嘴大	大小袋口 缉线宽	插笔洞大 连外口（1cm）	大小袋口 用垫纽布长、宽	袋盖眼子 距边缘
尺寸	2/2.3	1	4	3/3	1.6

8.3.4 缝制工艺程序

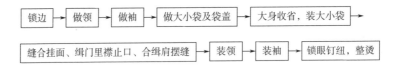

锁边 → 做领 → 做袖 → 做大小袋及袋盖 → 大身收省，装大小袋 →

缝合挂面、缉门里襟止口、合缉肩摆缝 → 装领 → 装袖 → 锁眼钉纽，整烫

8.3.5 缝制工艺

（1）锁边

①前后衣片底边、摆缝、肩头（面子朝上）。

②大小袖片袖缝、袖口（面子朝上）。

③挂面里口及大小袋上口锁边，其他零部件均不要锁边。见图8-59。

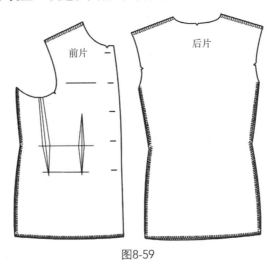

图8-59

（2）做领

① 做下盘里领。领下盘衬，比原样板窄0.2cm，将两层领衬放在下盘里领反面，用糨糊黏合四面扣转后，缉0.7cm单止口一道，折转角要正反。把领钩、领襻放在衬头上面，不要搞错方向（钩左襻右），领襻伸出0.2cm，领钩沿口平齐。见图8-60。

② 做方盘领。先将薄衬烫在树脂衬上，在薄膜领衬上涂糨糊，黏合在领夹里反面，下口夹里留0.7cm缝，其余缝头均留在上口，领中部烫牢，衬头两边在领里上烫，烫时领里在角的方向外拉。边向上翻，这样两头领角就有充分的里外均匀窝势。再沿衬头缉0.4m线一道，然后把上口和两边的缝头修齐，且宽窄一致。见图8-61。

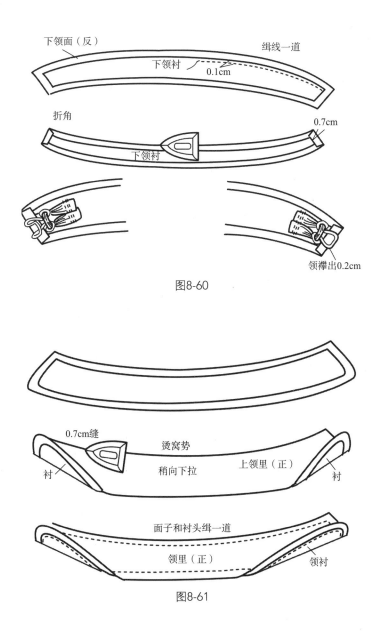

图8-60

图8-61

③ 缝合领里与领面。领面放下面，正面向上与领里叠合，缉线距衬头0.1cm。领角面子两端要放吃势，使翻出后的领两端有里外均匀窝势。见图8-62。

④ 翻领将缝头修成0.5cm，圆头的缝头要窄，将领面翻出，圆头要翻实、圆顺。

⑤ 缉领面止口。在领面上缉0.4cm单止口，止口缉顺直。领面要向前推，以防压领时领面止口起链。见图8-63。

⑥ 缉上盘领口线。卷窝式，把领子的两端圆角和下半段卷向领里一面，使窝势定形，将领的上口缝头向里子转折，形成窝势，距领衬0.8cm缉线。在缉线时要注意两头里外匀，然后将领头两端剪齐，中间剪一眼刀，并画出领上口粉印，粉印离开领衬净0.3cm，作为里外领缝合时的记号。见图8-64。

⑦ 缝合上下盘领。外领放下层，外领里层向上，下领重叠搭合，由里领上口起针，转角处将上领放准，按粉印缉清止口，外领两端归拢，肩及后领部位偏松些。见图8-65。

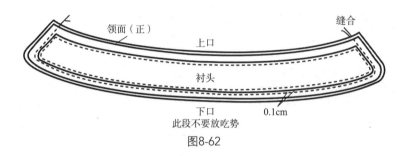

图8-62

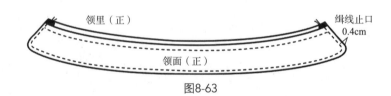

图8-63

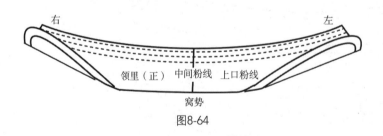

图8-64

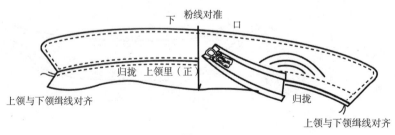

图8-65

⑧ 缝合下领夹里。先将领襻垫头折成三角，折转上口缝头0.3cm，领里盖没绲线，倒回针起绲线，绲时里领夹里要略拉紧，绲线要顺直。将领脚里留0.6cm缝头，并剪好中间和对肩参考眼刀，同时做里领脚面层粉迹记号。见图8-66。

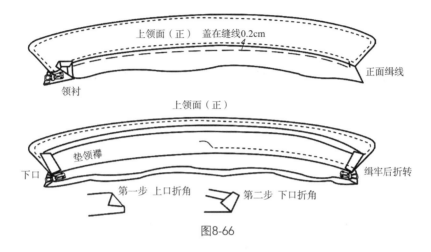

图8-66

（3）做袖

① 缝合前袖缝。先将前偏袖归拔开。因为偏袖处凹进部位容易使前袖缝吊紧，所以应拔后绲前袖缝。将小袖片放在下层，大袖片放在上层，绲缝0.8cm，在袖口粘贴处要料出些，使贴边折转后里外摆平。

② 绲后袖缝。缝头0.8cm，后袖山下10cm部位要略归拢些，然后将缝头分开。

袖口贴边翻好，再装滚袖窿布，右袖要从后袖缝起绲拉链，左袖从前袖缝处开始起绲拉链。见图8-67和图8-68。

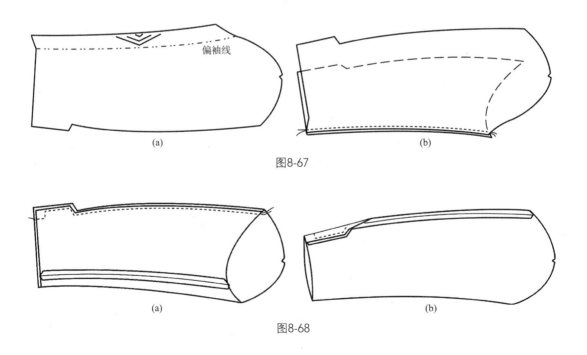

图8-67

图8-68

③ 袖山吃势。袖山头的吃势由袖标线斜势起，在斜势部位上吃势0.5cm、下吃势0.3cm，中间横丝外吃进约0.5cm；后山头的斜势部位向下吃进约1.1cm，袖底吃进0.8cm，总计约有3.2cm吃势。见图8-69。

④ 袖口贴边。用三角针绷平。

⑤ 质量要求。袖山头吃势均匀圆顺，缉线顺直，袖口绷三角针，平服，正面基本上看不出针花。

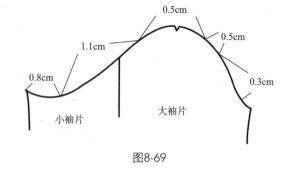

图8-69

（4）做大小袋及袋盖

① 大袋盖操作方法。

a. 做大盖，袋盖面放在底层，袋盖夹里正面与袋盖面子正面叠合，然后从右起缉0.8cm缝头，缝缉到圆角时，里料略为带紧，使之里外均匀。

b. 将缝合好的袋盖缝头修剪至0.3cm，在圆头处缝头略窄，使袋盖翻出，圆头要圆，不能有棱角。

c. 把翻出的袋盖烫平，面料坐出里料0.1cm止口（夹里止口不可外露）。在袋盖面子上缉0.4cm单止口（做好的袋盖要有窝势），再将袋盖按规格宽度，袋盖上口放0.5cm缝修齐，并将袋盖与袋布校正。见图8-70。

② 小袋盖操作方法。

a. 小袋盖操作方法与大袋盖操作方法基本相同。

b. 在左袋盖前端上口离进1cm处剪眼刀，再由1cm处延伸4cm作插笔洞眼刀（眼刀深浅根据袋盖净宽而定），把面子和里子上口均向里折转、烫平，再在面子上口缉0.4cm止口。见图8-71。

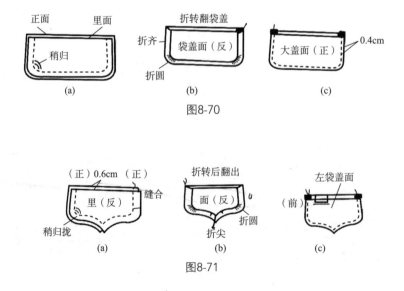

图8-70

图8-71

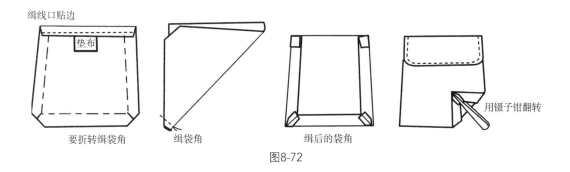

图8-72

③ 做大小袋。

a. 做大袋。将锁边的大袋上口折转1.2cm，在袋口上缉0.8cm止口。在缉线的同时，袋口中间反面放一块钉纽布，袋底角贴边缉2.5cm宽，再将角缝分开折转、烫平，用镊子钳翻出袋角。见图8-72。

抽线后用小袋样板套进熨烫

图8-73

b. 做小袋。将贴边折光折转后（锁边不要折光），中间反面垫钉纽布一块。缝缉袋的下端沿边进0.3cm，按袋底弧度用稀针码缝一道，将缝线抽拢，成卷形。再将袋盖按袋的长度摆准后折缝头，上袋口要略小于袋盖的两端。如不抽拢线，可将小袋净样的硬纸片放在小袋反面，边折转，边烫圆顺。见图8-73。

（5）大身收省、装大小袋

① 缝胸省和胁省。省尖要尖，省缝倒向摆缝，烫平。见图8-74。

② 装大袋盖、大袋。袋盖按标记摆准，袋前侧与止口线摆直。缝合时，使袋盖略有吃势，缉0.3cm缝头，回针要牢，然后折转缉0.4cm止口，注意袋盖里外均匀。

根据大袋盖位置，用画粉作好大袋的固定标记，然后进行缝制。缝制时将大袋翻开，从左向右沿前侧折边缉0.4cm，将大袋布的袋口（上层）前后略推向中间，使袋口胖势与衣服片相符，在正面两侧进行倒回针封口。大袋袋口可与袋盖同时装配。见图8-75。

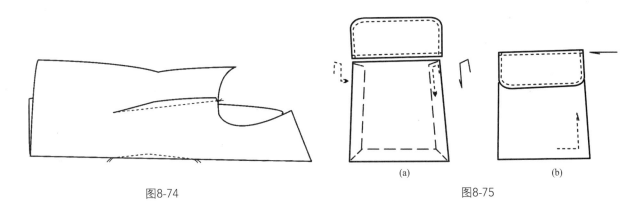

图8-74

(a)   (b)

图8-75

③ 装小袋盖、小袋。装小袋盖与装大袋盖要求相同。左袋盖留笔刷。
根据小袋盖位置缝制小袋，小袋底缉圆，缉线宽窄与袋盖一致。
装大小袋及盖的工艺程序见图8-76和图8-77。

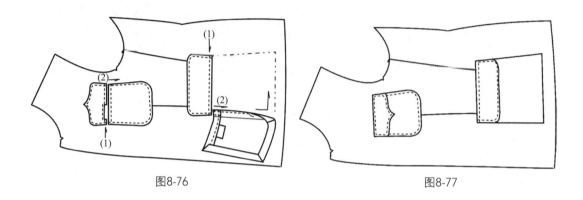

图8-76   图8-77

（6）缝合挂面、缉门里襟止口、合缉肩摆缝

① 缝合挂面。将左右襟贴边（俗称挂面）反面朝上，贴在大身正面，夹挂面缉线，底边处贴边的横丝绺稍拉紧，其他部位贴边放平。从底边缝至领缺口，转角处缉小圆头，左右挂面缝好后，将留缝修剪至0.5cm，转角处剪去一角，缺嘴处缝线不能剪断。

② 烫、翻、缉止口。

a. 烫、翻止口。先将底边折转、烫煞，然后按缝线折转，挂面要顺直（右片止口要另从领缺嘴处开始折）。

b. 缉止口。将挂面翻转，烫齐止口，缉0.4cm止口。见图8-78和图8-79。

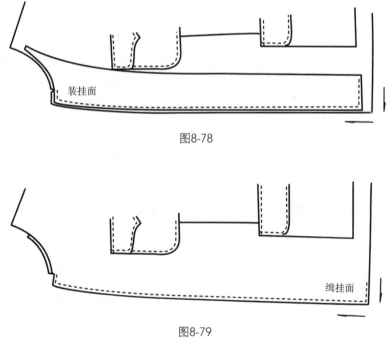

图8-78

图8-79

③ 合缉肩摆缝。

a. 合缉摆缝。将前后衣片正面叠合，前片在上、后片在下，后袖窿上摆缝处应稍归拢，以适应背部活动和臀围部位的圆势。缉缝0.6cm，然后烫分开缝。见图8-80。

b. 合缉肩缝。前片颈侧点向外肩处拔开，后片中段略有吃势；肩缝外端平行，缉缝0.8cm。见图8-81。

④ 下摆贴边。分烫肩缝后，将下摆贴边折转烫平。从右前片下端起，在正面缉线一道或反面绷三角针。见图8-82。

注意下摆贴边如果是车缉，袖口贴边也应车缉。下摆贴边与袖口贴边缝制方法应相同。

（7）装领

① 装领应注意的问题。

a. 装领前，将前后领圈正面对合，缺嘴对准。如眼刀偏离背中线，应检查两端的肩缝缝头是否有宽有窄，以免把领子装歪斜。见图8-83。

b. 校对一下领脚与领圈的大小。正常情况下领脚应大于领圈0.5cm左右，领圈缝头为0.8cm。如发现领脚偏大于领圈2～3cm，可以在装领时将领圈缝头相应地扩大。反之如发现领脚小于领圈0.5～1cm，可在装领时将领圈缝头相应地缩小。校对方法是，在车缝1～3针后，将右领圈稍微

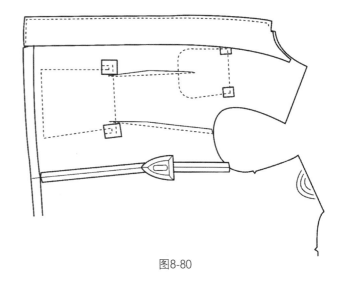

图8-80

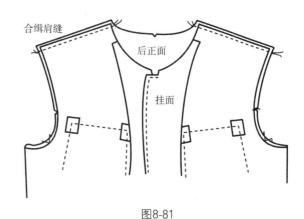

图8-81

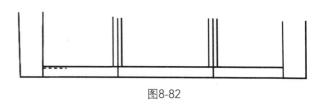

图8-82

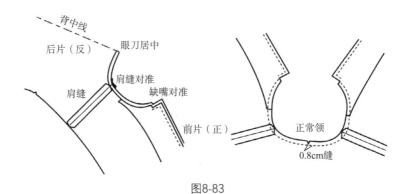

图8-83

129

带紧，同时将领脚里居中对准眼刀，校对后领圈眼刀。领头大0.3cm为正常。见图8-84。

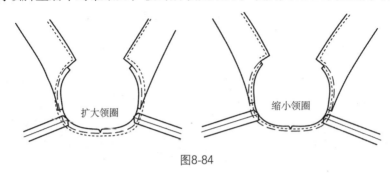

图8-84

c. 缝合领夹里与领圈。将领里正面与衣片反面叠合，领脚缝头0.7cm，领圈0.8cm。对准左右肩参考眼刀及后领圈眼刀，并夹进吊带，然后反转闷缉0.15cm止口。起针与止针时，领脚里缉线均要伸出，降低缺嘴0.1cm，以防毛出。前后领圈斜线不能过于拉还。在缉闷线时，要注意三点粉迹标记对准三处眼刀，领脚里不可缉牢。见图8-85。

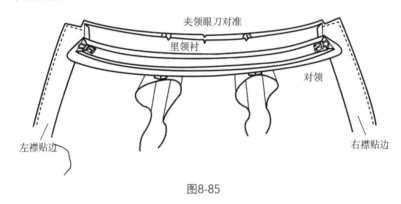

图8-85

② 装领的注意事项。

a. 装领左右对称，不可歪斜；缉线整齐，不可毛出。

b. 左右领圈大小一致，圆顺，吊带居中，领圈周围平服。

c. 领钩、领襻与领嘴高低一致。

d. 里外领前端长短一致。

e. 吊襻带横直均可。见图8-86和图8-87。

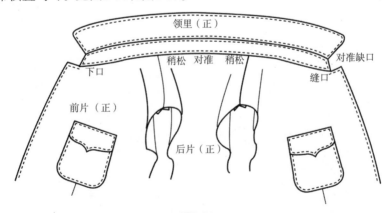

图8-86

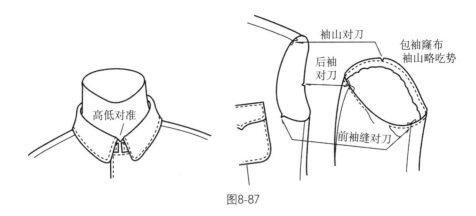

图8-87

（8）装袖

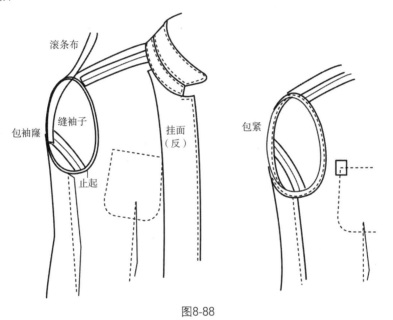

图8-88

a.缝合袖子时，将衣片翻向反面，袖子夹在中间，由右袖窿凹势处开始绲缝。缝制右袖窿时，先观察一下袖子前后的位置是否为大袋口的1/2。观察前后肩缝，以中指对准肩缝位置，随着肩缝斜度将袖子拎起（摆缝垂直）捏齐偏袖线，若偏袖线盖住大袋口的1/2，证明袖子前后是正确的，一般误差不超过0.5cm，保持两袖前后一致。然后缝制左袖，方法由后袖缝开始，三只标记与右袖窿位置相同。

b.包袖窿。将滚条布沿边折光并包紧，盖住第一道装袖子绲线。见图8-88。

（9）锁眼钉纽，整烫。

① 锁眼定位。纽眼距止口边1.5cm，眼大2.2cm。画纽位时应将左右止口叠门摆准，下端叠齐，眼位画"十"号，对准领嘴。见图8-89。

锁眼方法可参照第1章1.3.3，钉领钩襻要居中。

② 整烫。

a.整烫步骤。第一步，在左襟止口、底边、右襟止口至领圈熨烫。第二步，在摆缝、肩缝、大小袋、胸、腋省反面熨烫。第三步，轧烫袖窿反面。第四步，垫布馒头，正面熨烫大小袋。

b. 整烫方法。反面熨烫以喷水为主，正面盖水布熨烫。正反面熨烫时，应注意上下、左右，按部位所需要的势道、形状放平熨烫，要烫平烫煞。另外，线头要理清。

③ 钉纽。

袖口装饰纽不需绕脚；右襟、袋口钉纽参照第1章。

④ 质量要求。

a. 锁眼定位。衣服的左襟为门襟，第二只纽位一定要与小袋盖平齐，最下一只纽位与大袋盖平齐。

b. 大小袋盖锁眼，按袋盖居中。

c. 整烫要烫平，不能烫焦、烫黄及烫出极光。

d. 钉纽。里襟、大小袋钉纽需要绕脚。

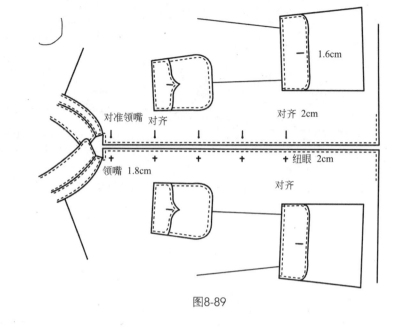

图8-89

8.4 呢料中山装缝制工艺

8.4.1 外形概述与外形图

翻领，小圆角，四贴袋，门襟开眼五只，止口缉明线，袖口钉装饰纽各三粒。见图8-90。

8.4.2 成品假定规格

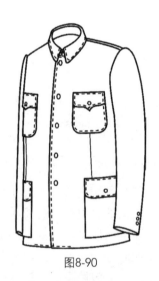

图8-90

单位：cm

衣长	68	69.5	71	72.5	74	75.5	77
胸围	101	104	107	110	113	116	119
肩宽	43	44	44.5	45.5	46.5	47.5	48.5
领大	39	40	40	41	42	43	44
袖长	57	58	59	60	61	62	63
袖口	14.5	15	15.5	16	16.5	17	17.5

8.4.3 缝制工艺程序

1. 打线钉
- 前片
- 前衣长线
- 腰节线
- 大小袋位
- 省
- 眼位
- 装轴对裆
- 后片
- 后衣长线
- 腰节线
- 装轴对裆
- 袖子
- 袖肩对裆
- 偏轴线
- 袖叉线

2. 配零部件
- 裁配衬头
- 挂面、里子
- 领上下盘衬、面
- 大小袋
- 袋盖面、里
- 里袋嵌线、垫头
- 里袋布
- 环攥省缝
- 攥袋盖里子
- 攥挂面里子
- 锁攥大小袋口边

3. 车工
- 绲省
- 绲衬
- 绲大小袋口、低合绲袋盖
- 绲挂面、里子

4. 作板工
- 推门
- 归拔后背、袖子
- 翻、烫袋盖
- 烫、扣大小袋
- 烫挂面、里子
- 粘、烫领上下盘衬
- 覆衬头
- 攥贴大小袋

5. 作板工
- 烫大小袋
- 劈门
- 敷牵带
- 复挂面
- 分偏袖缝
- 粘领下盘
- 攥领上盘
- 攥后袖缝

6. 车工
- 绲袋盖止口
- 做大小袋
- 做里袋
- 绲领上盘里子
- 钉领钩襻
- 绲前袖缝

7. 车工
- 合绲止口
- 合绲领上盘
- 绲后袖缝
- 绲袖里子

8. 作板工
- 烫分止口
- 修翻止口
- 钉挂面
- 攥摆缝
- 翻烫领上盘
- 烫分袖后缝
- 烫扣袖口

9. 车工
- 绲门襟止口
- 绲领上盘止口
- 缝合摆缝

10. 作板工
- 烫分摆缝
- 攥叠摆缝
- 攥袖隆
- 攥袖子
- 攥肩头
- 分、攥肩头
- 攥领圈
- 烫袖子、层袖山头
- 烫领头

11. 车工
- 绲吊带
- 装领头

12. 作板工
- 攥领脚
- 左垫肩
- 钉袖子

13. 车工
- 装袖子
- 垫绒布条

14. 作板工
- 攥袖隆
- 装垫肩
- 攥缲袖隆夹里
- 锁眼
- 整烫
- 钉纽

8.4.4 缝制工艺

（1）打线钉、绲省、烫衬、推门、归拔后背、覆衬

① 打线钉。见图8-91～图8-93。

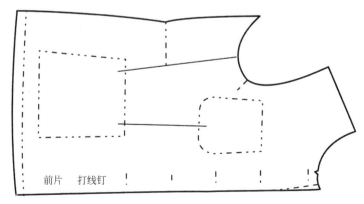

前片 打线钉

图8-91

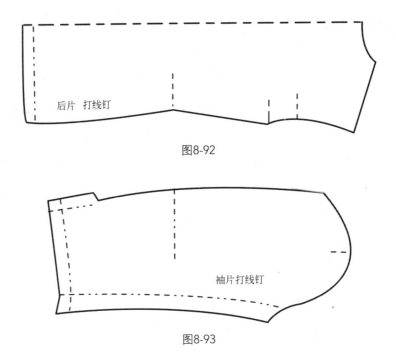

图8-92

图8-93

② 缉省。原料厚且经纬丝绺不易毛出的麦尔登呢、海军呢类,可在省中缝粉线处剪开,不需环省缝,但不可剪到头,要留3cm。原料薄而容易毛出的华达呢、哔叽斜纹呢、毛涤、花呢类不宜剪开省中缝,缉胸省缝需本色斜料垫缉,喷水烫分开缝即可。如精纺原料可在胁省中缝按粉线剪开,用攥纱线两边环针,省尖部位密环(以防穿后毛出),或者与缉胸省的方法相同。见图8-94。

a. 攥缉省缝。把胸省叠合平齐用线攥牢,画尖缉缝粉线,省缝两头要缉尖、缉顺。

在腋下10cm内攥胶省,前片略放吃势,下省尖按袋口缉下,以线钉为准;胸省尖以省尖线钉为准。见图8-95。

图8-94

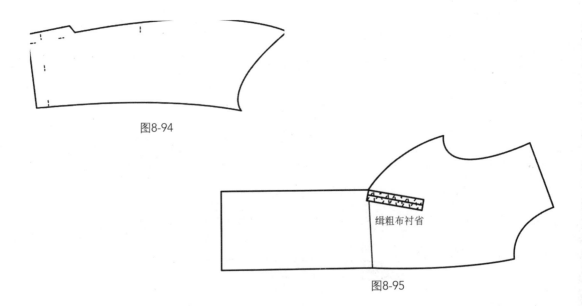

缉粗布衬省

图8-95

b. 做衬头。先把大身衬和挺胸衬的省头缝缉好，再把缉好的衬头胸部烫圆顺。胸部衬应依准大身衬位置，按肩斜度缉线，每条缉线间隔1cm。胸部衬缉好后，再缉下脚盖布，下脚盖布每条横线条缉成三角。最后缉帮胸衬，缉时将帮胸衬略为拉紧些，以免胸部扩散。注意两格对称。见图8-96。

大身衬以斜缉为好。因为斜衬容易归拔，可以任意伸长或缩短。加上四周横直丝绺的固定，能使衬头更加圆挺。见图8-97。

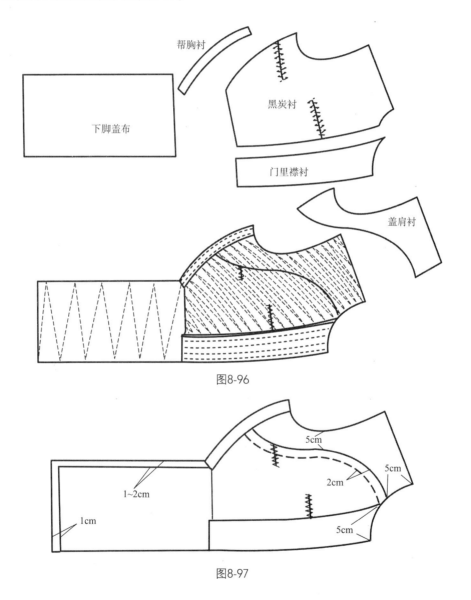

图8-96

图8-97

③ 烫衬、推门。

a. 烫衬。呢中山装的外形挺括、美观，它的内在结构衬头起着衬托、支架的重要作用。

衬头经密度斜缉，又经适当高温烫斗用力磨烫，使叠合的衬布贴合平整，加强了胸部的弹性，是胸部饱满的定形基础。

呢中山装的衬头胸部胖势不宜太集中，太集中胸部容易起空瘪落，因此应匀散自然。衬布以横磨烫匀、斜烫直烫相结合的烫法来调整胸部大小。烫衬也可采用两格一起烫的方法，使衬头胸部大小和高低一致。见图8-98。

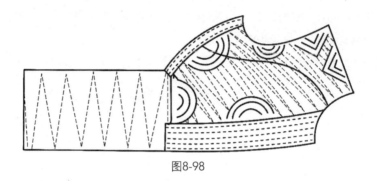

图8-98

b. 推门（归拔）。推门是呢中山装成形的基础，是重要的技术工艺。呢中山装最容易出现止口搅、腰胁与大袋部位起链以及后背起吊等毛病，而出现这些毛病的主要原因除制图裁剪外，还有工艺上推门的技术问题。

前身推门主要分五个部位进行。

ⓐ 先把两条省缝分开，在分胸省时把中间腰胁向止口方向推弹烫，省尖不可分还。腰节以下与前门襟口顺势向下用力伸开拔长，伸开拔长的力度要轻重适宜，然后把胸部止口胖势推向胸部中间。见图8-99。

ⓑ 分腋下省。在腋下10cm省缝要归缩烫，省缝向前弯，横丝不可向下倾，把省尖直丝推向大袋处，把摆缝直丝推向臀部处，胸直丝腰节至肩缝向胸部前面推弹。见图8-100。

ⓒ 归烫肩头和上端胸部。将肩缝靠身体摆平，把外肩角的横丝略向上拎，把肩缝中段的横丝向胸部中间推弯，并把横开领圈推向外肩（抹大0.6cm），还应把丝绺归平服。

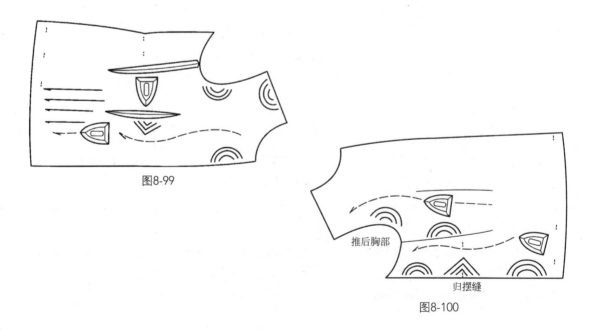

图8-99

推后胸部

归摆缝

图8-100

ⓓ 归烫底边和胸部省尖。将底边靠向身体摆平，底边胖势归拢，把胖势推向袋口中间，使底边呈窝形。然后将胸部胖势向上折起，把腰节放在作板边，从腰节起烫，把省尖部位多余的、不顺直的直横丝缕归烫顺直，并把胸部胖势上下烫平。见图8-101。

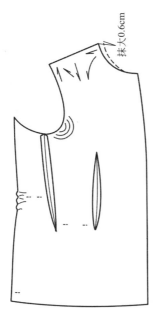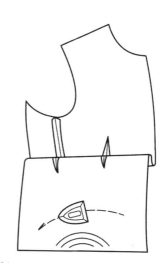

图8-101

ⓔ 调整各部位直横丝缕。把衣片放平，将胸部胖势拎起，把各部位直横丝缕摆平，丝缕不顺直处，应予以归正烫平，最后复核两格是否达到对称于推门的要求。见图8-102。

④ 归拔后背。先要了解人的背部体形。人体两肩是倾斜的，背部上端两边有明显的肩胛骨隆起，背中侧呈凹形。虽然制图造型上有肩缝斜度，但还达不到体形的要求。尤其是呢中山装，后背没有背缝，平面衣片只有通过归、推、拔工艺来满足体形要求。

归、推、拔工艺分以下步骤来进行。

a. 后背摆缝靠向身体，肩头朝右方摆平，衣片用水喷湿，将熨斗从肩胛骨部位开始烫，把肩胛骨部位推胖，左手把腰节

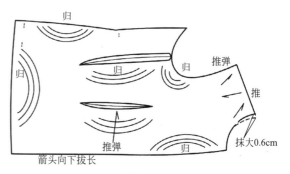

图8-102

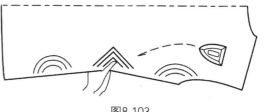

图8-103

拉出，上摆作长距离归拢，腰节略为伸开，臀部略归，上背部袖窿对准肩胛骨部位的外端袖窿要归足，使后背向里归拔、后造型优美，肩缝下3～4cm部位不宜归拢。见图8-103。

b. 将衣片掉头，背缝靠向身体，向背中线上归拢；同时把肩胛骨部位推胖，再把腰节

以下向底边方向伸开，不可使背中线起吊。由于两格叠合，因此衣片翻过来后要用同样方法归拢。见图8-104。

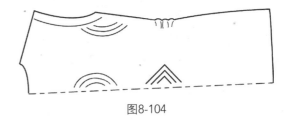

图8-104

c. 归拔肩头，把背中部推开，肩缝靠向身体摆平，将肩胛骨胖势折起。然后将熨斗从外肩角开始烫，将肩缝和背中的横丝推向下弯，两边肩角横丝向上翘，并将肩的3/4部位及后领圈归拢。最后将后袖窿上离下3cm，敷上背袖窿牵带，牵带宽度以绲牢袖窿为准。敷两格牵带松紧要一致，切不可把归拢部位拉还。见图8-105。

⑤ 覆衬。覆衬是在推门工艺基础上进行的，它们之间的关系可称"孪生"工序。因此，覆衬在横直丝绺应循着推门方式进行。

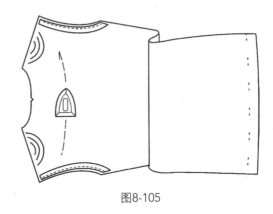

图8-105

覆衬前经过推门的衣片和衬头要有一定时间的冷却定型（至少2h），待它们完全冷却后方可覆衬，否则会因面与衬的伸缩不同而造成面、衬不符发生起"壳"等现象。

覆衬时先将面与衬的胸部胖势依准，面衬匀恰，胸部横丝略向下倾，袖窿边直线向胸部中间推圆顺，前胸门襟止口直线要摆顺直，外肩角横丝略向上翘。胸胁部位直线捋圆顺，腰节捋出、下段止口摆直，捋挺程度根据原料性能而定。

a. 先覆右襟格，攥线从肩缝离下10cm起攥，通过省尖经胸省腰节，在腰节线处打倒回针。在腰节以下把胸省推挺，经袋口至底边上3cm处，攥好后把反面省缝扎牢，扎线放松。

b. 攥后胸部。这段胸部直线要向胸部中间推胖，从腰节起攥线，经袖窿边缘至肩缝下10cm处止，也可由肩缝向下攥针，两种方法都可用，但攥门襟时胸位必须填高摆平。

c. 攥止口。从肩缝下10cm处起攥，经领圈里圈至止口离进4cm到底边上3cm与袋口平齐

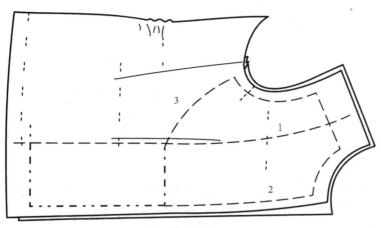

图8-106

止。攥止口线要顺直，攥线松紧应适宜，在攥图8-106中3时，2的胸位必须填高摆平。攥好后检查一下横直丝缕是否顺直，然后把两格衬头合拢剪齐，再按同样方法覆糊左襟格。

（2）做垫肩、袋盖，做缉大、小袋

① 做垫肩（襻丁）。垫肩是衬托上衣两肩的主要附件，它能修饰肩部的缺陷（如塌肩、高低肩），从而达到平衡。

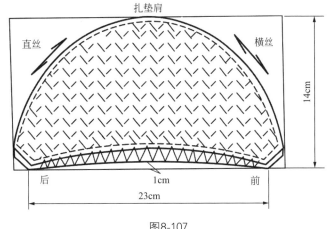

图8-107

a. 裁垫肩布。沿口长23cm、高14cm，沿口要取斜丝，前后两边取直横丝（两端剪小方角），中间剪弯1cm。

b. 铺棉花。沿口厚度为3cm（攥实1cm），翘肩头例外。铺匀呈山坡状，并在台板上烫实。

c. 攥法。用攥纱从中间横攥呈人字形，攥时须将棉花用手捏牢，不能移动。要攥出里外均匀窝势，攥好后将垫肩烫成"弓"形。见图8-107。

② 做大、小袋盖。

a. 剪袋盖，袋盖夹里按袋口大小剪准，留0.5cm缝头，袋盖面子适当放大。然后面、里正面叠合，袋盖面两圆角处略有吃势，袋盖沿边中间略放胖些，攥线定牢。

b. 攥好大、小袋盖后将吃势烫平，里朝上合缉缝头0.5cm，缉好后再把圆角处缝头略修小些、修圆顺后翻出，止口坐进0.1cm，不使里子外露。小袋盖尖角缝头折转用线攥牢，翻出后使之顺尖形。最后把袋盖的宽度画好，左襟格小盖前端离进1cm，做4cm大钢笔洞一只。面与里剪一眼刀，把面与里子扣进，将里子缲光，扣里子时多扣进些，以免笔洞里子外露。见图8-108。

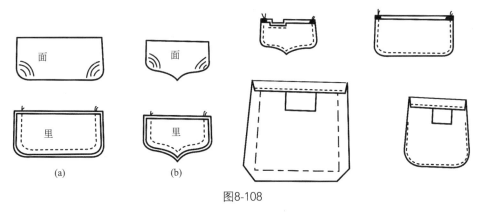

图8-108

③ 做大、小袋。中山装大、小袋两边对称，是外形对比的主要部位，如袋位置的高低、袋的长短及进出。小袋的圆头与斜势、袋盖与袋口的大小与顺直、缉止口的宽窄等稍有不妥，即容易看出毛病。

a. 将大、小袋按要求劈准，对于精纺毛粒度，大袋三边要用本色线锁边，袋口滚边扣转，反面中间垫本色垫纽布一块，以加强钉纽牢度。同时把袋口一边缝缉好，大袋下角缉缝0.5cm斜角缉好，并将小袋底边宽线0.4cm手缝一周，待抽曲线。

b. 扣烫大、小袋。把缉好的大袋下角分缝烫开，然后按照袋盖大小将袋边扣转，盖水布烫平。反面小袋底缝线抽圆顺，插进小袋样板，袋口按小袋盖大扣转，有条格的要对齐，反面喷水烫平。

c. 攥大、小袋。攥袋前必须校对前片两格的袋位线钉，两格的高低、进出是否对称。因为经过推门、覆衬后，衣片有了变化，所以攥袋前必须重新核对，如有差异要重新把袋口粉印对称画正。

攥小袋：小袋在胸部胖势部位。因此，要把小袋放在布馒头上攥，使小袋有相应的胖势。攥线要攥袋边缘，攥牢衬头，以免合缉时袋位移动（小袋止口缉0.4cm）。

攥大袋：先在反面袋口位置攥上垫衬，再在正面攥大袋，前袋边攥好后，在反面袋边将垫衬攥牢，然后将袋底和后袋边攥牢。由于衣片经过缉省和推门，大袋位臀部有了胖势，因此攥大袋同样要放在布馒头上攥，采用半只袋口一攥，使袋口适应胖势。见图8-109。

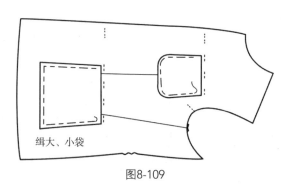

缉大、小袋

图8-109

④缉大、小袋。

a. 缉大袋。先封左边袋口，再按袋边缘贴边兜缉一周。缉线要顺直，缉好后再封右边袋口，注意袋口不能移动。然后按袋口大粉印缉上袋盖，袋盖中间要放些吃势，使袋盖呈胖势。将缉好后的袋盖缝头修小，以免袋盖毛丝外露。袋盖正面缉明止口0.4cm，两头缉倒回针，把线头引向反面打牢结头。

b. 缉小袋。缉小袋时，两圆头要缉圆顺。为了避免移动，缉时可用纸板压牢面子。袋口封来回针，以保持袋口牢度。小袋盖按照粉印线缉，袋盖中段略放些吃势，以适合胸部胖势。缉好后将缝头修小，以免袋盖毛丝外露；同时封好钢笔洞，袋盖正面缉明止口0.4cm，两头缉倒回针，把线头引到反面打牢结头。见图8-110。

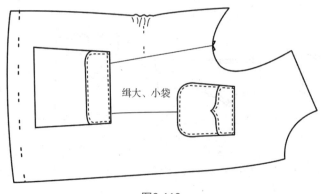

缉大、小袋

图8-110

（3）做里袋　先将里子与挂面叠合在大身上，画好胸省、胁下省和装耳朵片位置的粉印。里袋位置按胸围线居中，上下分割定位，里子按装耳朵片位剪开，挂面与耳朵片对等，然后左襟格上段里子按大身劈门大小修整。缉里子时，先把耳朵片上、下块里子缉上，省缝缉好，烫平里子；再把里子与挂面攥上，合缉挂面。从里袋位置起至大袋位，这段里子放吃势1cm，以防挂面里口紧。把挂面里子烫平后，画上里袋粉印，进出位置离开耳朵片拼缝1cm。袋口大13.5～14cm，反面粘上袋口牵带，以增强里袋牢度（里袋嵌线可上糨糊，也可烫上黏合衬）。

里袋式样有一字嵌、滚嵌、细密嵌等三种。中山装里袋一般做滚嵌，滚嵌的宽度为0.4cm，来回两条线要缉直，否则会产生滚条弯曲。两条缉三角形或平形均可，缉好后将中间剪开，两头剪到头，但不可剪断缉线。然后把滚条布折转，两条袋角滚条要折齐，滚条缉线要密实，上下滚条宽对称，封口来回封四道；同时袋口中间放上钉纽带，左边袋口上钉上商标（注意缉挂面时下底边不能缉到底，要留出2cm，待翻底边时用）。见图8-111。

开袋口时，不要开过头，以免剪断线头使三角处毛出。

先将下滚条、两角按缉线斜势烫平。向里覆进，捻紧然后缉漏落针加袋布。上滚条与下滚条相同。见图8-112。

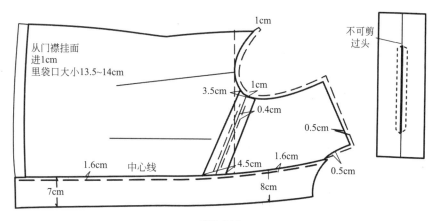

图8-111

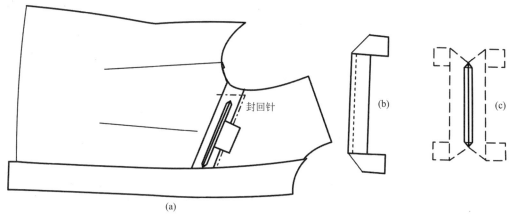

图8-112

（4）修剪门里襟、敷牵带、覆挂面　把做好的大、小袋拆清撩线，放在布馒头上烫圆顺。然后把胸部门里襟止口胖势推进烫平，胸部烫圆顺，中腰胁势拉出归烫顺直。把摆缝胖势推向臀部，顺便把腋下省缝烫平，底边归平，然后修剪门里襟。

① 修剪门里襟。前片两格叠合，核对大、小袋是否准确。如果不准确必须纠正，然后再修剪门里襟。修剪衬止口缝头为0.9cm，衬头要修剪顺直。缺嘴眼刀，左襟格缺嘴大1.8cm，右襟格为3cm。底边按线钉上0.1cm处修齐，右襟格底边止口下角剪掉0.2cm，以免右襟格底边下角处走露。最后把胸部衬再修剪成梯形，剪薄止口厚度。

② 敷牵带。把白布牵带缩水，将牵带烫平再抽去直丝绺0.3cm。抽丝的作用是使止口缝缉顺直，并使止口较薄。敷牵带的作用是固定门襟止口和衬托胸部胖势，使底边下止口窝服。敷牵带时在胸部略为拉紧，腰腹部位平敷，门襟底边转角部位略敷紧，下底边平敷。敷时牵带按抽丝边偏出衬头0.3cm，每针间隔2cm，牵带里边撩针，底边牵带两边撩针，线放松，正面不可露针印，敷好后把牵带烫平。见图8-113。

③ 覆挂面。覆挂面时，注意两格里袋高低，挂面与前片止口门襟依齐，撩线离止口1.5cm、针距3cm，从第二眼位至第五眼位，这段挂面要放1cm吃势，以免挂面里口紧影响外止口还（面子起绉）。撩到底边下角时挂面略紧，要撩出里外均匀窝势，在挂面下底边的边缘，里子要翻上撩牢，以免缉挂面时缉牢里子。见图8-114。

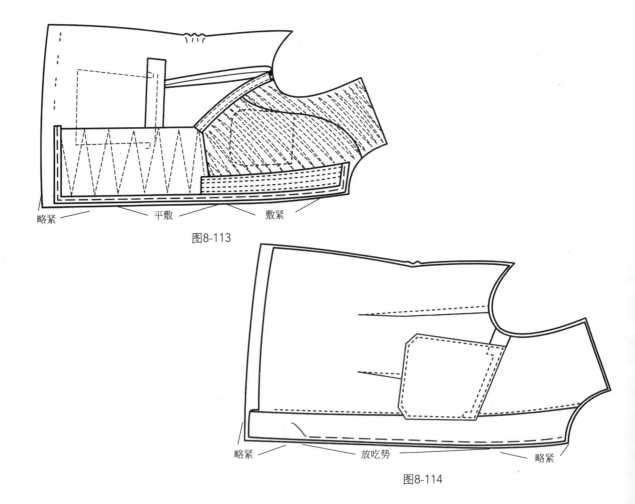

图8-113

图8-114

（5）翻缉止口、攥挂面

① 按照牵带抽丝边缘合缉顺直，从缺嘴缉到底边挂面止。缉好后把攥纱抽掉，吃势烫平，将止口修剪成"梯"形，使止口薄匀，挂面留缝0.6cm，前身止口留缝0.3cm。领缺嘴剪眼刀，不可剪断缉线，容易毛出的原料缺嘴上可放些糨糊，以防毛出。然后止口离进缉线0.1cm扣转，翻出密针攥好的止口，攥时坐缝0.1cm，止口要攥顺直，再把0.4cm止口缉好。抽掉攥线把止口烫煞，烫时胸部要放在布馒头上，不要把胸部边止口烫还（注意烫时止口要摆顺直）。

② 将挂面里口在眼子档部位略放吃势攥好，下角止口要攥有窝势，再攥挂面。把里子翻转沿挂面缝与衬头攥牢，针距3cm，正面不可攥串，并把袋布与衬头攥牢，然后把缝摆平。将摆缝里子与面料剪齐，底边按面料线钉放长1cm剪准，袖窿部位放0.8cm剪齐。

（6）缉摆缝、肩缝

① 缉摆缝。

a. 先将前后衣片摆缝攥上，里子画腰节对等。攥后背时，两边摆缝、后袖窿翘高处高低要一致，以免后背单边或高或低。攥摆缝的松紧度按推门及归拔与后背一致，不可把归拢部位拔开或把拔开部位归拢，否则后背会产生单边下沉。里子吃势与面子相同。

b. 分烫摆缝。摆缝分烫时把前摆放平，后背按归拔的方法摆平，烫时上摆归缩烫、中腰拔开烫、臀部归拢烫。分烫后把里子坐进0.3cm朝前摆扣转，底边扣转，再把摆缝里子放松依准，上离袖窿10cm，下离底边10cm，摆缝画上对档粉印。然后先缉后背缝里子，再缉底边里子，里子要对准摆缝和底边攥牢，攥线要放松，正面不可起针印，攥好后翻到正面，底边里子坐势1cm左右烫平服。再把背中缝里子放0.5cm吃势，摆平攥好，腰节靠在作板边上，将上部面料挣挺，袖窿圆弧攥牢，在垫肩部位留出攥垫肩余地。最后把袖窿弧线边丝用倒钩针攥线，攥时斜丝部位攥紧，以防袖窿拉还，针距1cm。攥圆后把袖窿放在铁凳上熨烫圆顺，再将肩缝和后领圈里子多放出一个缝头剪好。

在前胸右袋开始攥针，通过背高处到左胸袋止，以固定面子和夹面。见图8-115。

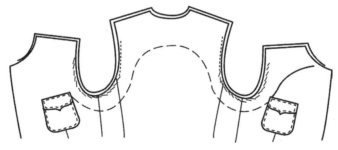

图8-115

② 缉肩缝。

a. 缉肩缝前必须把袖窿、肩缝两格校对准确，如有差异，要纠正后再缉肩缝。

b. 缉肩缝戤势应离颈侧点1cm，平放在里肩1/3部位，吃势约0.8cm，外肩2/3部位略松于里肩，然后将吃势烫平。缉肩缝时前片在上、后片在下，以防吃势移动。肩缝虽短但必须缉顺直、准确，缉好后将攥线拆清，再分肩缝。把肩缝反面放在铁凳上，两格肩缝必须从领圈起烫至外肩，边分边归缩以防肩缝分还；同时把横开领抹大0.6cm，外肩角要朝前弯，以免外肩缝朝后弯。

c. 攥面子肩缝。将肩缝正面放在铁凳上摆平，从领圈起攥，攥时横开领抹大0.6cm，前肩领圈边缘横丝绺捯出0.2cm，肩缝面子攥线顺直。然后肩缝反面沿绱线边缘攥牢衬头，针距1cm，攥线略松，以防正面起针印。见图8-116。

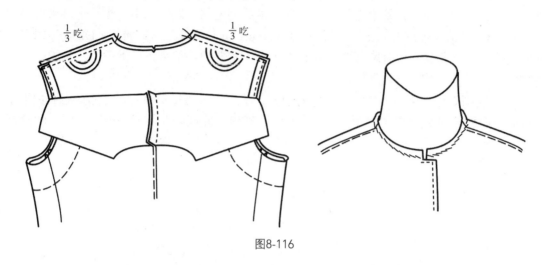

图8-116

d. 攥肩里、领圈。先把肩里在领圈部位攥牢4cm，再把领圈面子0.6cm缝与衬头里子一起攥牢，肩缝下3cm处的横直丝绺要捯挺，以防领头装好后出现面料宽松现象。同时把肩缝下的袖窿捯挺攥平服，使肩缝两头呈翘形。

（7）做领、装领

① 做领上盘（即外领）。先将剪准确的领衬与领里粘上，粘时后领里要放些吃势，两领角里子要捯挺，使领角有窝势、不起翘。见图8-117。

② 绱上盘。先在领衬沿边绱0.15cm止口明线，然后绱三角或绱回字形。按领衬窝势匀绱，再把里子上口留缝1.3cm、下口留缝0.9cm剪准。见图8-118。

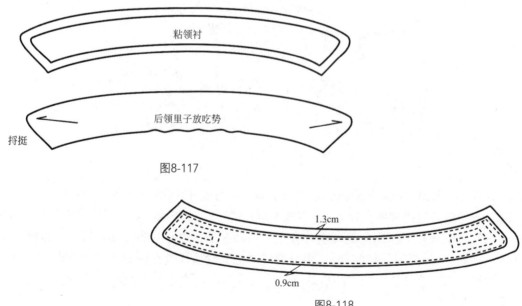

粘领衬

后领里子放吃势

捯挺

图8-117

1.3cm

0.9cm

图8-118

③ 攥覆领面吃势。先把领面背中与领中花条纹对准，前角两边花条纹对称依齐，开始攥，两边圆角放吃势0.3cm左右。但实际也要根据原料厚薄性能来掌握，后领平形无吃势，肩缝部位略微松些，攥好后将吃势烫平。缝缉时按衬头离开0.1cm缉线，两边圆角按衬头缉圆顺，缉好后把缝头修剪圆顺，翻出烫平服，止口缉明线0.4cm，再把领面的里外均匀窝势合扣扣转攥好。见图8-119。

④ 做领下盘（即里领）。先把剪准确的衬头钉上领钩、襻，进出以领口并齐为准。与布中山装做领下盘相同。见图8-120。

⑤ 粘领下盘。先把下盘衬头粘在面料上，为了两边领角薄匀，领角衬可修掉些，面料领角面也同时修掉些，再将四边留0.6cm缝头并剪齐，然后将四边缝头扣转，再把四周缉0.4cm止口明线。见图8-121。

⑥ 合缉上下盘领。领的上盘与下盘是里圈与外圈的关系，所以在剪领衬时上盘长于下盘，缝合时把上盘长出的部位作吃势，从领角偏进3cm开始，在颈肩转折部位略微多放些，后横领不可放吃势，但左右两边吃势和进出要一致。合缉时，下盘领口偏进上盘0.15cm，不可过多或过少。再把领上口缝头烫薄，最后把下盘领里按照上口缉线盖没，止口缉0.15cm，烫平剪齐，留一缝头。领舌头宽2cm、长1.5cm，做成小圆头，并把领舌头一起缉在右领下盘。见图8-122。

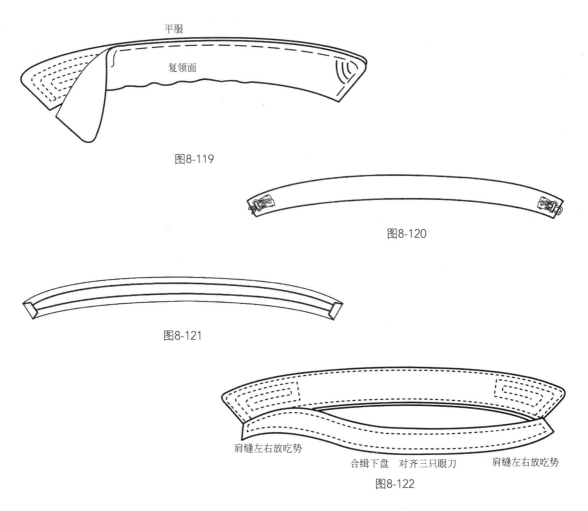

图8-119

图8-120

图8-121

肩缝左右放吃势　　　　　　　　　　　肩缝左右放吃势

合缉下盘　对齐三只眼刀

图8-122

145

⑦ 装领。装领前先把下盘后领中心点、肩缝点和大身肩缝，进出按大身缺嘴，要盖没缺嘴0.1cm，防止缺嘴处毛出。装领时要求吃势放在两边肩缝前后转折部位，而大身要略拔开，后领平装不宜放吃势，领圈要装圆顺，两边吃势要对称、进出要一致，以防领头歪斜，领脚缉0.1cm明止口，两头缉来回针，以增强牢度。见图8-123。

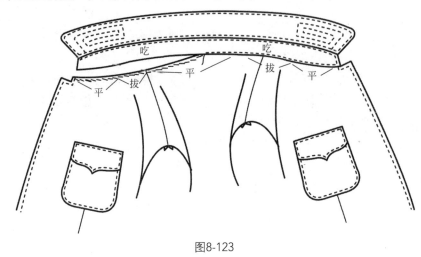

图8-123

（8）做袖

① 先把大袖片偏袖袖肘处拔开，上段10cm部位略归拢，袖口部位略拔开，归拔部位以偏袖缝折转摆平为准。为了袖肘合体，可将袖肘的胖势拉弯，逐渐推归至偏袖线。然后把小袖片同样在袖肘部位烫平，在缝缉前袖缝时注意不可把拔开的偏袖位归拢，或把上段10cm部位拔开。见图8-124。

前袖缝喷水烫分开缝，应按小袖片弯势摊平，在偏袖和小袖片处烫平烫煞。见图8-125。

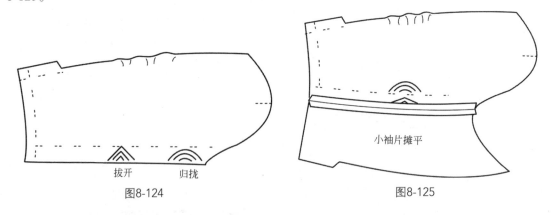

图8-124

图8-125

② 敷袖口衬。前袖缝分烫后，用缩过水的横料，宽约5cm，袖衬弯势照袖口，大小按袖口规格，用本色线倒钩针撬上，针距2~3cm。见图8-126。

③ 分烫后袖缝。把大小袖片的后袖缝叠合正面撬好，上端10cm部位要放吃势，上段有窝势，撬好后画准袖叉位和袖口规格，再缉后袖缝，同时把袖里子一起缉好。分烫面子后袖缝后，缉袖口夹里。

合攃里面两缝时先把袖口衬和袖口边攃牢，攃袖口定线用面料颜色线。攃时要放松些，袖里要留1cm坐势，攃好后将袖里坐势烫平服。见图8-127。

④ 袖子前后缝攃线。面子的前袖缝与夹里的前袖缝在袖底弧线10cm以下开始两片攃牢至袖口。后袖缝面与后袖缝里也从后袖山弧线10cm处开始，攃至袖口开叉处。见图8-128。

修剪袖山头里子时把袖子翻过来，袖面朝外。袖山头部位里子留1cm长，袖底部里子留2cm长，然后按袖山周围修剪圆顺。

袖子摆平，袖口上盖水布喷水烫缝10cm，烫平烫煞。

抽拢袖山头吃势，要按袖山倾斜度大小来抽拢。倾斜度大的部位抽吃势大些，倾斜度小的部位抽吃势小些。还要根据原料性能与厚薄来决定，一般袖山头抽吃势大小为3.5cm左右，袖山头平（横）丝部位为0.5cm左右。抽吃势自袖底起至前偏袖止，缉缝宽为0.6cm，吃势圆顺均匀，定线固定一周。见图8-129。

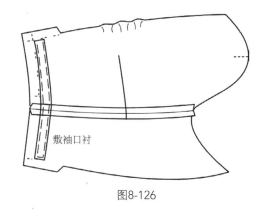

图8-126

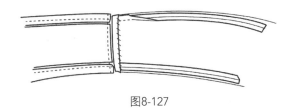

图8-127

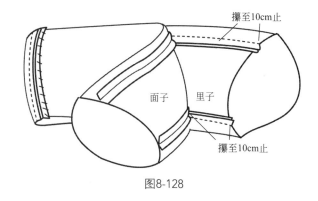

图8-128

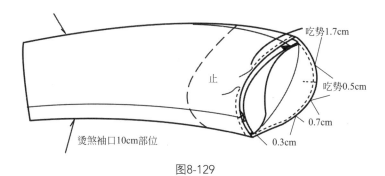

图8-129

（9）装袖、装垫肩

① 装袖。用手工操作。先装左襟格，从前袖缝对准袖窿凹势对档装起，或从袖标和大身袖标对档装起，经袖山至肩缝到后袖缝攃一周止。攃线针距0.8cm，攃缝大0.7cm。袖子前后以大袋口1/2为准，袖子横丝要平衡，前后圆顺，顺势登直圆顺。装右襟格时以左襟格为

准，检查一下前后缝、肩缝两格是否对称，前后是否一致。车缉袖缝时要注意不可把袖吃势移动。缉好后，沿线垫上斜丝绉绒布，布宽3cm，长按偏袖离上3cm起至后袖缝过3cm止，垫绒布是使袖山头呈圆胖形。后肩袖窿要垫上衬头，宽2cm、长5cm，以衬托后肩袖窿。缉好后拆清攥线，再把袖山吃势归烫平服。见图8-130。

② 装垫肩。垫肩前后按肩缝1/2移后1cm，外口进出在袖窿缉线外1.5cm与衬头攥牢。前肩处平装，后肩略带紧，要攥出里外均匀窝势。垫肩攥线用双股线，攥时要放松，防止正面袖窿起针印，针距间隔1.5cm，攥好后检查一下后背是否平整。

③ 攥里子。先把前肩里子攥好，袖窿里子沿着垫肩边缘攥一周到摆缝处。摆缝里子略放松，以防正面摆缝起吊；袖窿里子要攥得圆，然后将袖子夹里拉平折转贴在袖窿上，前后袖缝对准攥针一周。在攥袖窿时针脚要细，吃势均匀圆顺。见图8-131。

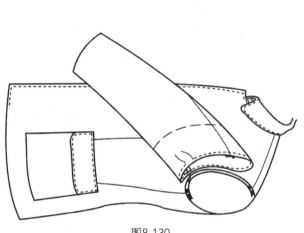

图8-130

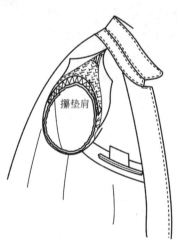

图8-131

（10）缲、锁、整烫、钉纽

① 缲里子。中山装缲里子部位有领里、肩里、袖窿里、底边挂面两角。缲针要整齐、圆顺。起点至末尾要缲来回针，线头不外露。缲针每1cm为12～15针，后背里子坐势花绷长度为4～5cm。见图8-132。

② 锁眼。画眼位，左襟格开眼五只，第一眼离下领缺嘴1.8cm，第五眼对齐大袋口，第二眼对齐小袋口，中间两只排匀。眼子离进止口1.5cm，眼大2.3cm。大袋盖眼位按1/2居中，眼子离进止口1.5cm，眼大2.3cm；小袋盖眼位按尖嘴居中，眼子离进止口1.5cm，眼大1.6cm。手工锁眼每1cm为10针，针脚要齐，针花要匀，眼头要圆，反面要光，套结要在反面，线头不外露。

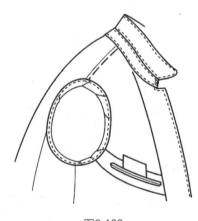

图8-132

③ 整烫。整烫前拆清全部线头，拆线头时要按攥线顺势拆，不要倒抽拉，以免拉破面料。整烫是产品定形的一项重要工序，整烫的好坏直接关系到产品质量。整烫技术熟练，技艺运用恰当，既省工时又可提高外观质量，而且能弥补某些部位缝制质量的不足；反之，则不仅影响缝制质量，而且直接影响外形美观。

整烫步骤：轧袖窿；烫肩缝、烫袖窿山头；烫胸部；烫大小袋与省缝；烫摆缝与后背；烫止口、挂面、底边与里子；烫领头两角，反面窝形烫。

胸部和大袋要放在圆形布馒头上烫，止口要烫薄，并且有窝势。烫时要依照归拔及缝制时的要求，横直丝缕归顺直，各部位不可有极光与水花印。直至烫干烫煞为止。

④ 钉纽。按眼位画准钉纽位置。钉针四上四下，按门襟厚薄加绕脚，基本上是0.3cm高，绕脚攥实（袖口装饰扣不需要绕脚）。

中山装素有国服之称，我国人民在庄重的场合穿着较多。因此，对它的质量要求较高。中山装对称部位多，缝制难度大，要做好是需要下一番功夫的。

呢中山装的质量要求：外形美观，穿着合体，领头服帖，肩头平服，胸部饱满，大身挺括，止口顺直，袖子圆顺，后背平整，面里整洁，熨烫干燥，烫无极光，规格正确。见图8-133。

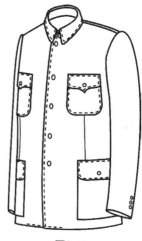

图8-133

8.5 男式西装精做缝制工艺

8.5.1 外形概述与外形图

单排两扣，圆角，平驳头，三开袋，大袋双嵌线，装袋盖，前身收腰到底边，后身开背叉，袖口开真假叉，并各钉样纽三粒。见图8-134。

图8-134

8.5.2 成品假定规格

单位：cm

衣长	胸围	肩宽	袖长	袖口	驳头宽	手巾袋	大袋
72	106	44	59	14	8	10	14.5

8.5.3 缝制工艺程序

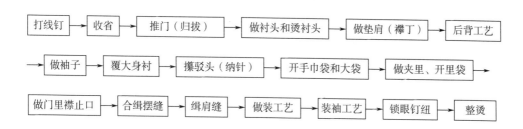

西装参考规格和零部件小规格。

单位：cm

号	160		165			170			175			180			备注
型	88	91	88	91	94	88	91	94	88	91	94	91	94	97	或者按胸 $\frac{1}{10}-0.5$ 或者1/3衣长
衣长	70		72			74			76			79			
胸围	103	106	103	106	109	103	106	109	103	106	109	106	109	112	
肩宽	42.5	43.5	43.5	44	44.5	43.5	44	44.5	43.5	44	44.5	43.5	44	44.5	
袖长	57.5		59			60.5			62			63.5			
袖口	14		14			14.5			14.5			15			
驳头宽	7.5		7.5			8			8			8.5			
手巾袋口大	10		10			10.2			10.2			10.5			
手巾袋口宽	2.5														
大袋口大	14.5		14.5			15			15			15.5			
大袋盖宽	5.3		5.3			5.5			5.5			6			
里袋口大	14														或者按胸 $\frac{1}{10}-0.5$ 或者1/3衣长
背叉长	22		22~23			22~23			23			24			
驳头缺嘴大	3.6		3.6			3.8			3.8			4			
前领角宽	3.3		3.3			3.5			3.5			3.6			
后领宽	3.8		3.8			3.8			3.8			4			
领脚宽	2.6		2.6			2.8			2.8			2.8			

西装缝制工艺流程（成批生产）如下。

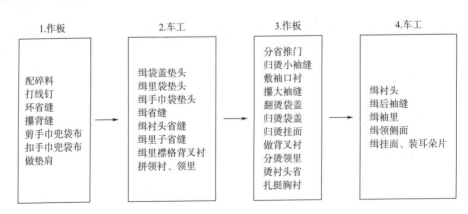

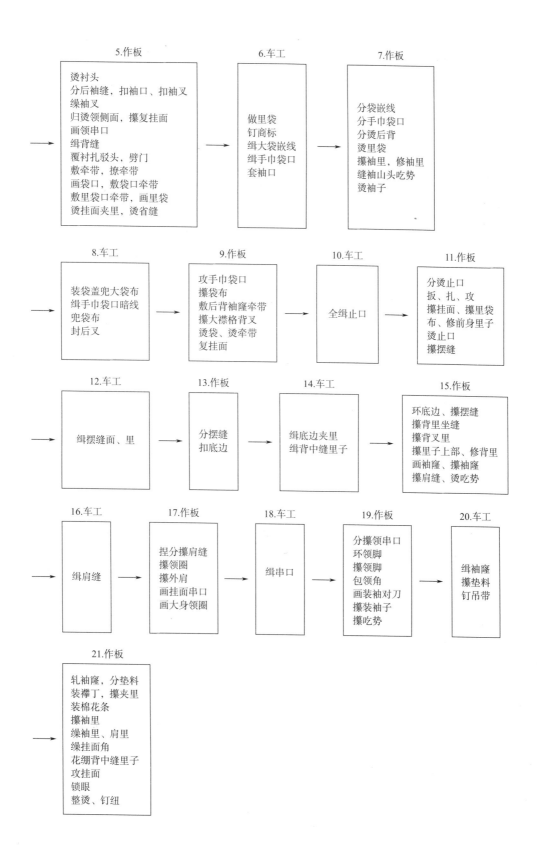

8.5.4 零部件裁片

男西装零部件裁片分类如下。

① 面料类。领面、挂面、大袋盖、手巾兜袋布、大袋嵌线、手巾袋袋垫布、耳朵片、领里（领侧面）等。

② 里料类。除大身夹里和袖子夹里外，还有大袋盖里、大袋袋垫布、吊襻带、里袋嵌线、里袋袋垫布、垫肩盖布等。

③ 衬料类。软衬（粗布衬）、黑炭衬、细布衬。

a. 软衬。大身衬。

b. 黑炭衬。胸衬、驳头衬、领衬（胸衬等也可用马尾衬）。

c. 细布衬。盖肩衬、帮胸衬、垫肩的下层布、下脚衬。

④ 袋布类（漂布、棉涤布）。袖口衬、背叉衬、袋口牵带、袋口衬、漂布牵带、盖驳衬、盖领衬、大袋布、手巾袋布、里袋布。

⑤ 其他。棉花或泡沫塑料垫肩、商标。

袋布基本上按袋口大加4cm，大袋长按底边上2cm或者1cm；手巾袋长13cm，里袋长18cm。

8.5.5 缝制工艺

（1）打线钉

① 打线钉部位。

前衣片：驳口线、眼位线、手巾袋、大袋口、腰节线、摆缝线、装袖对刀线、底边线。

后衣片：背高线、腰节线、背缝线、背叉线、底边线。

大袖片：偏袖线、袖叉线、袖山中线、袖贴边线。

② 打线钉针法。打线钉一般采用双线单针或单线双针两种。通常质地松的原料宜用双线，质地紧实的原料可用单线，因此应按照面料质地采用不同针法。

③ 环针。环针是防止缝头毛出所采用的针法，是在缝头处环针，每针针距约1cm，在缝尖处环针线以不露缉省线为准。环针线不宜紧，线结头应放在上面，防止分烫省缝时有线结头印。见图8-135。

（2）收省

① 剪省缝。胸省一般以单片剪为好，因前胸省丝缕要求直丝，若两片叠剪则上下层直丝不容易准，尤其是以条格为原料。如果是法兰绒类面

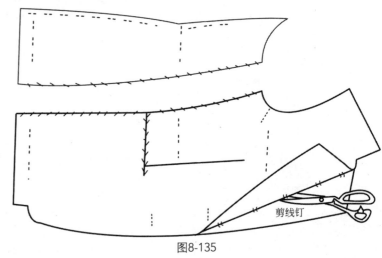

剪线钉

图8-135

料，可以双层叠剪，剪到离省尖位置留4cm，不可剪到头。

② 缉省缝。缉省之前，用攥纱攥牢，防止移动或松紧。用细粉画缉省缝头，粉线要偏出缉线，防止缉在粉线上。缉胸省应从上部开始，因为省尖部位很重要且不能有几丝偏歪和裂形。为了保证缉省质量，可用薄纸压住缉省，缉省缝头按制图要求，省尖要尖，不可缉成胖尖形或平尖形。

怎样操作才能把省尖缉尖呢？操作时先缉3~4针空车，然后再缉到大身的省尖处，不需缉来回针，要求留线头，手工打结，防止省缝拉还或抽紧。如果是薄面料，胸省可不剪开，垫本色斜面料一起缉省，垫料偏出0.7~0.8cm，省尖处伸出1cm，作用是弥补尖瘦形，经分烫后再把垫料剪成梯形省尖。见图8-136。

③ 分烫省缝。先把攥纱拆掉，胸省尖线头打好结，并把线头修净。分烫前腰节省要把省缝分开烫煞。分烫腰节省如果不垫本色斜条，省尖处要用手工针插入尖头处，以防止偏倒。胸省中腰处丝绺要向止口边外弹0.6~0.7cm，这样分省是为以后推门做准备，特别是化纤面料更应如此。

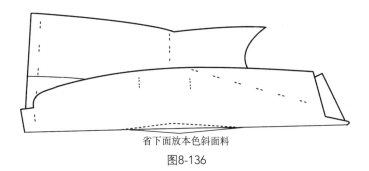

省下面放本色斜面料

图8-136

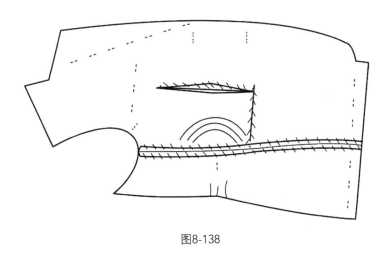

图8-137

图8-138

（3）推门（归拔） 前衣片的归拔如下。

① 推烫门里襟止口。先将前身的门襟靠身体，喷水，由胸省向门襟止口推弹0.6~0.7cm，并将胸省省尖烫圆顺。门襟止口丝绺要归直，烫顺烫平，随后在驳口线中段归拢。见图8-137。

② 归烫中腰。把衣片翻转，摆缝靠身体，把大袋中间的丝绺归直，熨斗在中腰处，把胸省中腰后侧的回势归拢，归到胸省与腋下省的1/2处。见图8-138。

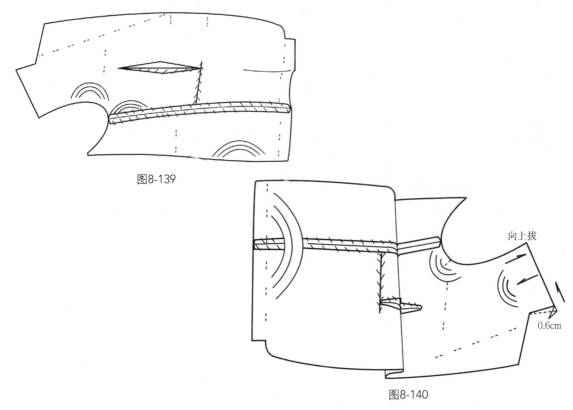

图8-139

图8-140

③ 归烫摆缝与袖窿。腰上段摆缝处横丝绺抹平烫，下段臀部的胖势略归、推直，中段腰节处回势作归烫。再把腰部放平，胸部直丝略朝前摆，喷水将胸部烫挺。这样，袖窿边就可产生回势，归拢，归时斜丝、横丝要均匀。见图8-139。

④ 推烫肩头及下摆。将肩头靠身体，喷水把领圈横丝绺烫平，直丝绺向外肩抹大0.6cm。直丝后倾的目的是防止里肩丝绺弯曲起链。再在外肩袖窿上端7cm处直丝延伸，这样肩头就会产生翘势，然后将肩头翘势推向外肩冲骨（肱骨处），保持肩头翘势0.8cm。

再把衣片翻转，烫下摆，下摆靠身体，喷水向上推烫，防止底边还口。见图8-140。

（4）做衬头和烫衬头 衬头是毛料服装内部衬托的主要部件。好的衬头能使胸部挺括丰满。因此，衬头的好坏直接影响到一件西装的质量。

① 衬料的缩水。绱衬之前，先要缩水，防止走样。如果下脚衬不用漂布或细布，也可以用软衬。

② 裁配衬头、绱衬头。

a. 西装衬头。大身衬、挺胸衬、驳头衬、盖肩衬、帮胸衬、下脚衬、盖领衬、袖口衬、背叉衬等。见图8-141。

b. 拼绱衬头省及定衬。拼绱衬头省时先用过桥衬垫好，再用斜针短绱，喷水烫平。然后反黑炭衬或马尾衬覆在大身衬上，用撩纱把中心撩牢，再把盖肩衬撩上，在盖肩衬中间略伸开一点，使大身肩头翘势相符。见图8-142。

c. 绱衬头。绱胸衬，要采取斜角绱，从胸部中间开始，每行相距0.8cm左右；要求间距一致，绱到肩头时要注意翘势丝绺，不能让翘势跑掉，并把盖肩衬一起绱好。白漂布盖驳头衬必须叠进胸衬0.7cm。见图8-143。

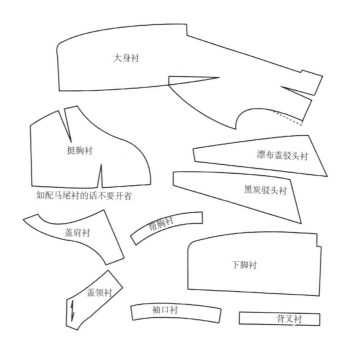

图8-141

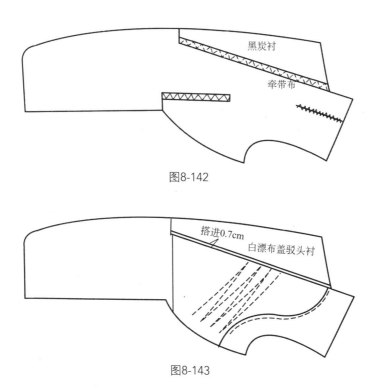

图8-142

图8-143

d. 缉帮胸衬和下脚衬。帮胸衬略紧，缉线4～5道，然后把下脚衬盖上胸衬1cm左右。斜缉线，距离3.5cm左右，离开止口线约1cm。见图8-144。

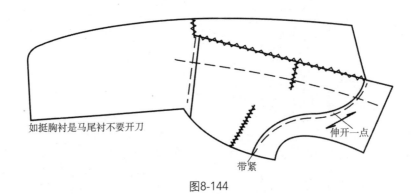

如挺胸衬是马尾衬不要开刀

带紧

伸开一点

图8-144

③ 烫衬头。在烫衬头之前，先把两衬叠合，看其绱衬后是否走样。如未走样，将衬头用水喷湿喷匀，使水渗透布丝，以高温用力磨烫，使上下衬布平薄匀恰，加强胸部弹性。为了把衬头胸部处烫圆烫匀，注意以下几点。

a. 先在大身衬的中间，把腰节以下衬头烫实。接着把肩头掉头，再把腰节以上胸部烫实。见图8-145。

b. 把肩头烫平，外肩上端拎直，保持1cm翘势。见图8-146。

c. 把袖窿与帮胸衬处拎起，并将驳口线中间的挺胸衬略归烫平，保持衬头窝势。见图8-147。

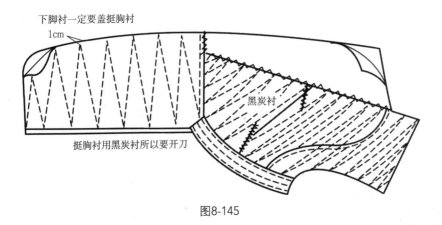

下脚衬一定要盖挺胸衬

1cm

黑炭衬

挺胸衬用黑炭衬所以要开刀

图8-145

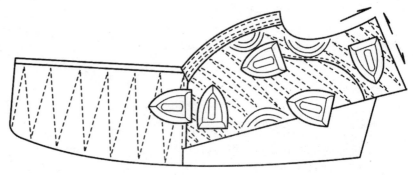

图8-146

d.把驳口处撅起，并把袖窿及帮胸衬之间归拢烫平，使胸部有胖势。

以上这四边的熨烫，是烫衬头的主要部位，把衬头边缘解决了，再烫衬头的挺胸部位。

e.将驳口中段和帮胸衬的袖窿处归拢烫实，衬中略伸。

f.烫挺胸衬，要左手撅起大身衬的腰节，右手在胸部前后熨烫。再将大身衬掉头，左手撅起衬肩，右手在胸部前后熨烫。这样在正反两面来回熨烫，使它的基点适当大一点，并把胖势烫圆顺。见图8-148。

（5）做垫肩（襻丁）　用两层布，一层用粗布衬，放在底层；另一层可用纱布或者羽纱。见图8-149。

① 扎襻丁。现在一般成品都是腈纶棉襻丁，这种襻丁还需要再加工，即覆盖好上下层布料，把三角形的襻丁撩一周，中间再撩一条直线，然后撩八字针。在撩针时要注意，棉

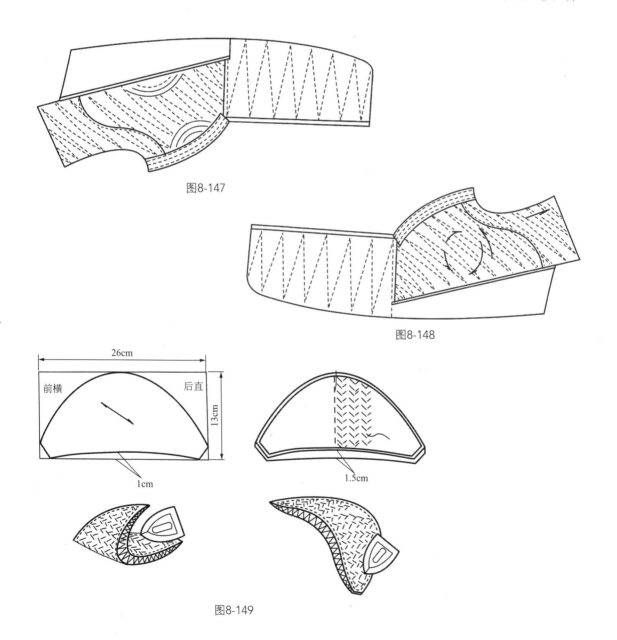

图8-147

图8-148

图8-149

花应向外口推，做到两边薄、中间厚，里边薄，外口厚，上层略松、下层略紧。

②烫襻丁。把襻丁反面用电熨斗磨平，并把它烫出里外匀。因为攥针的时候，是下层紧、上层松，烫成自然窝势。反面烫完后，翻过来烫正面，上层烫平，保持窝势，两边烫平服。

③襻丁的作用。可参阅女式西装和呢中山装的有关部分。

（6）后背工艺　人体背部两端有明显的肩胛骨隆起，背中呈凹形，两肩斜形。虽然裁剪采用了背缝隆起和肩斜的余量，但单靠裁剪不够，还必须归拔。

①攥背缝。按背缝粉印或线钉，从后领圈开始攥至背叉，并要在背部胖势处把攥线略抽紧一点；同时，把背缝弧线烫成直线。见图8-150。

②做背叉门里襟格。一般可用缩水白漂布做牵带布，也可以用白漂布做里襟衬。若用于里襟衬，要把布放宽3～4cm。门襟格也用白漂布，做背叉的门襟衬宽约4cm，叉口以下10cm左右略带紧一点。两边攥暗针，线放松，不能露针花。见图8-151。

背缝烫成直线后，按线钉缉背缝，以开叉口按背叉线钉缉好来回针。见图8-152。

③后背归拔。先将肩缝靠身体，喷水，靠里肩部位多归、外肩少归。归烫时由左手拉住外肩上角，熨斗将横丝绺推向肩胛骨，外肩上端拔长0.5cm。

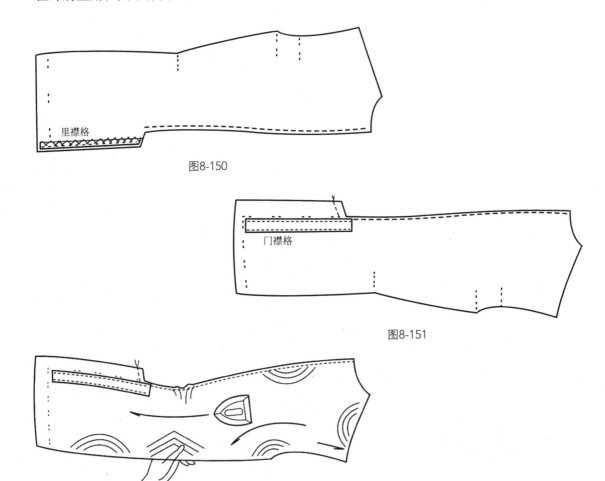

图8-150

图8-151

图8-152

在后袖窿处归，腰节处拔开，摆缝熨烫成直线，两层重叠合烫。然后翻过来再烫1次，这样两片的归拔程度就基本相同了。

把背缝分开喷水烫平。在熨烫时注意，切不可将归拢的部位拉还，否则会影响质量。再将后领处略归，后背归拔后基本上能符合人体后背的体形。见图8-153。

④ 敷牵带。当后背归拔分缝烫平之后，为了防止袖窿还开，在袖窿处拉上牵带，牵带在外肩处4cm以下。见图8-154。

（7）做袖子　一件西装的袖子在外观上应弯势自然平服，装上大身后达到前圆后登的效果。装袖子的工艺技巧，与做袖子的操作工艺有着直接的联系。袖子虽然只是由前后两条缝拼成，但拼缝中也有归拔等不同的工艺要求，因此在操作时应引起重视。

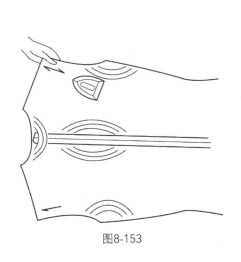

图8-153

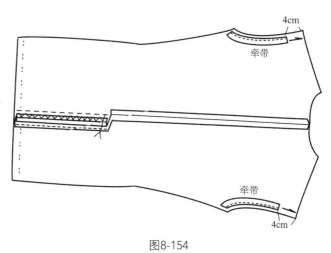

图8-154

① 归拔大袖片和大小袖片的拼缝。归拔大袖片与呢中山装归拔大袖片相同，这里不再赘述。

拼缉大小袖片的前袖缝，要先将两袖片面子正面相合，沿着前袖缝攥一道线，大袖片上部袖弧线以下10cm处略放吃势，袖肘线处适当拔开。缉缝时，大袖片放在上层，小袖片放在下层，缉线0.8cm，然后喷水烫分开缝。见图8-155。

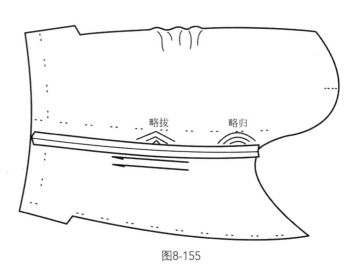

图8-155

② 袖口贴边。按线钉贴边宽3.5cm，折转烫平。见图8-156。

③ 攥袖口衬。一般可用缩过水的横料漂布，外口放眼刀折转与袖口平齐，袖口贴边和袖衬一起攥牢。再把袖衬用三角针绷好，正面盖水布烫煞。见图8-157。

④ 缉后袖缝。根据后袖缝的线钉，在后袖缝上部略放吃势一点，大片放下面，小片放上面。攥好线，缉线顺直，袖口真假袖叉处小袖片摊平，大袖片的袖口贴边定好，缝头0.8cm。缉线之后，袖口贴边翻上烫好，袖叉长短一致，绷好袖叉口的三角针。在绷袖叉口三角针的同时，缲好袖叉口宽的1/2。攥好袖口贴边，翻过来用水布盖住，喷水烫平，袖口在10cm处烫煞。见图8-158。

⑤ 覆合袖面与夹里。袖面与夹里、小袖面、里反面叠合，从后袖缝10cm以下起攥针，到离袖叉10cm。见图8-159。

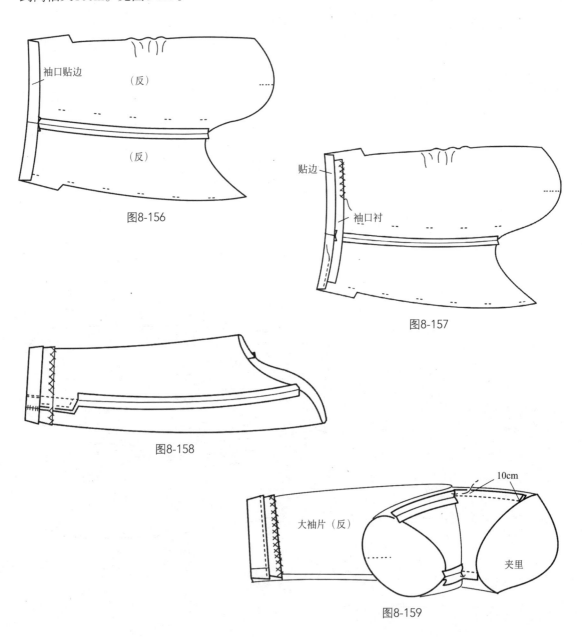

袖口贴边
（反）
（反）
图8-156

贴边
袖口衬
图8-157

图8-158

10cm
大袖片（反）
夹里
图8-159

袖夹里坐倒缝定线时，夹里略放松，否则翻过来整烫容易起吊。

袖口夹里贴进翻上2.5cm，袖口留1.5cm烫平。见图8-160。

⑥ 攥袖口与攥袖围。攥袖口是在正面和夹里攥后翻过来，把袖贴边定好，留有余势。缲袖口时，只缲牢袖夹里一层，不能缲牢两层，否则余势的伸缩就不起作用了。再把袖里摆平，在离袖山弧线10cm处攥袖围一周，袖夹里按要求修齐。见图8-161。

⑦ 抽袖山。用双线的攥线，以手中针缝针1cm（3～4针）。缝后把它抽拢，注意抽线部位所需的吃势不同。把袖山头戢势放在铁凳上轧烫，一副袖子做好后，串线把它吊起。见图8-162。

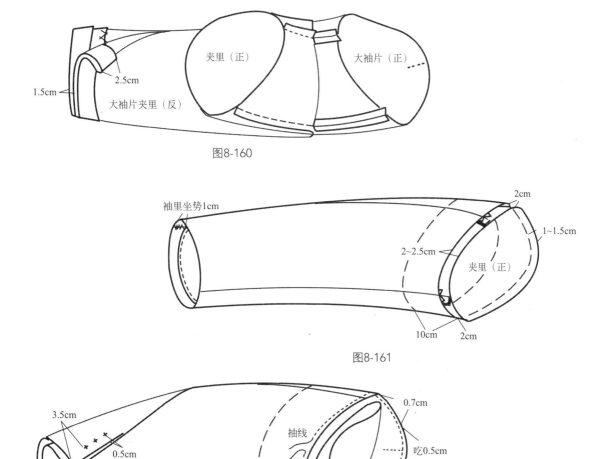

图8-160

图8-161

图8-162

（8）覆大身衬　覆衬就是把已做好的大身衬头和前片两层合拢，松紧相符攥在一起。覆衬的好坏可影响到整件西装的质量，因此是做西装的关键之一。

① 覆大身衬前，要先将归拔后的衣片和衬头冷却。这是因为熨烫后的衣片和衬头经冷却还要有回缩，回缩之后的衣片及衬头基本固定了，再覆衬就不会变形了。

② 先覆里襟格，上口靠身体一边，衬头放下面（白粗布衬和面子的反面重叠），面子放上面，摆准胸部位置，里、衬松紧符合，中腰丝绺向止口方向推出约0.5cm，防止回缩，门襟丝绺归直，尤其是在大袋以下推直。

③ 操作方法。

a. 第一道攥线从肩缝中间距肩缝约8cm处起针，从胸省上面到大袋前角转弯，呈凹形直至下底边。离底边3cm左右，再把省缝和衬头固定攥牢。见图8-163。

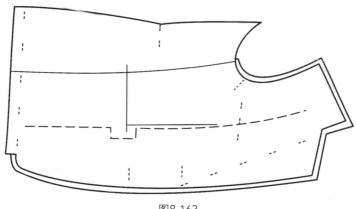

图8-163

b. 第一道攥线之后，把摆缝翻转过来，再将胸省和大身衬固定攥牢。然后攥第二道线，从上领口以下沿驳口线里2cm，直至门襟止口沿边3cm。见图8-164。

c. 第三道攥线从离颈侧点3～4cm向外肩的袖窿方向攥，再沿袖窿边攥至肋下，按衬头至中腰转弯向止口。见图8-165。

注意，在覆衬时为了胸部平挺、丝绺归直，攥第二道线时，袖窿一边把它垫高，使门襟推平；攥第三道线时，把门襟处垫高，面料向后推平。攥后，拎起检查是否符合要求。

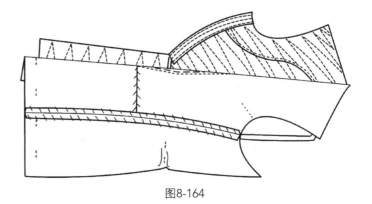

图8-164

（9）攥驳头（纳针）

覆衬之后，在正面驳口线里1.5～2cm处用暗倒钩针。

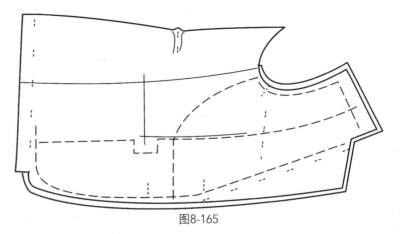

图8-165

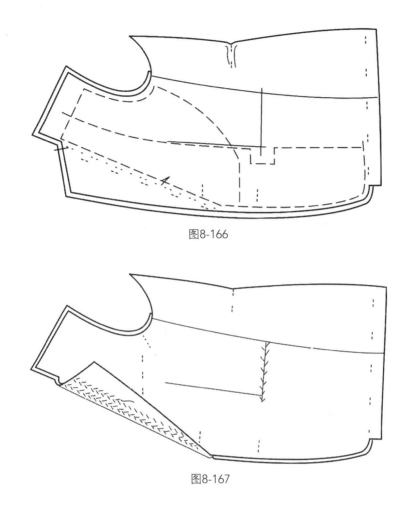

图8-166

图8-167

翻过来把驳头朝上，左手中指托住驳口线，纳八字针，针脚长约1cm，密度0.8cm左右，横直对齐，形成八字。在外止口留1.5cm，不要攥到头，以备修剪衬头用。见图8-166和图8-167。

（10）开手巾袋和大袋 男式西装前片面子左边一只手巾袋，两只大袋。

①开手巾袋。

a.用两层直丝绺衬布，长短宽窄按规格，面子留下口缝0.6cm，袋口衬与兜袋布（手巾袋贴边）面料黏合，面子两边包转缲好，面子丝绺与大身丝绺符合。

b.把0.6cm的缝头装缉在大身，另把里袋布缉在兜袋布。

c.袋垫布装在手巾袋布上。把这块手巾兜袋布缉在手巾袋的上口，两条缉线间距0.8cm，两角缉线到头，缉倒回针。上袋布两头缩进0.5cm，缉倒回针。

d.开分袋口。正面把袋口剪开，两端至袋垫布起落针处放直眼刀，不能剪过缉线。翻过来，将胸衬料剪眼刀至兜袋布的起落针止，不可剪着大身面料。然后把兜袋布面料与胸衬喷水烫分开缝，把袋布翻到里面，兜袋布分缝和袋布摆平缝合，两层袋布摆平，兜缉一周。接着把手巾兜袋布分缝烫平，把里袋布翻到里面，兜袋布和袋布摆平，里袋布和分开的兜袋布缝合，兜缉袋布。见图8-168。

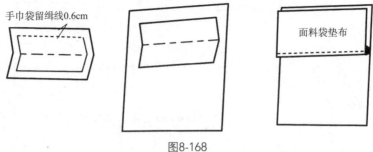

图8-168

e.翻过来在手巾袋两边缲暗针，袋角平正，无外露针脚，上角用暗针定牢。见图8-169。

② 开大袋。双嵌线大袋，装有袋盖。嵌线敷牵带，大身袋口用牵带衬，袋布用里料袋垫布。见图8-170。

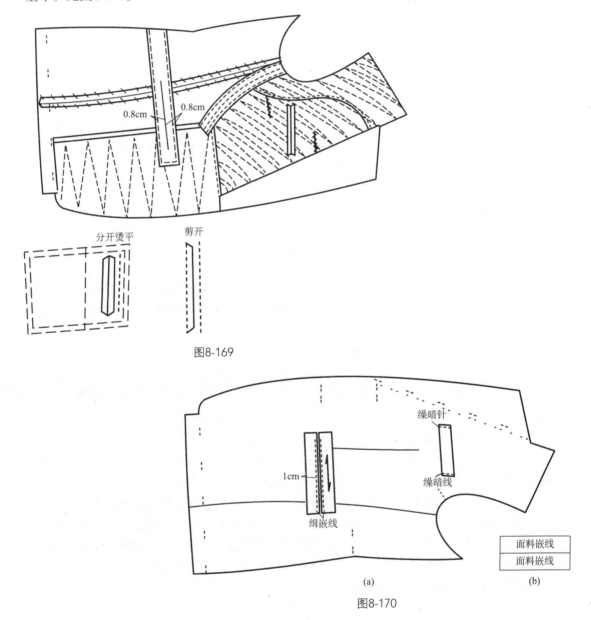

图8-169

图8-170

a. 在开大袋之前，先做袋盖。做袋盖时，圆角处夹里略带紧，里面合拢定好。在袋盖的沿边要缉角，两角圆顺，中间低落0.2cm。翻过来烫平，做到里外匀、下口止口平直。见图8-171。

b. 缉袋口嵌线。袋口嵌线带与牵带布上下平齐，缉线顺直，袋角方正，缉线中间宽1cm。分烫袋口嵌线与女式西装工艺相同。见图8-172。

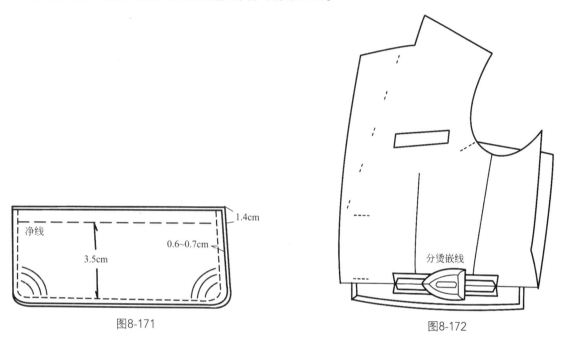

图8-171

图8-172

c. 做袋口之前，先缉上袋垫布。袋口分烫之后翻过来，嵌线宽一律为0.5cm。嵌线包转后平直，用手工攥牢，三角塞平，盖水布喷水烫平。先缉袋口下嵌线，在缉线时要求缉暗缝（骑缝线），不能有明针漏落在面子上；再把上层袋布装缉在袋嵌线里，装缉下层袋布，装有袋垫布的那片放在大袋下层处。兜缉好袋布，并封好袋口三角，缉来回针。见图8-173。

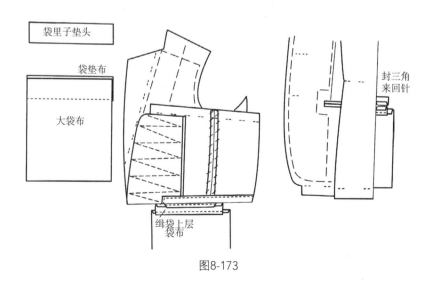

图8-173

165

d. 装缉袋盖。把袋盖塞进袋口，袋盖宽窄一致、左右对称。然后把袋盖用线定准，缉在上袋口嵌线之中（骑缝线），也不能有明针漏落在面子上，线头在反面打结。见图8-174。

（11）做夹里、开里袋 男式西装里袋一般有密嵌、一字嵌、滚嵌等，这里讲的是常用的密嵌。

① 拼前衣片夹里。

a. 归挂面。先把挂面喷水，驳头处外口丝绺向外推出，里口归拢，使之与大身基本符合，再把直丝绺烫弯。见图8-175。

b. 装耳朵片。按装耳朵片的规定位置，裁耳朵片的大小，拼缉在夹里上。然后与大身符合一次，如果夹里与面子有不符之处，修正一下，再拼缉挂面与夹里。见图8-176。

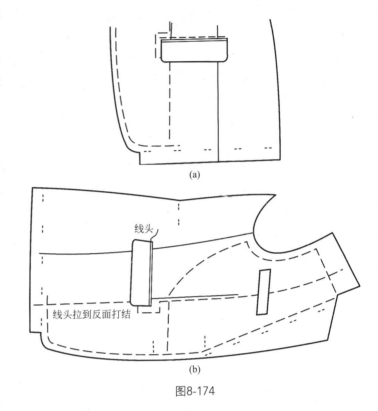

(a)

(b)

图8-174

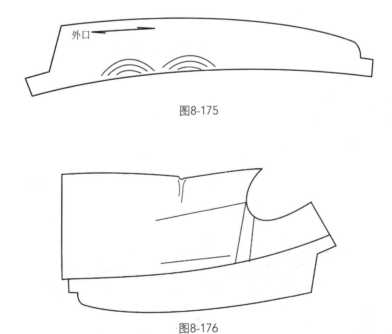

图8-175

图8-176

② 密嵌袋辅料。

a. 嵌线布宽6cm，上口一边为2cm，下口一边为4cm。用直料做夹里布，长17cm，可烫上一层黏合衬，或者涂少量糨糊。

b. 袋垫布。用直料做袋垫布，缉在里袋布上口，宽4cm、长17cm。见图8-177。

③ 开密嵌线里袋。

a. 先把里料嵌线放在耳朵片中间，按袋口大规格缉线，间距0.4cm，两头缉尖角。

b. 用剪刀把耳朵片缉线中间剪开，把袋口密进，嵌线宽0.2cm，两角拉直烫平，嵌线宽窄要一致。

c. 装袋布。嵌线下口先明缉清止口一道，再把小块袋布装上。然后把大块里袋布叠上放齐，袋口中间装进琵琶纽扣，正面封口明缉清止口一道。袋口拉平，两头封口缉来回针。左边中间上口钉商标一只，袋布摆平后兜缉袋布。见图8-178。

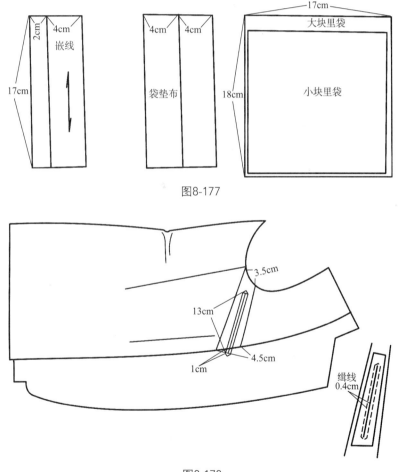

图8-177

图8-178

（12）做门里襟止口 西装门里襟止口，在外观质量上占据着很重要的地位。它是上衣缝制中关键性的工序之一，直接影响着一件上衣质量的好坏。

① 修剪门里襟。先把覆好衬头的前身门襟烫平，按裁剪的粉线修剪止口，先剪门襟格后剪里襟格。

修剪门里襟的具体要求是将驳头形板对齐驳口线和肩缝，下面对准第一档眼位。画上驳头净宽粉印，串口线放缝0.8cm，肩缝留1cm；同时沿量上衣长规格，如有长短在底边处缩短或放长，下段止口按圆角形板画印，止口外加缝1cm，用粉线画细、画顺、修齐。

劈衬：在大身修齐的基础上，把门里襟大身衬的止口修掉1cm，驳头处衬头修剪0.8cm。为使驳头止口平薄，驳头的漂布衬修掉0.6cm，一直修到驳口线内侧，左右两格一致。见图8-179。

② 敷攥牵带。一般可用白漂布，先缩水，后把它折成1.5cm宽的直线，沿边折毛0.5cm，毛边朝外沿着外口衬头，这样门襟止口就可以减薄。敷牵带时，串口处平敷，驳头外口紧敷，腰节处平敷，与大袋相平处略紧敷，圆角处平敷，底边平敷攥针一道，然后把牵带撩针。再用同样方法在驳口线偏进1cm处沿边敷一条牵带，在前胸处略紧一点，牵带两边撩针，这样前胸胖势不容易变形。见图8-180。

③ 烫牵带、烫前身。在烫牵带的同时，要把前身各部位都熨烫平挺。因为里子覆上后再烫，有些部位难以烫挺，所以采取在烫牵带的同时，把前身全面烫一遍，使前身基本定型。

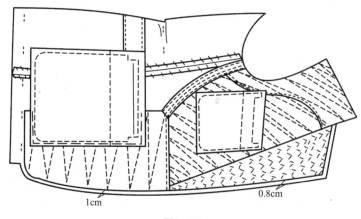

图8-179

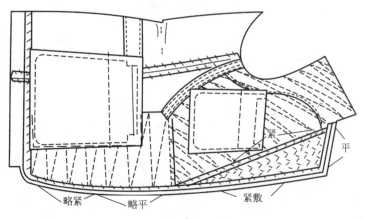

图8-180

a. 先烫前半胸，下垫布馒头，上盖湿布，把手巾袋直横丝缕摆正，将前半胸烫挺。见图8-181。

b. 再烫胸的后半部，下垫布馒头，上盖湿布，烫时袖窿边作归势烫，烫挺后把布馒头移到前袋口。见图8-182。

c. 烫前半只袋口位，下垫布馒头，上盖湿布，把止口丝缕摆正，将前袋口袋盖烫平烫挺。见图8-183。

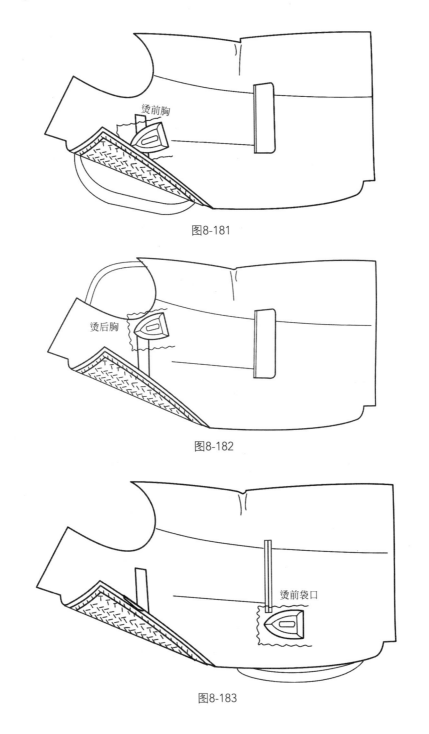

图8-181

图8-182

图8-183

　　d. 烫后半只袋口位，下垫布馒头，上盖湿布，把袋盖放进，将袋口嵌线烫平烫挺。见图8-184。

　　e. 先将大身翻转，喷细水花，然后烫腰胁以下的止口牵带。见图8-185。接着转向底边牵带上部，把布馒头搁起作窝势烫。见图8-186。

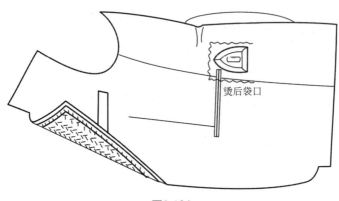

图8-184

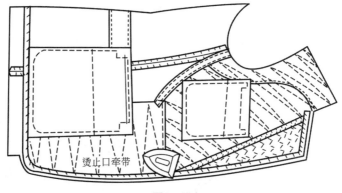

图8-185

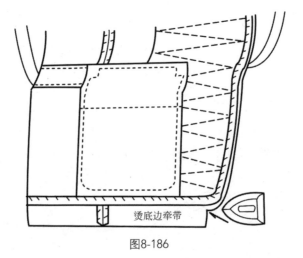

图8-186

f. 将腰肋处烫平，同时逐步向摆缝腰肋处作归势烫。衣片要有窝势，将止口搁起来烫。
见图8-187。

g. 烫上胸部与烫衬时相同，用左手拎起来，将袖窿处向前侧烫圆顺。见图8-188。

h. 烫上胸部，将胸口向袖窿处烫圆顺。见图8-189。

i. 烫前身肩头。将肩头翘势烫匀。熨斗要在肩缝处回烫两次，一次从直领处起到袖窿中

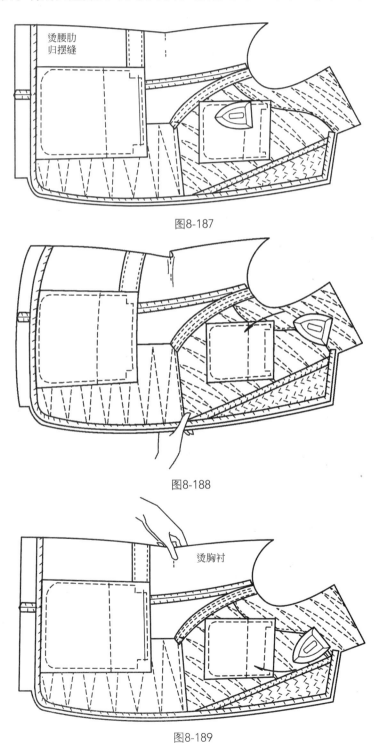

图8-187

图8-188

图8-189

段，回转来复烫一次。见图
8-190。

j. 驳头定型。先在前驳头
牵带外口略向里推直烫匀，接
着在驳口牵带上面将牵带烫
匀，然后翻转驳头攥烫，上段
驳口长约10cm。

④ 覆挂面。

a. 攥挂面。先将两格挂面
条格修直，左右一致。为了便
于操作，应尽量避开明显条
格，这样即使有些偏差，在视
觉上感觉也并不明显。一般驳
头条格上段不允许有偏差，但
在下端眼子离上4cm处，允许偏
斜0.7cm左右。覆挂面方法是将
驳头处挂面按大身摆出一个缝
头，约0.7cm。从领串口起沿驳
口下至第一档眼位处，再从眼
位到底边下脚，用攥纱攥牢，
攥纱线离止口1cm，针距约
2cm。覆挂面的松紧程度要分段
掌握，从第一档眼位到第二档
眼位下4cm处，挂面略有吃势。
当然挂面吃势要依原料厚薄做
适当增减，即厚多吃薄少吃。
以下的挂面放平，在离圆角
15cm处挂面向外捋出略紧。在
挂面下口横丝处再向里拉回拖
紧，使里外匀。见图8-191。

覆驳头挂面：要从下端眼
位起按驳头驳倒形状的窝势，
挂面不宽不紧，顺势摆窝平复
至上段离驳角3cm左右处放一点
吃势。在转角点要将挂面吃势
空扎一针，固定吃势。在横丝
处，略放吃势到驳角眼刀止。
见图8-192。

覆里襟格驳头挂面时，吃

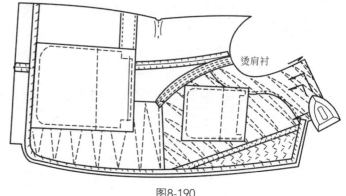

图8-190

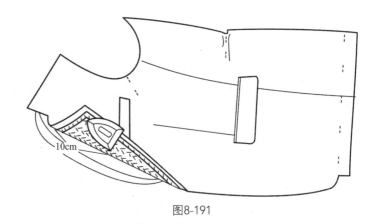

图8-191

图8-192

势要适当。见图8-193。

b. 烫挂面吃势。在驳头处下面垫"驼背"烫板，用熨斗角沿止口2cm左右，把挂面吃势烫匀，下段放在作板上烫匀，与烫止口牵带相同。见图8-194。

c. 缉止口。缉止口在驳头处离开牵带0.15cm，眼位以上离开牵带薄料0.2cm。毛边牵带要缉牢毛丝，缉丝要顺直，操作时手要朝前推送，防止缉还。也可用薄纸压着缉，止口缉好后，先要检查一下两格驳头条格是否一致、吃势是否符合要求。

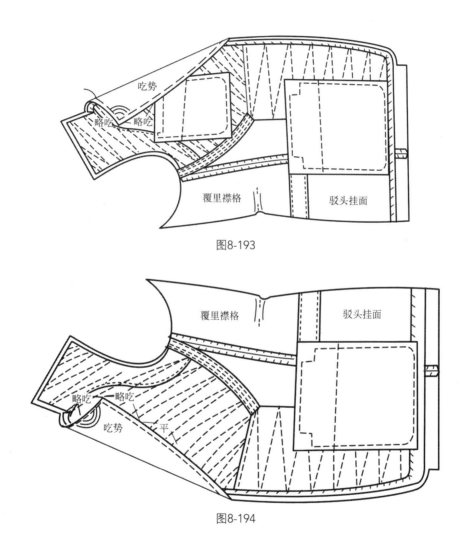

图8-193

图8-194

d. 分止口。下垫"驼背"烫板，先将合缉后的挂面吃势均匀，再将止口缝头分开。

分烫下段止口缝，放在作板上，将挂面偏出点，底边从胁省起经圆角到上眼档，注意不要将止口分还。然后修剪止口缝头，先修大身，留缝头0.4cm；再修挂面，留缝头0.6cm，留多少缝头要看原料质地，如疏松的原料应适当多留一些。把驳头缺嘴眼刀画好，眼刀分两次画，大身处眼刀要画到离缉线0.1cm处，挂面处眼刀要离缉线3根丝缕。见图8-195。

e. 扳止口。用单根攥纱，将挂面缝头向衬头面扳转，缝头多少均可沿衬头扳实。驳头处扳进0.1cm，眼档以下扳进缉线0.2cm。撩止口是为了不使缝头移动，应采用斜形撩针法把缝头扳顺扳实。在下摆圆角处，撩前先把底边缝头攥牢攥圆顺，以防圆角边缘不平。见图8-196。

f. 烫止口。止口撩实，要用熨斗将止口烫薄烫煞。烫驳头时下垫"驼背"烫板，要求摆正驳头窝势，在缝头上略刷点水，用力压烫，使止口既平又薄。见图8-197。

接着烫下段，止口处应将丝缕摆正，在作板上放平烫，把下止口圆角烫薄，然后翻转过来将挂面吃势烫匀。见图8-198。

g. 翻攥止口。将挂面翻转，驳角翻足翻平，先攥驳头止口，挂面要虚出大身0.1cm左右。驳头丝缕，条格要攥直攥平。见图8-199。

h. 拱止口。在下止口翻出后，用手工穿本色线暗拱。所谓暗拱止口，就是挂面处针点尽量缩小，挂面只拱牢一根丝缕，下层要拱牢牵带、衬头，但不能拱穿大身。拱线从第一档眼位开始，离止口边0.6cm，经圆角到大身衬的里侧止，针距约0.7cm。见图8-200。

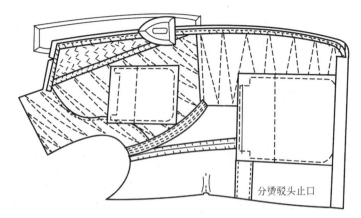

图8-195

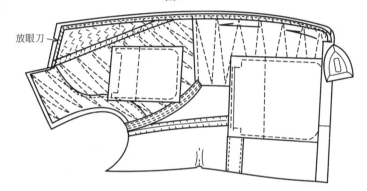

图8-196

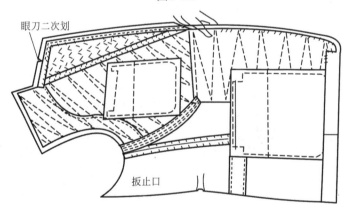

图8-197

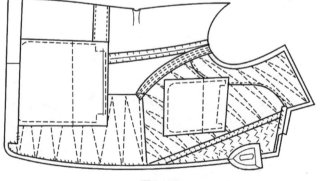

图8-198

　　i. 烫止口定形。将拱好的挂面止口，用干、湿布盖烫定形。烫驳头时下面搁"驼背"；烫下段止口放平在垫布上，把止口烫薄烫煞；下摆圆角处烫成窝形。见图8-201。

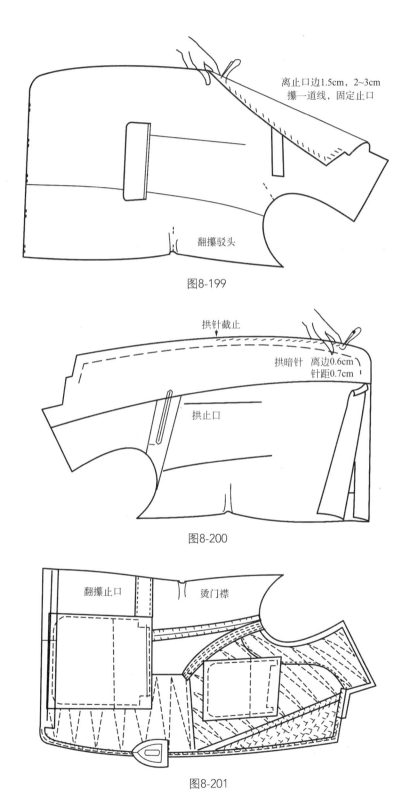

离止口边1.5cm，2~3cm
攘一道线，固定止口

翻攘驳头

图8-199

拱针截止

拱暗针 离边0.6cm
针距0.7cm

拱止口

图8-200

翻攘止口   烫门襟

图8-201

j. 攥挂面。先明攥，后暗攥，将止口在作板上放平，作板要清洁。在攥线前，把驳头处挂面横丝推平，防止横丝起链、领串口不平；随后顺着驳头里外匀和下段大身止口里外匀，在挂面夹里拼缝处攥明线一道，针距约4cm，从上离下17cm处起至下口上5cm止。见图8-202。

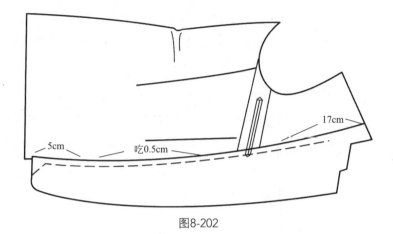

图8-202

将里子撩起沿挂面拼缝攥暗针，针距2cm左右，上下高低与第一道攥线相同。

k. 修剪里子。把大身翻到正面，将摆缝多余的里子按面料剪齐，底边处里子按大身净长放出0.7cm（包括坐势），挂面领口放高2cm，领圈放出1.5cm，肩头放高1cm，袖窿放出0.7cm，摆缝放高1cm。在离挂面下口1cm处，里子与底边都要剪眼刀或画粉印，为兜缉底边作标记。见图8-203和图8-204。

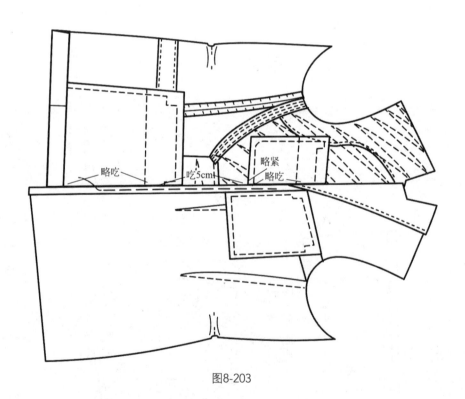

图8-203

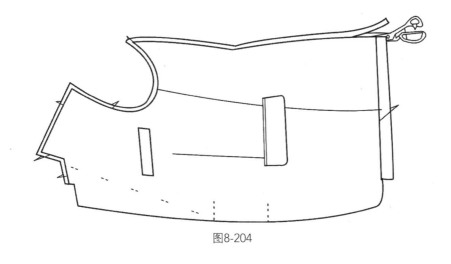

图8-204

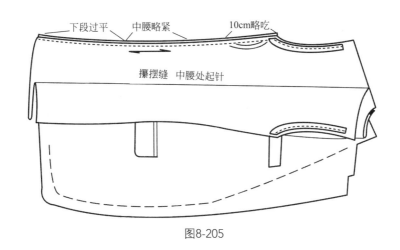

图8-205

（13）合缉摆缝　上衣摆缝是上衣缝合的中间工序，一般来说比较简单。但它的缝制好坏却能够影响到背部是否平服、臀部是否圆顺、中腰是否有吸势、止口是否有豁搅等外观质量。西服类的摆缝是呈弧线形，中腰有凹势，上摆有弧度，臀部有胖势，在缝合前需进行一次推归拔的熨烫工艺。因此，要做好摆缝并不简单。

①攥摆缝。攥摆缝之前，先将后背里子归拔成型，归拔方法与面料相同。然后将面子前后衣片的摆缝高低对齐，对准腰节线钉，从腰节起分上下两次攥，攥线缝头1cm。里子前后腰节之间对齐对准，攥线缝头0.8cm，即面料攥外侧、里料攥内侧。攥时，必须按摆缝归拔后的定型要求，归势不可攥还。见图8-205。

②缉摆缝。缝头0.9cm（需要做放缝的除外），面里相同。缉时手朝前推送，防止摆缝缉还。上下手打倒回针，缉线顺直，同时将子摆缝一起缉好。

③ 烫分开摆缝。先将里子摆缝毛缝沿缉线朝后身扣倒烫顺，在吸腰处适当拔宽里子缝头。然后将前身止口朝身体一边摆平，在缝头处喷水用熨斗尖角将缝头分开烫平烫煞，切不可烫黄，更不能把归拔部位烫还。见图8-206。

接着将背缝烫直，不可拉还，摆缝向前身侧摆弯。把背部胖势向摆缝侧摆顺，用熨斗将胖势推烫均匀，臀部以相同方法烫匀。见图8-207。

④ 兜缉底边。缉时将里子翻转，先缉里襟格，对准贴边与里子的眼刀，在离开挂面边1cm处起针，缉时里子应略微紧点；同时要防止缉缝拉还，经摆缝处要求面里对齐，缉到离背叉口2cm处止。接着缉门襟格，底边从离背叉口7cm处起到离挂面1cm处止。

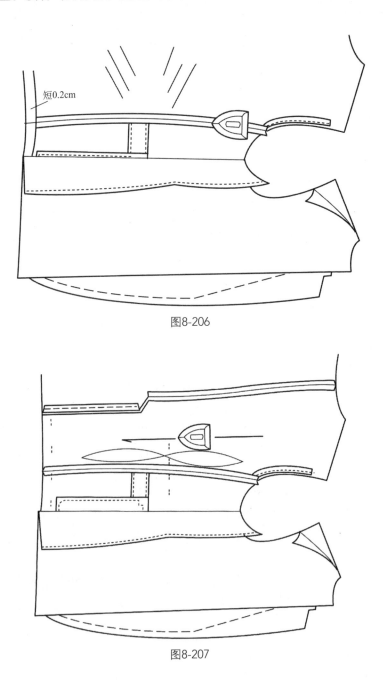

短0.2cm

图8-206

图8-207

⑤ 撩底边，攦摆缝。将下摆贴边按扣倒缝先攦一道明线，再从里侧将贴边放平，后身与面料撩牢，前身与衬头、袋布攦牢，针距约3cm。然后攦摆缝，两侧都由下离上10cm处起，经中腰到袖窿离下10cm处止。注意摆缝里子贴边的坐势要与前身挂面处坐缝一致，采用摆缝下攦上的好处是底边坐势容易掌握。攦摆缝时，里子要放吃势约0.5cm，攦线放松，使面料平挺、有伸缩性。见图8-208。

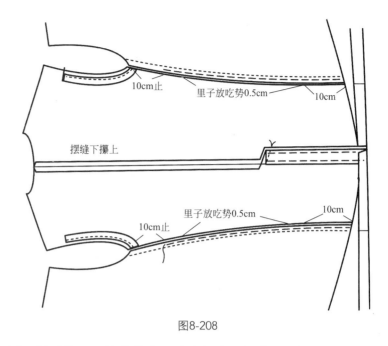

图8-208

⑥ 缉攦背里。缉背缝从上领口缉到背叉口接着将背里缝头朝背叉门襟格坐倒，用攦纱定位，从后领口离下8cm至背叉口止。先攦里襟格叉里，上段10cm放吃势，下段平。随后在背叉上端用左手指摸准叉口的准确位置，将背里剪斜形眼刀，同时把门襟格叉里按背叉宽留缝头1cm，其余部分修掉。攦时留后背叉贴边，叉里吃势相同，上端背里扣光攦平，下口贴边横丝拉紧，使叉口向里窝服。见图8-209。

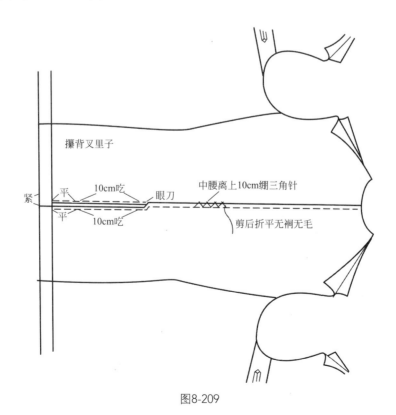

图8-209

以上讲的兜绲底边与撩底边、攥摆缝只是一种工艺操作方法，下面介绍另一种工艺操作方法。

a. 撩底边。先把已分烫好的摆缝下摆靠自己身体，反面朝上，贴边宽窄根据线钉记号，扣转盖水布烫平烫煞；用本色线沿贴边，从里襟挂面攥倒钩针，每针2～3cm，攥牢挂面衬布下脚，大袋布处攥牢一层，达大袋布，向后衣片攥针，攥线略松，正面不可露针花。

b. 攥摆缝、缉背夹里。攥摆缝时夹里与面子腰节对齐，上下均距10cm，由底边起针，夹里略松，以免夹里起吊。缉背夹里时，将背夹里两侧合拢，缉线1cm，缉止背叉。

c. 攥夹里贴边（背叉）。把攥好的摆缝翻转，背里朝上坐倒缝，后叉门襟多余部分剪去，留一折缝，背叉上口放眼刀，折平。

底边折进，离面子底边1～1.5cm，内留坐倒缝1cm，由门襟向里襟攥缝。攥背叉与第一种方法相同。见图8-210。

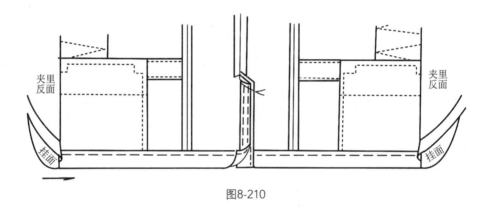

图8-210

⑦ 修夹里。攥好底边之后，将上身摆平，夹里略松，再沿肩头定形攥线一道。把肩缝、领圈、袖窿修齐。见图8-211。

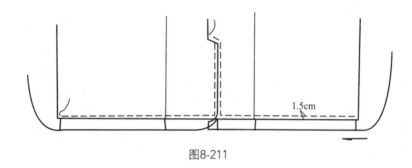

图8-211

⑧ 攥袖窿倒钩针。把夹里修净之后，把袖窿的下端，也就是前离胸衬、后距牵带处，用双线攥纱攥倒钩针，沿边0.7～0.8cm一针，略有吃势。见图8-212。

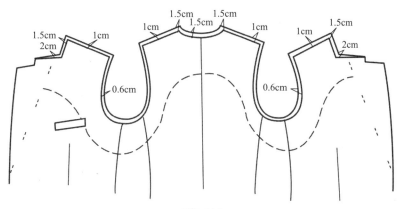

图8-212

（14）缉肩缝　上衣的肩缝虽短，但工艺要求很高，它关系到后领圈的平服、背部的戤势和肩头翘势。因此，在缉肩缝前，先要归烫背部和检查前后领圈、袖窿的高低进出是否一致，如有偏差应先修改，然后按肩缝弯度要求画顺剪准。

① 推烫背部。将背部上领口靠身体放平，把背里撩起，布料处喷水花，但不要喷到背里处。用熨斗把后背丝绺向下推弯烫顺，随后将肩缝归烫，里肩多归外肩少归，两肩略拔翘。见图8-213。

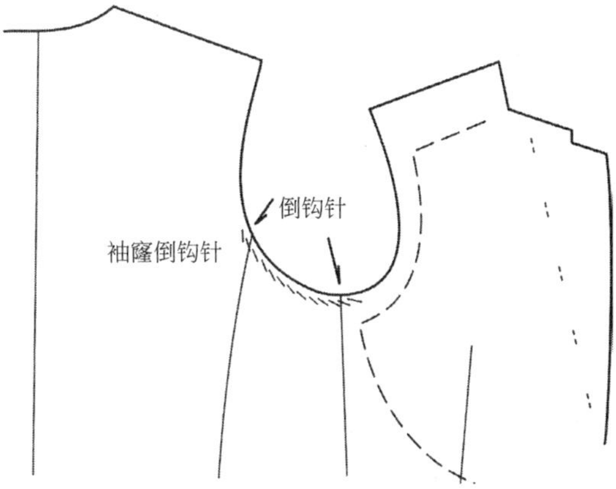

图8-213

② 攥肩缝。攥肩缝前，把前肩衬头与面料剪准，在直领圈处衬头放出0.3cm，其余全部相同。攥肩缝从里肩起向外攥，后肩放上面，离领圈1cm处平攥，在离领圈1cm后左右6cm放吃势，后肩放戤势，外肩、后肩要松于前肩。见图8-214。

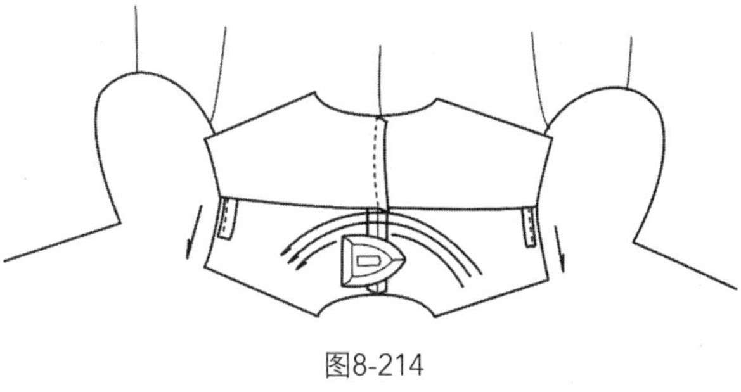

③ 缉肩缝。先把肩缝吃势烫

图8-214

匀，后肩放下面，缉缝宽约0.9cm。缉时可将肩缝横丝拉挺、斜丝放松，这样可防止肩缝缉还，要求缉线顺直不可弯曲。

④ 分攥肩缝。先烫分开缝，然后攥肩缝。烫分开缝时注意切不可烫还，攥肩缝时领圈仍按抹大0.6cm要求，后肩缝要依齐衬头，正面放在"铁凳"上，按肩缝攥针。然后翻过来分开肩缝与肩衬，在离领圈1.5cm处起攥倒钩针，同时将肩缝向外肩方向移出0.2cm，为攥领圈时向外抒挺做准备。攥时面料与衬头松紧一致，要沿着缉线，不能离得太远，间距约1cm，肩缝攥线顺直，线结头放在衬头下面。见图8-215。

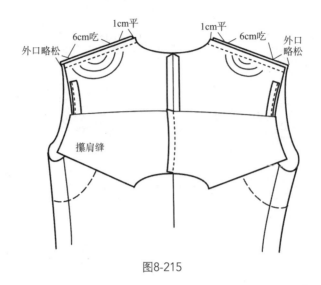

图8-215

⑤ 烫肩缝。将肩缝放在铁凳上,用熨斗把肩缝吃势烫匀。接着攀前身领圈,针法采用倒钩针攀,要求衬松面料紧,针距约0.7cm,在离肩4cm以下平攀。随后攀前肩袖窿,将前肩丝绺向外捋顺捋挺,同时把前袖窿边与衬头攀顺。见图8-216和图8-217。

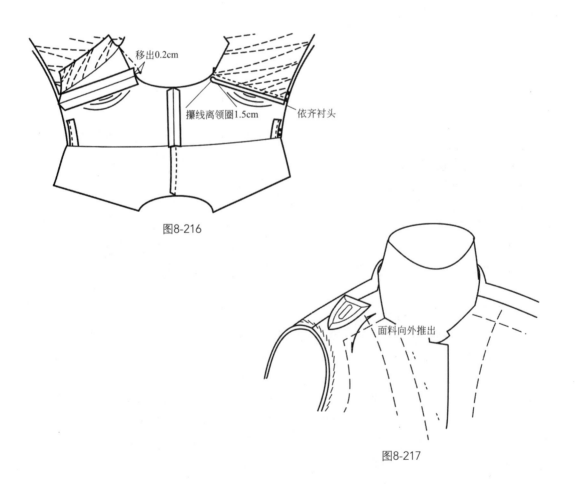

图8-216

图8-217

（15）做领工艺　西装的领头要求领形端正、左右对称、线条优美、平挺饱满、里外窝服。西装的领头在面、里、衬丝绺的弯曲、角度以及归拔等方面都有不同的要求。

西装领头工艺大致可分为两种。

一种工艺是将领侧面缉好，先归弯曲，覆上领面，包好外口，用攒线攒牢、劈准，用手工将领侧面攒在领圈上，套上衣架，再画领形。在挂面与领面采用串针的操作方法，统称串口。这是老式的工艺，它的操作相对简单些。

另一种工艺是采用领头形板，它的操作规范、造型准确，既适于成批生产，也适于个别生产。我们现在重点介绍后面一种工艺。

① 根据制图要求，画出样板。

a. 领衬净样板。

b. 归拔领侧面（领里）。

c. 画串口样板。

d. 画挂面串口样板。见图8-218。

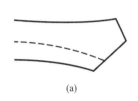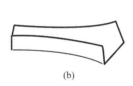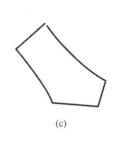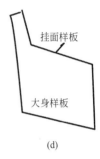

挂面样板

大身样板

(a)　　　　　(b)　　　　　(c)　　　　　(d)

图8-218

② 配领零料。

a. 裁领衬。按照裁剪制图领衬净样板，裁领衬头两层。一层用黑炭衬，后中缝以45°斜丝，根据净样后面放缝头0.7cm；另一层用细布做辅助领衬，根据裁准确的黑炭领衬，后面缩短两个缝头，领脚处窄一个缝头。

b. 裁领里（即领侧面）。按领里样板，三面放出缝头约0.8cm，上口不放缝，丝绺和衬头相同，领里允许拼接，但在拼接时注意两边丝绺要直丝，不能超过肩缝，也不能叠上领脚线，以减薄厚度。见图8-219。

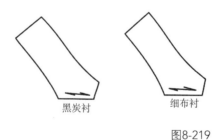

黑炭衬　　　　细布衬　　　　肩头缝处

图8-219

c. 裁领面。用横料。领面料长度按领侧面放大6cm，宽一般为11cm左右，前领外口斜下约1cm。如为条格原料，后领中间条格要对准后背条格，前领角条格要对称。见图8-220。

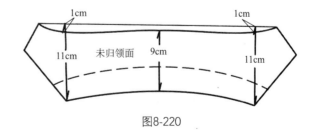

1cm　　　　　　　　　　1cm

11cm　　未归领面　　9cm　　　　11cm

图8-220

③ 攃缉领衬。先将领衬、领里后中缝拼好，拼时领衬后面拼缝必须呈直角，不可凹进或凸出。如果下面凸出，容易产生领脚外露毛病，随后将拼缝分开烫平。接着把细布领衬与领衬攃上，领脚处细布缩进领衬0.7cm，用攃纱按领脚宽度2.8cm攃一道，针距约3cm。翻转后再与领里攃牢，攃时领里略为拉紧，拼缝对齐，下面留出缝头0.8cm。然后缉领侧面，领脚下口扣转用手工扳实至上。缉领侧面一般有三种做法。

a. 车缉领脚直线7道，间距0.4cm左右；外领用手工攃针，攃法与攃驳头相同。

b. 下领脚同样车缉直线，外领车缉斜角形。

c. 领里上下均缉斜角形，不缉领脚直线。

以上三种做法各有其特点：第一种手工攃衬是软中带挺；第二种做法速度快，但质地较硬；第三种做法没有缉出领脚直线，在烫领脚高低时有活动性。但无论用哪一种做领脚，都要使领里紧、领衬松，有足够的里外匀，使领头翻驳后有窝势。见图8-221。

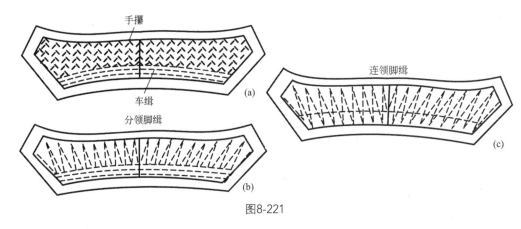

图8-221

④ 归拔领里。缉后的领侧面喷上细水花，按领头的归拔样板，外口朝上逐渐归烫，后中线摆直，烫领脚宽一般为2.8cm，下口归直，在驳口处要归拢烫（如果不用形板，按裁剪领线加4cm左右）。领侧面归烫好后，按领侧面净样板修准确，两边对称一致。

⑤ 覆领面。先归烫领面，将领面喷上细水花，外口8cm处横丝捋直，在肩缝处要归拢烫；领脚下口中间左右10cm要拔开烫，领脚驳口处50cm丝缕归直，不能拔还。经归烫后的领面，领脚处应呈波浪形；归拔后的领面，要冷却后再覆。覆领面时先将领侧面与领面攃一道定位线，攃时领面摆出1.3cm，攃线沿领边1cm，针距2cm。在领角处面料放松，攃到领肩处把领侧面略拉一把，领中平攃。覆领面外口缝包实。领里平攃，注意不能把领面正面一起攃牢。然后按领脚驳口线，把领面同领里按领脚的里外匀势，用长约4cm的斜针攃牢。最后用熨斗把外领攃领缝烫顺。见图8-222。

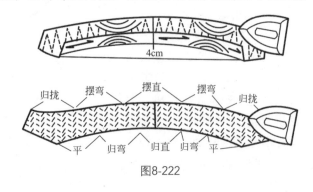

图8-222

⑥ 画串口。

a. 先将烫好后的领头，用领串口样板摆齐外口领角，卡住领面宽度。将缝头撩起，在反面画上粉印，两侧要求相同。见图8-223。

b. 画大身领圈。采用白色细粉，领圈样板摆准，于肩缝和驳口眼刀画上粉印。

c. 画挂面串口。将挂面横丝回直摆平，外口对准驳口眼刀，同样卡住挂面，撩起画反面。

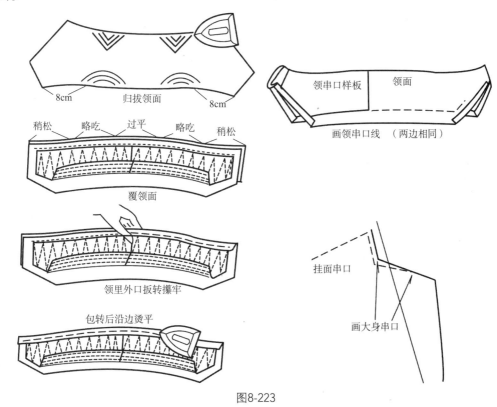

图8-223

⑦ 缉领串口。先缉领面串口，对齐上下粉印，对准缺嘴眼刀，缝头按粉印缉，缉线必须顺直，上下松紧一致。挂面里侧缉倒回针，缺嘴处不缉倒回针，留线头打结。见图8-224。随后缉领里，缉时同样要对准粉印，驳口处领里略拉紧，使领头翻转后有里外均匀窝势。

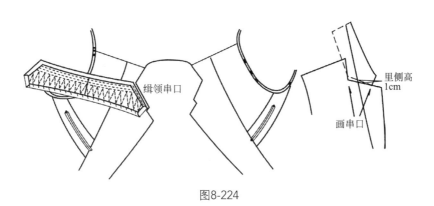

图8-224

⑧ 分串口、撩内缝。先把串口外端缲线，线头引入反面打结；再将串口缝头留1cm修齐，在串口里侧离驳口线2cm处画上眼刀，使挂面平服。大身领圈缝头一般有两种做法。

a. 大身领圈缝头向领里坐倒，操作时下垫铁凳，缝头用撬纱以斜针撩牢领衬，针距1cm左右。

b. 大身领圈串口处缝头与领侧面缝头分开烫，把分缝的大身衬修掉；同时在驳口线离进2cm处大身画上眼刀，使串口平薄，内缝两侧都要撩牢，方法同上。随后将大身翻转，把领里的领脚撬在领圈上，松紧程度按不同位置的要求撬牢，沿领脚线缲0.1～0.15cm。见图8-225。

⑨ 撬领面串口。将大身翻转过来，领面串口放在铁凳上，把串口缝头分开烫。随后用左手将分缝压牢，沿缝头上侧用撬线撬直、撬顺，同时要沿缲线撬牢。将两领角包转，正面撬平，反面留包领面料宽2cm，要盖过领脚，反面要有里外匀，使领面呈窝势。接着将领面串口按翻驳形状，上面盖水布烫平。检查一下里外窝势和线条是否顺直，然后把挂面串口内缝撬牢，再补撬挂面上段。见图8-226。

⑩ 撬里子、缲领面。将面子背缝与里子背缝对齐，上口先钉牢一针，挂面领圈与领脚撬牢，针距约1cm。随后将后肩缝与前肩缝相叠，把领脚面和领里撬牢，领面的领脚宽约2cm撬平。领面领脚比领里领脚窄的好处是，领面横料不易拔开，使领脚平服。见图8-227。

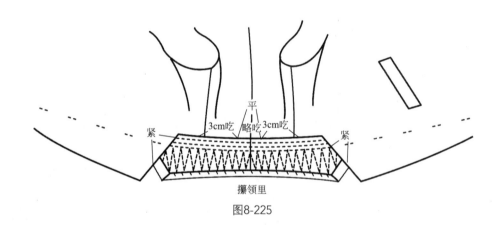

撬领里

图8-225

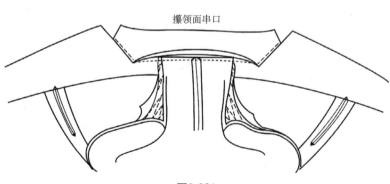

撬领面串口

图8-226

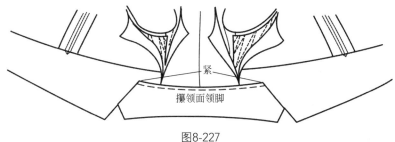

紧

攥领面领脚

图8-227

（16）装袖工艺　装袖工艺是上衣缝制的重要环节。要做到袖子弯势自然，前后以大袋居中，袖山头饱满，前圆后登，吃势圆顺，穿着时举提自如。

① 画装袖对档。装袖前核对装袖对档线钉和肩宽尺寸，同时注意两小肩长短要一致。先将袖窿肩头画顺，袖标线对准袖窿的袖标对档（图8-228中1）；袖山头对准肩缝（图8-228中2）；背高线和袖子背缝作基本参考目标（图8-228中3）。

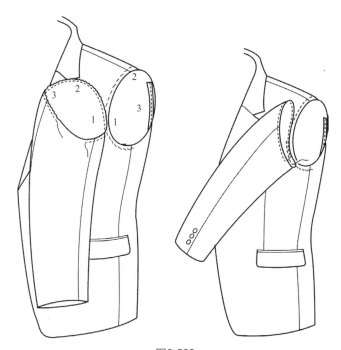

图8-228

② 攥袖子。一般先攥门襟格，对准对档线钉，从袖窿前侧的袖子袖标线起针，沿袖山头边缘0.6cm，以大身袖窿缝头画顺的粉印为准，攥线针距约0.6cm。袖子攥好后翻转，用左手托起肩头，检查装袖是否符合要求。

a. 袖子前后是否适当，一般款式以大袋盖一半为标准。

b. 袖子山头吃势是否圆顺。

c. 前后戤势是否适当。

d. 袖子山头横、直丝绺是否顺直，有无波褶现象。

e. 看袖底小袖片处是否涌起或有牵吊现象发生。

经检查后，认为符合质量要求，再攥里襟格，方法与门襟格相同。然后用右手将袖子托起，以同样的方法检查一遍，以免两袖不对称。

③ 缉袖窿。先将装袖吃势放在铁凳上轧匀，然后上线缉线，缝头0.7cm，即沿攥线里侧缉圆顺。门襟格从袖底缝起针，里襟格从袖背缝起针，兜转一周。缉时用镊子钳压牢袖圈，顺着袖窿弯势朝前推送，不使袖窿吃势移动。缉到肩缝再过渡到后袖窿处，分别垫长4cm、宽2.5cm的斜衬料两层，放在后袖窿上端肩缝处与前身衬头叠上0.5cm。接着缉转一周，作过桥衬。然后把袖山头吃势处喷水轧烫。

④ 装襻丁、攥肩缝。将襻丁对折，以肩缝偏后1cm为居中点，后侧襻丁离后袖窿毛边1.4cm，在肩缝处垫出1.5cm摆准。

接着用双股攥线，线结头放在襻丁下面以防有轧印。从里肩处起针到离外肩4cm处止，把前半只襻丁里口与衬头攥牢，按肩形的里外窝势攥顺。见图8-229。

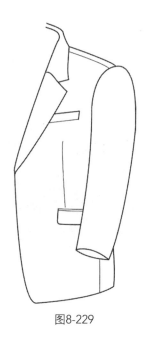

图8-229

⑤ 攥襻丁外口。将大身掉头，下摆朝身体，襻丁放下面，袖窿放上面，襻丁保持窝势，针距约1.5cm。攥线放平，不宜太紧，攥时不能捏实襻丁，捏实会影响肩头翘势，正面袖窿还会出现针花痕迹。接着攥袖窿里子，先攥前身里子，攥缝约0.8cm，近肩缝处里子适当紧些，保持里外匀；下袖窿处里子略吃，攥时把面料捋挺，同时把后肩缝里子放些戤势攥好；然后修剪襻丁外口和袖窿里子，襻丁中间上口留出1cm，呈斜坡状。见图8-230。

⑥ 装绒布条。绒布条剪斜丝，长约25cm、宽3cm，针距可略长些，约1cm。随后用手工攥上，把绒布条转压倒1.4cm，从袖标处起针到后袖缝以下，沿袖山头缉线外侧攥牢，攥时绒布条略微紧些，呈里外匀。翻到正面时，袖山头外观饱满圆顺（也可在装袖子之后车缉绒布条）。见图8-231。

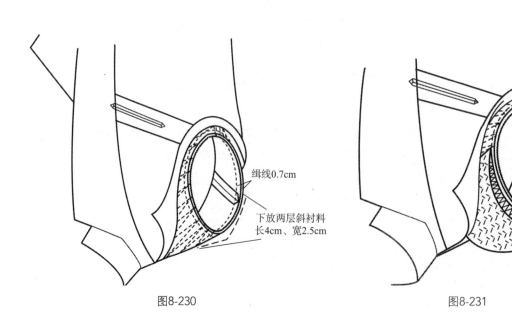

缉线0.7cm

下放两层斜衬料
长4cm、宽2.5cm

1.4cm

图8-230   图8-231

⑦ 缲袖里。先将袖里山头用手指将缝头折倒缝一圈，缝头约0.8cm，使袖里山头产生自然吃势，用攥纱把袖里按面子对档攥圆顺。然后将袖子翻到正面，用手托起检查袖里是否吊住。再用本色线缲袖里，从下袖窿起缲转一周。缲时要盖没袖窿缉线，缲暗针，针距0.3cm，不可将面子缲牢。见图8-232～图8-235。

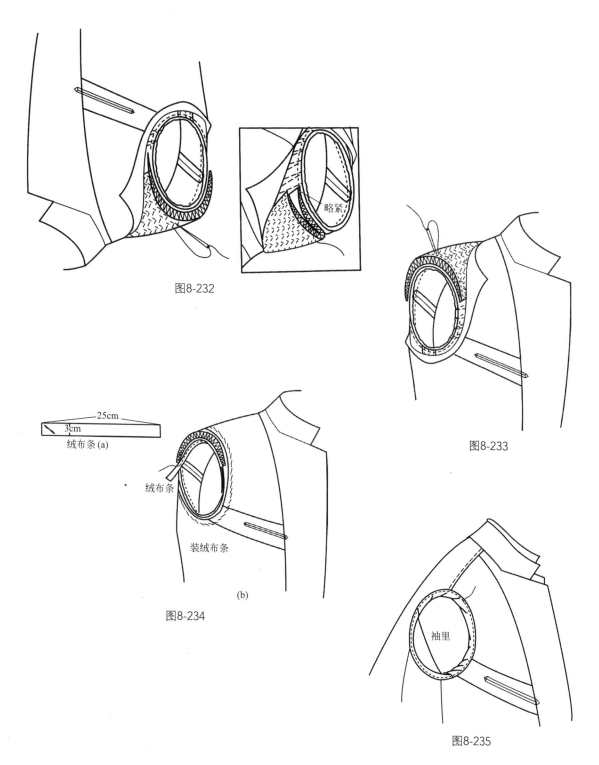

图8-232

图8-233

25cm

3cm

绒布条(a)

绒布条

装绒布条

(b)

图8-234

袖里

图8-235

（17）锁眼钉纽　纽眼是整件服装不可缺少的组成部分。按照穿着习惯，男装的眼位在左面，手工锁眼或机器锁眼均可。

前角锁圆头，后尾打套结，纽子扣牢以后，纽位平伏。

① 开纽洞。纽洞的开法前面已经讲过，这里讲一下插花眼的要求。左驳头插花眼要与驳角斜势相符，一般离上约3.5cm、进约1.5cm、眼大约1.6cm，用打线襻方法。见图8-236。

② 衬线。疏松的面料可用本色细丝线沿眼洞止口环缂一圈，用本色粗丝线从眼洞尾端左侧起，线头引进夹层衬头，沿眼洞边缘约0.2cm钉一道衬线。衬线要求平行，不能太松或太紧，太松眼子要还口，太紧周围会起皱。

③ 锁眼洞。用衬线的原线从左边尾端起，边锁边用左手的食指和拇指将上下层依齐捏住，不使下层毛出。然后用针尖从衬线外侧戳出针长的一半，把针尾的锁线靠身向前，从针上套一圈，将针抽出，在布面上方把线拉紧，左食指、拇指卡住锁线的里口，防止锁线拉紧脱掉。注意用力均匀，每针间距依锁线排紧，针针密锁。见图8-237。

④ 锁圆头收眼尾。在圆头处拉线应随着圆头方向不断变化，向布面上方拉线，使眼角圆顺。圆头锁完后，掉头锁另一半眼子，用同样手法锁到尾端。将针穿入左边第一针锁线圈套住，针头向下戳至收尾最后面的针脚内穿针，使眼尾锁线闭紧在一起；然后按原线以上下针左右挑缝封两圈，再将针线在正面套穿六针左右，形成套结。套结的中间要带牢底脚，在起首边将针戳向反面打结，把线结头引进夹层内。见图8-238。

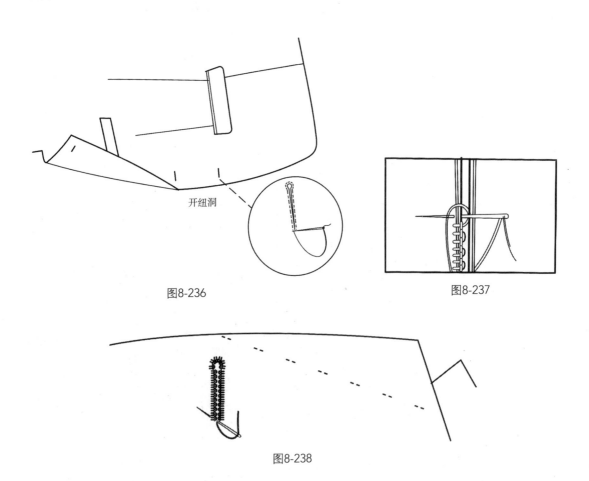

开纽洞

图8-236　　　　　　　　　　　　　　图8-237

图8-238

⑤钉纽。钉纽扣套线也有两种手法。一种是"十字形"，另一种是"＝号形"。"十字形"钉纽线因叠出纽面，容易磨断，所以我们采用"＝号形"的线形钉纽。

a. 画钉纽印。钉纽前，先在里襟格用细粉或铅笔画上钉纽标记，高低进出的位置要与眼子相符。

b. 双线钉纽见图8-239。

缝针由标记中心起，线结头要套住缝线，也可以先套住纽扣，再在标记中挑穿底层，吃针的集中点要小。然后把线穿过纽孔，依此循环三次（三上三下）。钉纽线不宜抽实，经留绕纽脚高低的余量，纽脚长短可按面料薄厚做相应增减，绕脚线必须从纽眼中过一圈，从上到下绕纽脚，上下均绕实。再把针穿向反面打结，线结头引入夹层中间，再打止针结，以增加牢度。里襟上纽扣在反面钉轧纽，绕脚长约2.5cm。

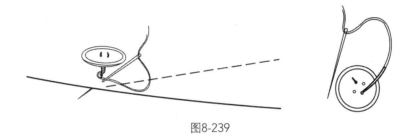

图8-239

（18）整烫　整烫工艺要求在女式西装中已经讲过，这里仅就主要部位说明如下。

①先烫上衣里子，底边坐缝要求顺直。

②烫上衣底边、摆叉、摆缝。将衣服翻转，下垫布馒头，上盖干、湿两层水布，如底边还口，水布可拉紧。先两层水布一起烫，随后将湿水布拿掉，再在干水布上熨烫，把潮气熨掉。

如果背叉略有搅，在中腰以下拉一把；如略有豁，在背叉处归拢烫。底边、摆叉及摆缝用同样方法。

③烫前身止口。将止口朝身体一面放顺直，先用水布轻烫一下。拿掉水布后，看止口丝缕是否整齐，如果稍有弯曲，先用手摸顺，再盖干水布，把水分烫干。见图8-240。

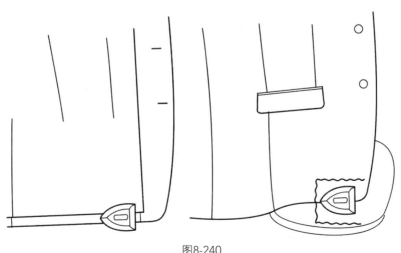

图8-240

④ 其他部位的整烫说明。

a. 烫袋。下垫布馒头，上盖水布，喷水烫平后，再盖干布烫煞，一定要按体形与归拔要求整烫。见图8-241。

b. 烫肩头。下垫铁凳，上盖水布，喷水烫平后，再盖干布烫。在肩缝轻轻一烫，从袖山边缘轧烫，保持袖山圆顺，切不可把肩头翘势及袖山处烫瘪。

c. 烫驳领。烫驳头内侧，将大身轻轻翻转，上盖水布喷水，下端按正面驳头烫印，上端烫到离肩缝3cm处。整烫后水布不要拿掉，用铁凳在驳口线压一压，使之既薄又煞。随后把水分烫干。见图8-242。

翻过来，把领外口喷水烫煞、烫干。见图8-243。

图8-241

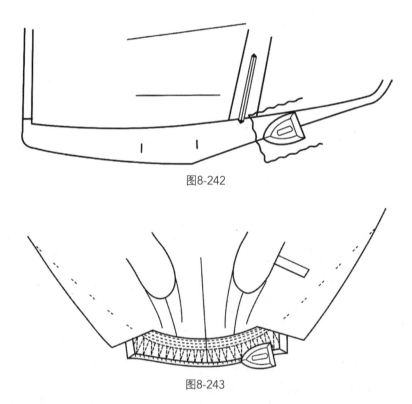

图8-242

图8-243

（19）总的质量要求

① 规格正确。裁做好的西装衣长、胸围、肩宽、袖长、袖口的尺寸符合人体测量的尺寸，各部位尺寸误差要在允许范围以内。

② 衣领、驳头部位，造型正确、领头平服、丝缕正直、串口顺直；驳头窝服、贴身、平挺、外口顺直、宽窄一致；两格左右对称，条格一致，缺嘴两格相同、高低一致。

③ 前身平挺饱满，腰吸两格一致，丝缕顺直，面、里、衬服帖。胸省顺直，高低一致。门里襟止口顺直、平挺、窝服、长短一致不外吐。大袋高低一致、左右对称，袋盖宽窄一致、窝服不翻翘。

④ 后背的背缝顺直、平整、无松紧现象、条格对称、后叉平薄、不搅不豁。

⑤ 肩头部位前后平挺，肩缝中直，不起链不紧，肩头略有翘势。

⑥ 袖子圆顺，吃势均匀，两袖前后适宜、左右对称、袖口平整、大小一致。

⑦ 整烫后的西装，要求各部位平服、无极光、无水花、整洁美观。

8.6 西装背心（马甲）缝制工艺

8.6.1 外形概述与外形图

单排扣，四粒纽，四开袋，前身面料用西装面料，后背面料用西装的里子料，用长短腰带。见图8-244。

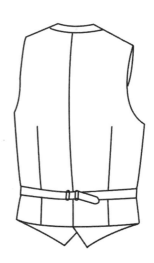

图8-244

8.6.2 成品假定规格

单位：cm

衣长	52	胸围	96	肩宽	36

8.6.3 缝制工艺

① 面料部件。挂面料两块，兜袋布料四块，后过肩料一块。见图8-245。

② 衬料。袋口衬四块，大身衬两块，过肩衬一块（袋口衬可采用直料漂布双层对折）。见图8-246。

③ 袋布。大小袋布各四块。见图8-247。

④ 打线钉。前衣片的线钉部位有叠门线、眼位线、腰节线、省缝线、底边线、领边线、袋位线等。见图8-248。

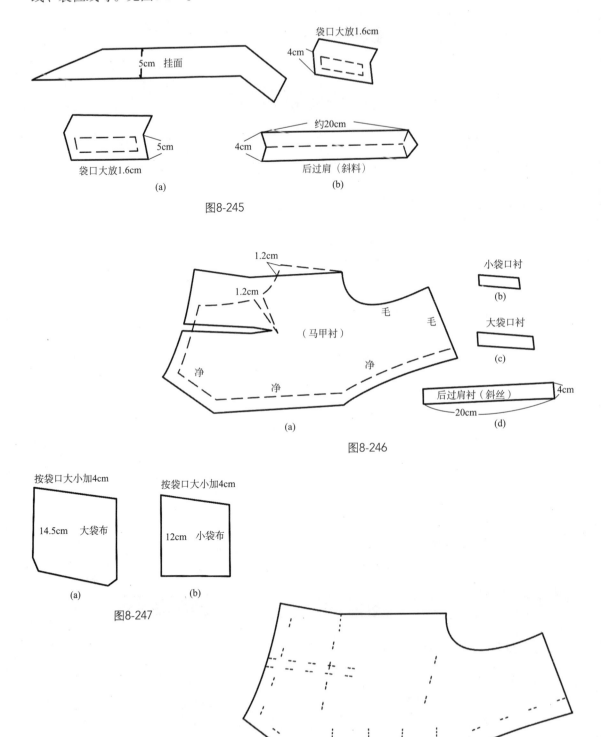

5cm 挂面

袋口大放1.6cm
4cm

5cm
袋口大放1.6cm

(a)

约20cm
4cm
后过肩（斜料）

(b)

图8-245

1.2cm

1.2cm

毛   毛

（马甲衬）

净   净

净

(a)

小袋口衬

(b)

大袋口衬

(c)

后过肩衬（斜丝）   4cm
20cm
(d)

图8-246

按袋口大小加4cm

14.5cm 大袋布

(a)

按袋口大小加4cm

12cm 小袋布

(b)

图8-247

图8-248

⑤ 缉省缝。前身省缝以面料薄厚为准，厚料省缝中间剪开，两侧用手工环针，防止毛出；薄料按省位线钉折倒，下垫本色料一块。缉时上下松紧一致，缉线尖顺，省尖留线头4cm打结。接着缉衬头省，衬头省剪开采用上下叠缝缉。

⑥ 分省、推门。分烫省缝与西装相同。推门：熨斗从肩头开始向下熨烫，领口处适当归拢，腰节处直接向止口方向外推0.3cm，在省缝后侧腰节处适当归拢；然后将衣片掉头，在袖窿下部位作归拢烫。见图8-249。

⑦ 覆衬。衬头一般采用单层粗布衬，柔软有些弹性即可。覆衬时将衬头喷水花烫平，胸部胖势不能烫散，经冷却后覆衬。将衬面位置摆准，第一根攀线从上肩居中离下5cm起针，经胸部沿省缝前侧到离下摆2cm止；中腰直丝向门里襟止口推直，省面拔挺，下段平复，把省缝内侧与衬布攀牢。第二根攀线从上肩里侧起，经下领沿止口离进约3cm到转角折向第一根攀线，与第一根攀线相交。第三根攀线从上肩里侧向上肩外侧沿袖窿边至后胸部，沿衬布转折到离下摆止口2cm处。见图8-250。

⑧ 做袋。做袋及做兜袋布工艺与西装的手巾袋基本相同，只是马甲的袋口两边封可以车缉。

⑨ 劈衬。先将面衬烫平、胸部烫弹、两格前身对合、左右线钉对称，按大身领边线钉和底边线钉把衬布剪准。在门里襟止口沿外口劈掉衬布0.8cm，袖窿处沿外口劈掉衬布1cm。见图8-251。

⑩ 敷牵带。将牵带缩水烫平，用手工敷。毛边宽1.1cm，光边宽0.9cm，光边敷里侧，从离肩头下7cm沿衬头平齐；毛边牵带外口抽丝0.3cm，毛丝敷出衬头外面0.2cm。敷牵带时前领口V字形部位牵带略紧，止口部位平敷，下段尖角处略紧，下摆平敷离尖角约5cm处牵带内侧拔弯，敷到开叉上口。接着把敷好的牵带吃势烫匀，前身烫窝，袋位袋布烫平。见图8-252。

⑪ 覆挂面。先将挂面按门襟止口尖角弯势修剪一致，然后开始覆挂面。将大身

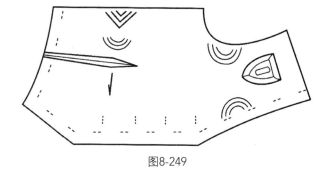

图8-249

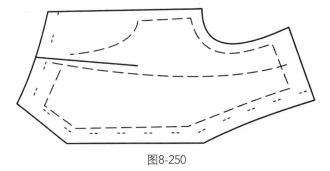

图8-250

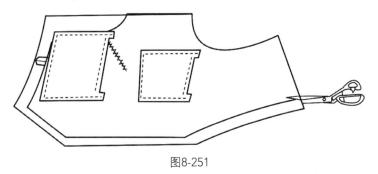

图8-251

放下面，挂面放上面，从前领下口线
钉外侧起针，针距约2cm。上段平
复，中腰略松，转角至下口挂面处略
紧，同时把前身里子在袖窿边用攥线
攥上。

⑫ 缉挂面。

a. 挂面覆好后，用熨斗将吃势烫
好。缉挂面，缝离缝衬头0.2cm，缉线

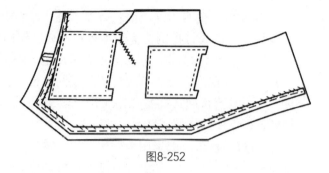

图8-252

顺直，吃势不能移动；同时把后过肩拼上，后过肩内放衬斜料衬用车缉牢，长度按横领大
加1cm、宽2cm，边口拔还，接缝弯形。

b. 分烫止口，与西装分烫止口工艺相同。把缝头按缉线扣转，在袖窿凹势处缝头上画
眼刀6只，以免内缝吊紧。

c. 翻攥止口时把衣片翻过来，用手工把门襟止口和袖窿边里口坐倒撩针，针距0.6cm。
止口里外匀攥平攥实，在挂面上端连接的贴外处用手工撩牢。

⑬ 撩挂面、攥夹里。先把挂面与衬头撩牢，接着把袖窿边的里子沿止口缩进0.2cm撩
平，然后攥领边挂面。领边留出1.3cm，挂面留出3.5cm，底边留出1.3cm，攥时中腰处里子
略放松。见图8-253和图8-254。

⑭ 做后背。缉背缝由上向下，两层松紧一致，缝头约0.8cm。接着收省道，中腰处省大

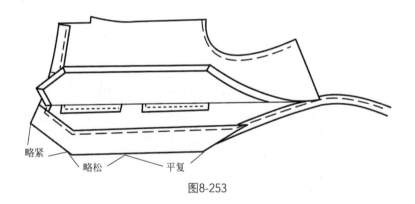

略紧　　略松　　平复

图8-253

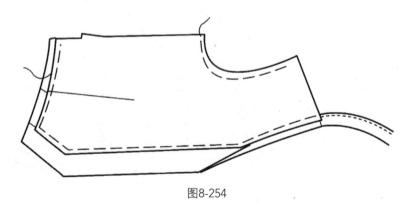

图8-254

0.9cm，下摆处0.7cm，把缝子烫倒。后背坐缝向左坐倒，省缝向两侧坐倒，背里省缝向中间坐倒，即面里缝子交叉坐倒。然后将后背与前身修齐，即肩缝宽和摆缝长处，按前身长和宽各放出0.9cm，背里长比背面短0.6cm，肩宽至后袖窿劈窄0.3cm，其余部分与背面相同。缉底边袖窿缝头宽约0.7cm，缉好后将缝头按缉线扣转烫平。在袖窿弯势处打眼刀三只，烫时背里止口坐进0.2cm，下摆坐进0.3cm。

图8-255

　　a. 合缉摆缝、肩缝：将前衣片放在后背夹里中间，用手工攥一道后车缉，下摆在摆叉口缉转，底边前后对齐，后身比前底边长些也可；缉肩缝时上下层松紧一致，缝头宽0.8cm，缉线顺直。

　　b. 翻背里、攥后领：将背里从后领口翻转，缝子向后背坐倒，后领口留领边宽1cm，用手工攥顺；接着用暗线缭牢，针距约0.3cm。见图8-255。

　　⑮ 画眼位、锁眼。门襟格开横眼五只，眼位高低按线钉，进出离止口约1.3cm，眼洞大按纽扣直径大加0.1cm，同时把两摆缝开叉处打套结。

　　⑯ 整烫、钉纽。

　　a. 整烫的程序是袋、胸、省缝、摆缝、领圈、门襟底边、袖窿、后衣面和前身夹里。

　　b. 钉纽。纽位与眼位并齐，钉纽位在叠门线上，钉法同裤子钉纽一样。

8.7　男西装简做缝制工艺

8.7.1　缝制工艺程序

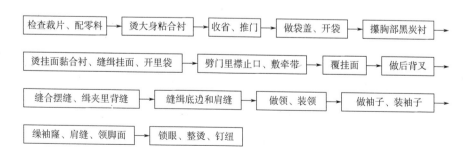

8.7.2 缝制工艺

（1）检查裁片、配零料
不管是流水操作还是单件制
作，未做之前，都要先检查一
下裁片是否正确、是否配齐。

零料一般在大身衣片上，
基本上是正确的，但在小零部
件上就不一定剪得很整齐。因
此，像袋盖大小、宽窄和丝缕
等，要配准确。

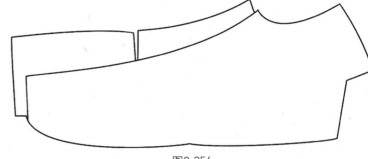

图8-256

（2）烫大身黏合衬

① 一般的黏合衬是无纺粒子衬，贴在面料的反面进行熨烫。注意熨烫均匀，不能由于
熨烫不匀而起孔，造成黏合衬与面料脱胶。

② 工厂成批生产，都是由黏合机进行压烫。它比熨斗烫的质量要好，因为黏合机温度
均匀、面积大，一次能烫数片，工作效率很高。见图8-256。

③ 收省、推门。

a. 剪省。先将袋省剪开，再剪开胸省。见图8-257。

b. 缉省。缉省的方法和精做西装相同。见图8-258。

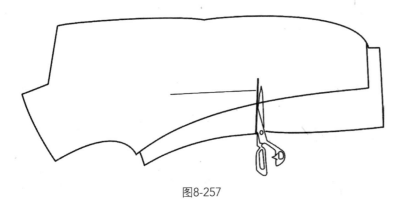

图8-257

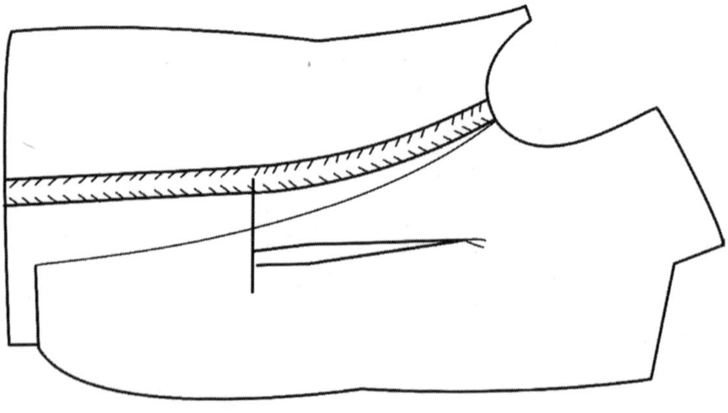

图8-258

c. 分省和归拔。一边分省缝，一边归拔。先将袋口用黏合衬烫上，然后与西装一样归拔。见图8-259。

④ 做袋盖、开袋。

a. 做袋盖。黏合衬烫在袋盖夹里上，再将袋盖夹里按净线画准，袋盖面料和夹里正面叠合，按黏合衬绲线，下层面子两角略吃势；同时撇掉两角留0.3cm，把袋盖翻出之后烫成里外匀。基本上与精做西装袋盖相同。见图8-260。

b. 做嵌线。将嵌线丝绺修直，烫上黏合衬。

c. 袋口位置。按袋省（肚省）定位。袋口大按袋盖放大0.2cm，左右对称。开袋和精做西装相同。见图8-261。

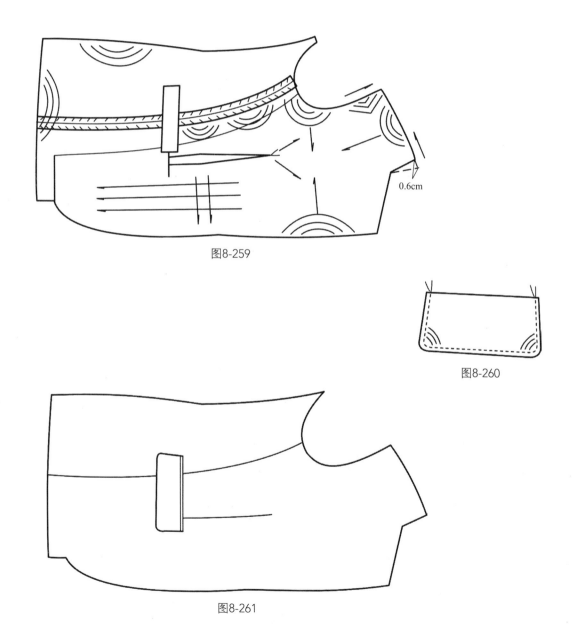

图8-259

0.6cm

图8-260

图8-261

　　d. 做手巾袋。（a）做手巾兜袋布：将黏合衬烫在手巾兜袋布面料反面，然后折转。（b）开手巾袋：基本上与精做西装相同。只是两边不需要拱暗针，而是车缉来回针。见图8-262。

　　⑤ 攥胸部黑炭衬。黑炭衬与精做西装一样，在胸部剪个斜省，然后将它拼齐缉短斜针，烫平。驳口处缉上一条牵带布，再将胸省攥牢，袖窿处用攥针。驳口线牵带离驳口处1.5cm，用面料本色线攥针，把黑炭衬攥上胸部，放在布馒头上熨烫，黑炭衬和黏合衬两层匀恰。见图8-263。

　　⑥ 烫挂面黏合衬、缝缉挂面、开里袋。

　　a. 烫挂面黏合衬。将挂面摆平、反面朝上，黏合衬覆上烫平，然后在胸部处归拢。

　　b. 缝缉挂面。将本色的夹里和挂面正面叠合，夹里放在上层，沿边缉线0.8cm。夹里在胸部略吃，然后摊平熨烫。见图8-264。

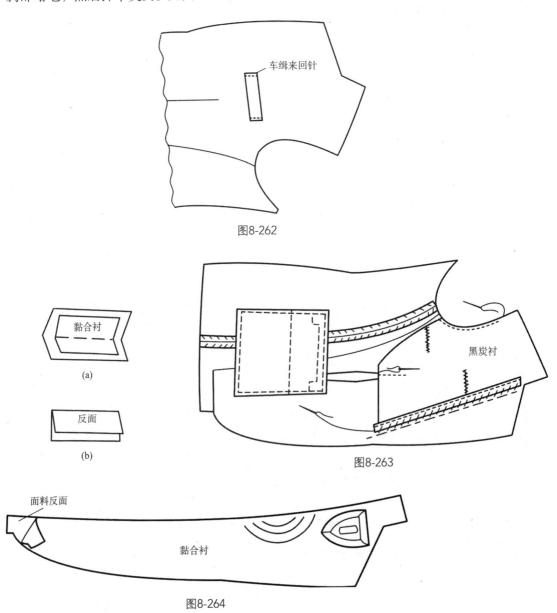

图8-262

黏合衬

(a)

反面

(b)

黑炭衬

图8-263

面料反面

黏合衬

图8-264

c. 开里袋。在里袋位置烫上黏合衬，单嵌线袋与西裤单嵌线后袋的操作方法基本相同。

本色料单嵌线也贴上黏合衬，折转烫平。装嵌线时，将嵌线与里袋布一起缉上。按袋口大缉来回针，注意单嵌线的宽窄，不可有弯曲。缉外袋布之前，先将袋垫布与袋布上口缉牢，然后按袋嵌线宽装缉外袋布，袋口缉线并齐。见图8-265。

袋布缉上之后，把袋口剪开，两边放三角眼刀。把里外两片袋布覆进。袋角拉平，并将袋口两角塞进，用封口缉线回针打牢。然后把袋布兜缉一周，左袋上口钉好商标。见图8-266。

⑦ 劈门里襟止口、敷牵带。

a. 劈门里襟止口。它和精做西装基本相同，也就是把门里襟止口不顺直的部位按丝绺劈顺直。

b. 敷牵带。牵带料用黏合衬，沿着驳头与前襟止口烫上。它和精做西装要求一样，在驳头中间拉紧些，前襟处略紧，圆角处略平。见图8-267。

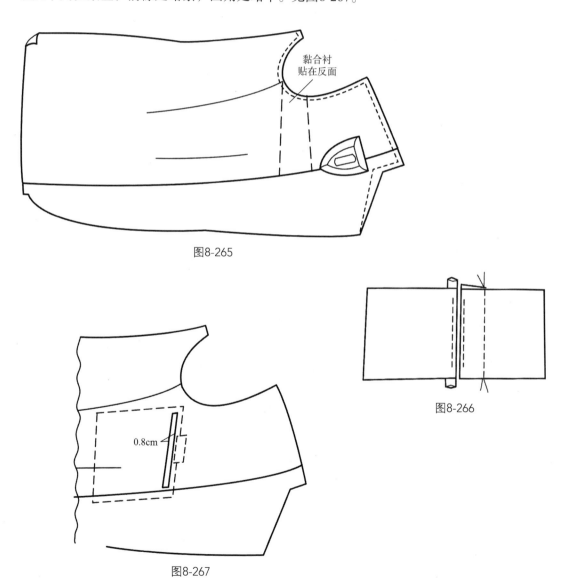

黏合衬
贴在反面

图8-265

图8-266

0.8cm

图8-267

⑧ 覆挂面。

a. 缝合门里襟止口。将夹里和面子正面叠合，驳头中段略吃势，腰节下摆平，腰角处略紧，把位置摆准，先攥后绯门里襟止口。绯线与精做西装相同。见图8-268。

b. 扳止口。把止口折转，用手工针攥牢烫平，与精做西装相同。

c. 翻攥门里襟。把缺嘴的眼刀放好，驳角翻成方角，门里襟止口翻平，再盖水布喷水烫平，里外匀要准确。然后用手工将止攥止牢。见图8-269。

d. 攥挂面。将挂面摆平，沿挂面面子拼缝攥一道。然后把夹里撩起，里缝与衬攥几针即可，同时把大小袋布攥几针。它与精做西装大致相同。见图8-270。

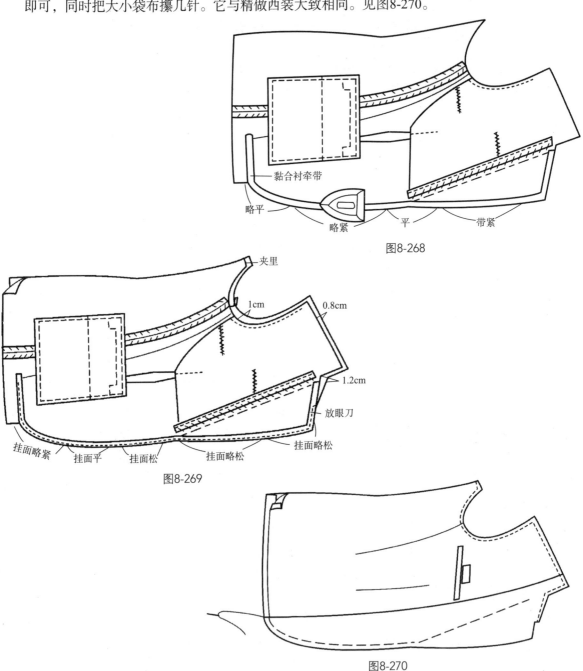

图8-268

图8-269

图8-270

⑨ 做后背叉。

a. 烫贴背叉定形和缉背缝。背叉门里襟烫贴上黏合衬，然后按规定缝头、缉背缝，上下打来回针。与精做西装要求基本相同。见图8-271。

b. 归拔后背与分烫背缝。将袖窿黏合衬的牵带烫贴定形。归拔后背和分烫背缝与精做西装相同。见图8-272。

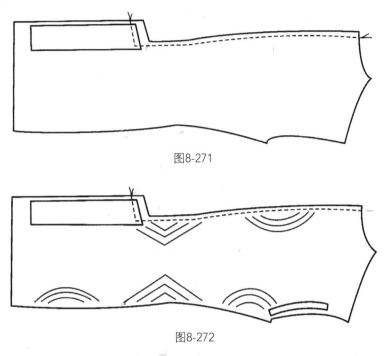

图8-271

图8-272

⑩ 缝合摆缝、缉夹里背缝。

a. 缝合摆缝。要求与精做西装相同。

b. 缉夹里背缝。摆缝缉好后摆平，夹里与面子的长短都剪准，然后准备缉夹里背缝。

缉夹里背缝有两种，选择简单的一种。先缉背叉里襟边，由开叉处缉至底边贴边，放一眼刀，翻转烫平。见图8-273。

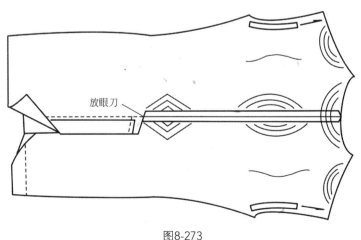

放眼刀

图8-273

缉背缝至门襟背叉：先把后衣片门襟边单片从开叉处至后领圈劈准，然后把两层后衣片夹里合缉，单边坐倒烫平。见图8-274。

⑪ 缝缉底边和肩缝。

a. 缉底边。缉底边与呢中山装缉底边相同。挂面与夹里拼接处，夹里底边和大身贴边依齐，摆缝对准，后叉也要对准，缝合一道。然后按贴边宽，在摆缝的底边折上，并把面、里两层重叠。翻过来，把下摆贴边摆平，盖水布喷水烫平。见图8-275和图8-276。

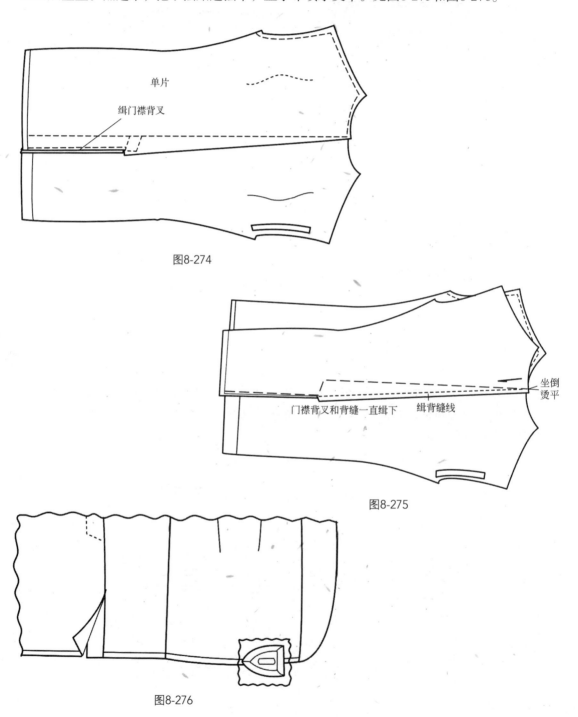

图8-274

图8-275

图8-276

b. 缝合肩缝。（a）缝合肩缝与精做西装相同。后肩在外肩处略松，里肩中段多吃势，颈侧点向外1.5cm处平缉。见图8-277。（b）分烫肩缝时把肩缝垫在铁凳上，喷水烫分开缝，但不可把肩头拉长。然后把黑炭衬覆在肩头分缝上，肩缝正面捋平，攥在肩缝上；再翻过来把肩缝与黑炭衬一起攥好。其工艺与精做西装相同。

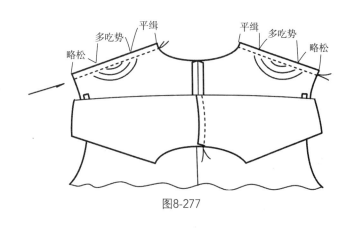

图8-277

c. 攥肩头和领圈。把前肩推向外肩捋平，并将肩头至袖窿攥一道。将领圈推向领口捋平，攥一道。与精做西装相同。

⑫ 做领、装领。

a. 做领。（a）烫衬：这里说明一下，精做西装外领口是领面包领里，简做西装是不需要用包领工艺的，外口用车缉。因此，领里外口要放一缝头，领面不放包转的余缝。配好领面和领里后，将黏合衬按领面、领里的大小配剪好，然后把黏合衬分别烫在领里和领面上。在烫领衬时，领里朝上熨烫，略带紧，使其里外匀。烫领面时，领面的反面与衬贴上，朝领黏合衬熨烫。（b）缉领里衬：因为是用黏合衬，所以一般不需要缉领里衬。（c）归拔领里、领面：黏合衬与领里、领面烫好后，接着归拔。归拔领面和领里的部位及要求与精做西装相同。（d）缉领：把领面放在下层，正面朝上。领里放在上层，上下正面叠合。面子领角处略吃，前段少吃，后段（即后领中心段）基本平行，缉缝0.6cm。如果面料是条格的话，两边对称，缉后劈缝整齐。（e）翻烫领头：把领角翻转，把领里止口坐进烫平。然后修准领头领串口，因为领串口是错开的，所以驳头提高多少，它的领串口也应该剪掉多少。见图8-278。

b. 装领。（a）装领：装领的操作和要求基本与精做西装相同。只是它要从左边挂面与领面串口开始，缉至缺嘴，再由缺嘴眼刀转过来，领里串口与大身串口合缉。也可将后领圈和领脚（底领）一起缉。然后凡是扳牢的部位，都要放眼刀。（b）烫缝：当领头装好后，下垫铁凳，喷水烫平。在分烫挂面的串口时，切不可烫还。（c）攥领：分缝烫后，里

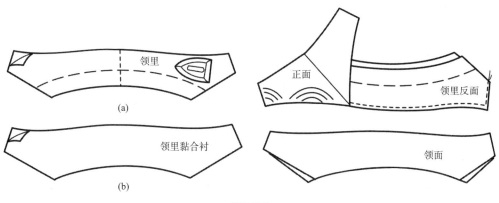

图8-278

朝上，将领摆平，下垫布馒头，把领里覆上，领脚处撩平；然后把面子领脚折转，盖住里，注意面、里错开，缲暗针撩平。见图8-279和图8-280。

⑬做袖子、装袖子。

a.做袖子。（a）袖子的归拔：与精做西装袖子的归拔相同。但袖口衬要用黏合衬烫上，宽4～5cm。（b）缉前袖缝：面子、夹里的前袖缝同时缉好，面子喷水烫分开缝，夹里烫坐倒缝。（c）缉袖口：将夹里和面子的袖口处摊平，正面重叠朝夹里合缉，袖夹里坐势1cm；并把袖口贴边宽翻上，盖水布烫平。（d）缉后袖缝：袖口对准，小袖片朝上，在假袖叉处转弯缉成凸形。喷水分烫后袖缝。袖叉至袖夹里后缝烫坐倒缝。见图8-281。

（e）滴袖口、固定袖围。

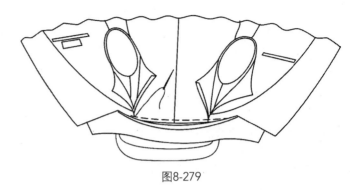

图8-279

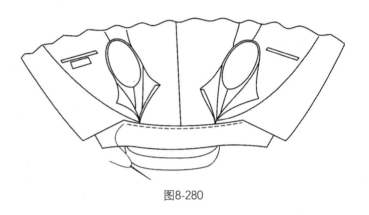

图8-280

抽袖山头：按袖口贴边宽翻上，在前后袖缝的袖口处滴1～2针，以防贴边外吐。把袖子翻出，在袖口上10cm左右烫平，再将袖围撩一周。它与精做西装相同，袖山吃势也与精做西装相同。

b.装袖子。简做西装与精做西装的装袖子、装垫肩、撩夹里肩缝和袖窿的要求都是相同的，这里不再重复。

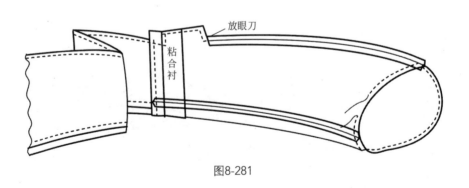

图8-281

⑭ 缲袖窿、肩缝、领脚面。关于缲袖窿、肩缝、领脚面，在精做西装中都已说过，这里不再重复。需要说明的是，有些简做西装不用手工缲，如夹里肩缝、袖窿，当摆缝合缉之后，就把夹里与面子对准剪齐，先合面子肩缝，再合夹里肩缝；袖子装上之后，夹里的袖子也同时装上。垫肩也是车钉的，然后把面子袖山和夹里袖山拉拢，用线攀牢。把整件衣服从后领翻出、摆平，压领封口从正面缉线。这样就减少了手工缝针，当然这要在较好掌握了车缝技术的基础上才能完成。

⑮ 锁眼、整烫、钉纽。锁眼和钉纽，与精做西装相同。在整烫中，有些部位要精烫，有些部位可以简烫。如胸部、驳领、门里襟止口等，要求仔细烫；在烫的过程中，还要按归拔要求整烫。而有些部位是边做边烫的，因此可以减少整烫。

8.8　男式大衣缝制工艺

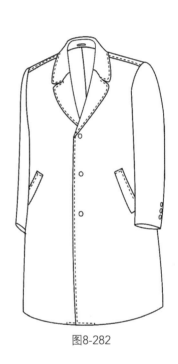

8.8.1　外形概述与外形图

倒掼领，圆袖，袖上有三粒样纽，左右斜插袋，单搭门，止口缉明线，三粒明纽，后背开叉。见图8-282。

8.8.2　成品假定规格

单位：cm

衣长	胸围	肩宽	袖长	袖口	后领宽
110	120	49	63	20	9.5

8.8.3　缝制工艺程序

图8-282

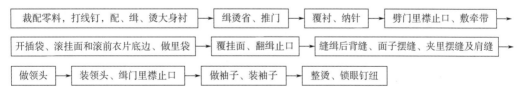

8.8.4　缝制工艺

（1）裁配零料，打线钉，配、缉、烫大身衬

① 裁配零部件。配零部件，应以面料大身裁片为依据；在裁配时，要考虑到放缝头和量外匀因素，注意部位的直横丝缕，在部件上做好经向标记。

面料裁配的有领面、领侧面、斜兜袋布、挂面连耳朵片。

里料裁配除大身夹里外，还有大袋垫头、里袋垫头、里袋嵌线、牵带布、吊襻带、里袋小袋盖、滚条、襻丁盖布等。

②打线钉。前衣片：搭门线、驳口线、眼子档、斜袋位、腰节线、底边、袖窿对档、摆缝放缝。见图8-283。后衣片：底边、腰节线、后袖窿对档、后叉线。见图8-284。袖子（大袖片）：袖口贴边、偏袖线、袖山头对档、袖标对档及放缝。见图8-285。袖子（小袖片）：袖口贴边、袖肘、后袖缝等。见图8-286。

③配、缉、烫大身衬。衬头是衬托男式大衣所不可缺少的主要部件，它在服装中起骨架的作用。一副好的衬头，能使大衣自然挺括、饱满。大衣常用的衬头原料大致有三种：粗布衬（软衬）、驳头衬（黑炭衬）、漂布牵带布。做大衣时先缉胸衬、驳口衬。大身衬和驳头衬，分别垫上漂布牵带布并齐缉好，来回缉短斜针，拼缉时两边不可有松有紧。见图8-287。

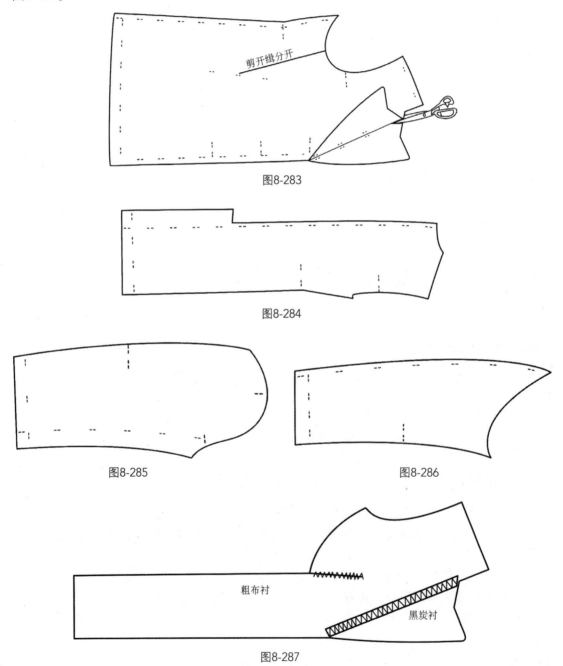

图8-283

图8-284

图8-285 图8-286

图8-287

　　胸衬绲好后烫平，并将胸部的其他衬与大身衬和西装衬布一起配好、绲好。胸部与下脚衬绲好后，再将盖驳衬（白漂布）在直线一边盖过挺胸衬0.7cm，略拉紧些绲牢。见图8-288。

　　衬头绲好后要喷水磨烫，要用高温熨斗用力磨烫，使上下衬布平挺，加强胸部弹性，使胸部定形。熨烫工艺，基本与西装衬头相同。

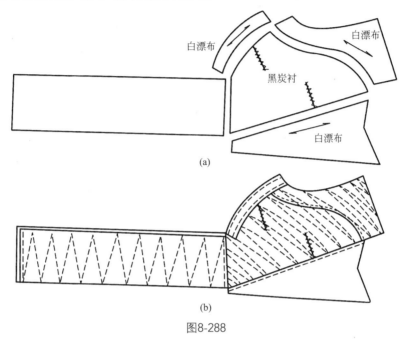

图8-288

　　（2）绲烫省、推门

　　① 绲烫省。大衣要收腋下省一只，通过收省，使大衣有腰吸、自然平服。绲省缝头一般为1cm，省头要尖，上下层平齐，缝头顺直。然后喷水烫分开缝，并在袖窿弯势处归拢0.6~0.8cm。

　　② 推门。

　　a. 先将衣片用水喷湿，止口朝身体，将胸部中间略拔长些。拔的同时在驳口处把胖势归拢，推向胸部中间，并将驳口第一颗纽眼以下的止口烫直。

　　b. 调转衣片，使袖窿摆缝靠身体，从肩角以下袖窿边的直丝至腰节这一段向前推进大约1cm，并将袖窿凹势部位归拢归平。

　　c. 把摆缝腰节略拔，摆缝烫成直线。

　　d. 把底边弧形的胖势往上推，把底边归成直线。

　　e. 反肩缝靠身体一边，把肩头以下的横丝略向胸部推，使其胸部胖势匀散，外肩角的斜丝略朝上拔0.7cm。

　　f. 将肩头的横开领直丝，向外肩方向抹大（推出）0.6cm，将肩头斜丝归拢。见图8-289。

　　③ 归拔后背。

　　a. 把后背缝上段胖势归拢，肩胛骨部位拔长。

b. 后袖窿从外肩角以下4cm至腰节这段直丝归拢，同时将胖势朝中间推使肩胛骨处有胖势，并把肩胛骨处直丝略拔长。

c. 摆缝腰节处适当拔开，臀部略归拢，使摆缝平整。

d. 将背缝的横丝向下推，把两边的肩角向上拎。在肩胛骨部位，把直丝略拔长。见图8-290。

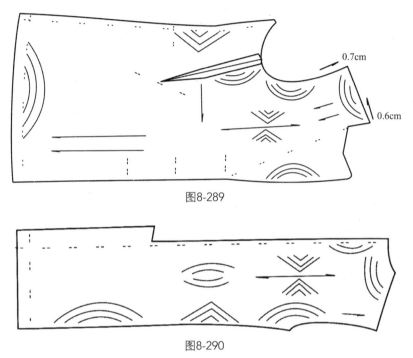

图8-289

图8-290

（3）覆衬、纳针

① 覆衬。在覆衬前，要把归拔好的前身衣片和烫好的大身衬头冷却，使原料定形。先覆里襟格，将里襟格的前衣片叠合在大身衬上，把前衣片驳口线在离开挺胸衬1.5cm左右处摆准。中腰直丝缕要向止口方向外推0.3cm左右，以防止口回缩。再将大身的门里襟止口与衬头止口对齐摆平。

a. 在胸衬与面子大身叠合后，先攃中间一道，自胸部上端肩头下10cm处起针，直线攃至底边上5cm止；攃时按推门要求，将横直丝摆正。

b. 第二道，从离肩头10cm处起，沿驳口线（离驳口线2cm）至第一档眼位外口偏进4cm，直线攃至底边上5cm止。

c. 第三道，从肩头下10cm处起，经袖窿边缘的胸部腋下至腰节。

覆好里襟格，将衬头修剪准确（可按大身面料修剪），在横开领处按面子放出0.6cm，直开领处放出0.6cm，驳头外口暂不需修剪；然后把门里襟两格的衬头两层对合，驳头第一档眼位以下止口、肩缝与面子平齐，修剪好衬头，再覆门襟格衬头。覆门襟格衬头的方法与覆里襟格相同。两格衬头覆好后，再合对一下，如果不准，要及时修改。覆衬方法可参照西装覆衬。见图8-291。

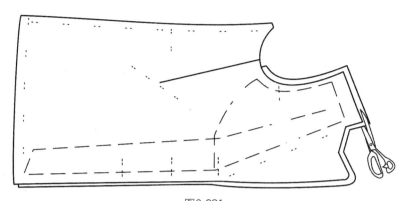

图8-291

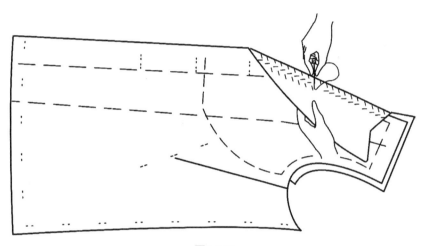

图8-292

② 纳针（纳驳头）。纳针是使衬头和面料合为一体，使之具有自然驳转的性能。这是使大衣驳头平服、外形美观不可缺少的一道重要工序。纳驳头的方法与西装相同，针脚用八字针，故又称纳针。按照驳口线钉离进1.5cm，画上粉印，由第一档眼位处1.5cm左右起，以驳头翻转盖没针迹为宜，下端略斜。先用手工拱暗针一道，然后翻过来，离拱线0.8cm处，上下来回撬针，每针间距1cm，每行间距0.8cm，撬针要暗，正面不可露线，并要撬出里外均匀窝势。见图8-292。

（4）劈门里襟止口，敷牵带

① 劈门里襟止口。先将纳好的驳头下垫布馒头，用熨斗烫平。按驳头式样，劈里襟格，用样板校准驳口和缺嘴大小进出，放好眼刀，画好驳头和止口净样，放1cm做缝。然后剪掉驳头和止口衬头1cm，缝头不可有大有小或弯曲。再把底边衬按线钉剪齐，在门里襟两格底边止口角处劈掉三角，以防下角翻出时太硬或止口外露。

② 敷牵带。牵带一般采用缩水后光边羽纱或白漂布，用手工撬上，牵带宽窄一般为1.5cm左右。敷牵带时要分段掌握松紧程度，在领串口和驳角处平敷，在驳头外口的中段要带紧些，在第一档眼位处里口牵带放眼刀，驳头止口外紧里松、翻驳自然，牵带沿衬头在驳头处敷出0.2cm，驳头以下止口线敷出0.3cm，底边牵带齐线钉敷直至衬宽止。敷驳口线牵

211

带，按驳口线离进0.5cm。从直开领敷起，敷至第一档眼位上5cm。驳口牵带要略敷紧，牵带的外口和里口都用手工撩牢。见图8-293。

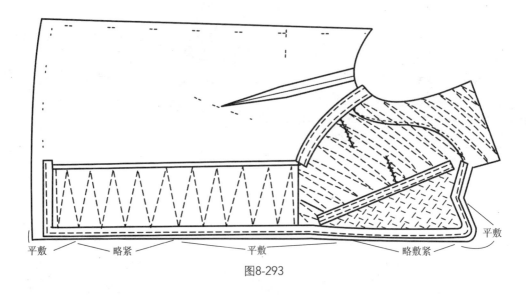

平敷　　　略紧　　　　平敷　　　　　略敷紧　　平敷

图8-293

（5）开插袋、滚挂面和滚前衣片底边、做里袋

① 开插袋。斜插袋是大衣袋中的一种式样，这种插袋既方便又实用，袋口倾斜直角、轮廓方正。

a. 裁配零部件。零部件主要是兜袋布面料和袋口衬头：兜袋布面料用样板裁直料，袋口衬头采用软衬做，衬头的大小按袋口的规格宽4cm，袋口的角度要裁剪准确。

b. 粘烫袋口衬、烫兜袋布。粘袋口衬是把修剪准确的衬头用薄糨糊粘在兜袋布的布料上，烫干；上下两侧扣光，接着和兜袋布的连口、袋角扣缝要顺直、轮廓方正。

c. 缉袋止口。将扣烫好的袋盖放平，沿边缉止口一道，止口的缉线宽1cm。然后修剪兜袋布夹里1cm，拼上袋布一层。

d. 缉袋口。按大身袋位对准线钉，先缉袋口，后缉袋垫布，中间开缝宽1cm。袋垫布的缉线下口要短0.6cm，使袋口有斜势。

e. 开、分烫袋口。按缉线的中间剪开，两头剪三角眼刀，开三角眼刀不能剪断缉线，防止袋角毛出。然后喷水分烫，分烫时要垫上木头"驼背"工具，反面朝上，缝头分开烫煞，将袋布摆平，分开缝处缉暗线一道；同时把袋垫布分缝压好，再兜缉袋布。

f. 封袋口。封袋口时，先封里口一道，并缉好来回针。然后用手工在边缘拱一道，拱针针脚不可外露，袋口外观要饱满挺括。见图8-294。

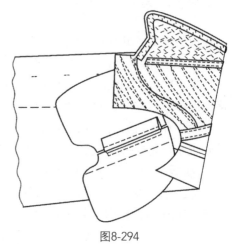

图8-294

② 滚挂面和滚前衣片底边。滚挂面先要用样板将挂面修剪准确，然后裁好夹里滚条，滚条的丝缕一般采用45°横斜丝，滚条宽窄2cm左右。在滚挂面时，先将耳朵片处烫上黏合衬，然后将滚条放在挂面的里口上，平齐挂面缉0.3cm缝头，缉到上下凹势处，将滚条略拉紧，以免凹势处滚条"还开"起链或不实；缉到耳朵片的圆头处，滚条放松些，防止圆头抽紧；缉到平面时，滚条略带紧。缉好暗线后，将不顺直的修剪顺直，然后把滚条折转捻紧，沿滚条缉漏落针。前衣片底边滚条与挂面滚条相同。见图8-295。

③ 做里袋。大衣里袋一般采用滚嵌。在开里袋前，先要把挂面归拔一下，其作用是使挂面外口的直丝与大身的驳头形状一样，它与西装工艺基本相同。里袋滚条采用夹里斜料两块，长18cm、宽5cm。袋垫布料长17cm、宽5cm，横直料均可；袋布四块。缉嵌线时将里袋滚条对准袋位粉印，上下缉线，中间相隔0.8cm，两端缉成三角形。再把长的一块袋布缉上袋垫布，把袋口中间和两端剪开，把滚条三角折转捻紧，先缉压下缉线，沿滚条缉漏落针；同时把袋布拼上，同样沿滚条缉漏落针；中间折三角，把缉好袋垫布的一块袋布压上。袋角两边封1cm长袋口，同时将商标钉在门襟格的里袋中部。滚嵌里袋基本上与呢中山装开法相同。见图8-296。

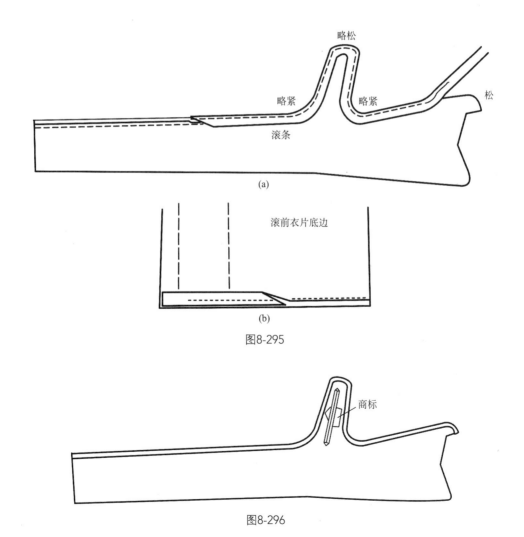

图8-295

图8-296

缉里袋滚条与里袋的三角袋盖。见图8-297。

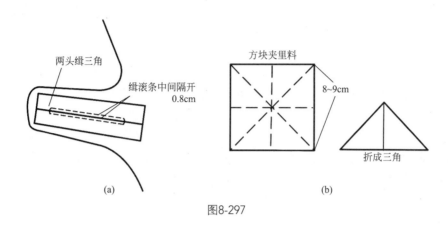

图8-297

（6）覆挂面、翻缉止口

① 覆挂面。

a. 覆挂面之前，先把敷好牵带的止口烫平，驳头按线钉烫转，再把挂面滚条、里袋滚平，然后开始覆攮挂面。将挂面放在大衣上，将串口线提高2cm，驳头外口按止口放出1cm，驳头第一档眼位以下止口与挂面平齐摆准，然后沿驳口的烫迹从上端起平攮至第一档眼位；从第一档眼位起到第三档眼位以下这段挂面要放适当吃势，以防挂面吊紧。下段挂面止口和底边角略覆紧些，使止口下角有窝势，攮线离进外口2~3cm。

b. 覆驳头挂面。从下端眼位开始，按驳头形状的窝势，挂面不宽不紧，平覆至上端离驳角5cm左右，开始放吃势。在转角点要将挂面捏拢空攮一针，以固定吃势。在横丝处略放吃势到驳角眼刀止，驳角不可起翘。见图8-298。

c. 覆夹里。将夹里叠合在挂面上，上端按面子肩缝伸出1cm，肩角袖窿外口处伸出1cm，袖窿底部弧线提高1cm，摆缝并齐，多余的夹里均可放在挂面沿滚条内；然后沿滚条用手工把夹里攮牢，攮时夹里在挂面的中段放适当吃势，以防里口吊紧，把夹里与挂面沿滚条缉漏落针一道。缉里止口之前，先将挂面的吃势用熨斗烫匀，再合缉止口内线，缉线要离开牵带0.2cm。缉线缝头要顺直，不可弯曲。见图8-299。

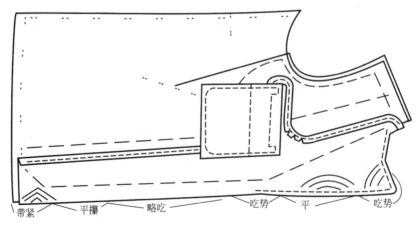

图8-298

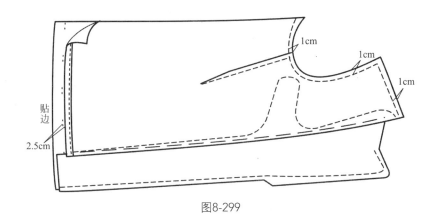

图8-299

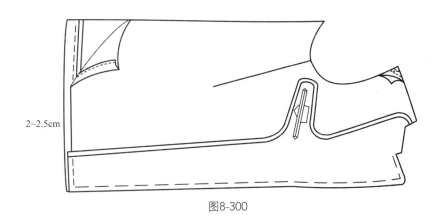

图8-300

② 翻绱止口。

a. 修剪止口缝头。大身止口沿绱线留0.5cm（如厚呢留0.3cm），挂面缝头留0.7cm（如厚呢留0.5cm），缺嘴剪眼刀，绱线不可剪断，然后将止口缝头喷水烫分开缝。

b. 攥止口。将分烫开的止口翻出，驳头圆角和止口下角翻圆顺，然后攥止口。大身止口朝挂面方向捻进0.2cm攥，攥线离止口1cm，每针针距3cm，止口要攥实、攥顺直。攥好止口后，要进行叠合。两格一致后，将止口盖上湿水布烫平、烫煞。再将驳头驳转，攥好里外均匀吃势，用湿水布高温烫后，用铁凳底压平。

c. 攥挂面。将大身止口放平，沿挂面滚条攥牢大身衬，胸部和止口中段挂面略松，底边挂面里口要攥出里外均匀窝势。然后将夹里翻上，在肩头以下13cm，沿滚条压线下底边离上5cm用双线攥牢，同时把里袋布摆平攥牢。再翻到正面修剪夹里，在袖窿底按面子放出0.7cm，横开领处放出1.5cm（直开领处离上2cm），其余按面子修剪准确。见图8-300。

（7）缝绱后背缝、面子摆缝、夹里摆缝及肩缝

① 缝绱后背缝。后背正面合拢，后背攥线按线钉，由后直领至背叉，背叉敷牵带参照男式西装。再按线钉绱线一道，里层裁剩0.8cm，绱明止口1cm，由后领圈绱至底边，并盖湿水布烫煞。

② 缝绱面子摆缝、夹里摆缝。

a. 先把夹里摆缝按面子摆平，劈准缝头大小，然后把面子后背摆缝叠合在前身摆缝上，

按照前身摆缝线钉，平齐用手工攥。先缉摆缝内线，缝头0.8cm，如厚呢料缉摆缝要先烫好，再驳缉明线止口1cm。驳缉明线止口时，为了顺直，可压低片缉，注意不可移动，防止裂形。

b. 烫摆缝。将驳缉好明线止口的摆缝，盖上湿水布熨烫，烫时可以归拢，但不可拔开；缉摆缝夹里，缝头向后身夹里坐倒，沿缉线扣进0.2cm，烫底边按底边线钉扣倒，贴边盖水布烫煞。

c. 缉后身底边夹里。先把夹里的背缝缉好，按底边对准面、里、摆缝、背缝；然后再缉底边夹里，并将缉好的底边按底边的扣印扳牢。将摆缝的面子和夹里上下两端对准，底边离上10cm，袖窿离下10cm，用双线按对档攥好摆线，攥线要略放松，防止摆缝吊紧；然后将大身翻出，把夹里的背缝坐势烫平，并对齐面子背缝攥好。攥时背中里子放些吃势，防止背里吊紧，攥至背叉止。把背叉夹里以叉长为准剪好，不可剪得太高或太低。攥后背叉夹里时上段放些吃势，以免后背叉夹里吊紧。大衣攥背叉和西装攥背叉相同，下摆底边可以用手工攥缲。

d. 劈袖窿、肩头夹里及攥袖窿。将面料朝上扣夹里放平，修劈之前沿袖窿离进10cm攥牢夹里，然后夹里按面子修劈，前肩缝和袖窿处按面料放出0.6cm，后肩缝及后领圈按面子各放1.5cm。攥袖窿，并将袖窿弧线画顺。沿着袖窿粉印即攥倒钩针，针距约0.6cm。然后将袖窿垫上布馒头，盖湿布烫圆、烫顺。

e. 敷袖窿牵带。敷袖窿牵带的目的是防止袖窿还口。袖窿牵带一般采用羽纱或白漂布，宽1cm；先将牵带缩水烫平，光边敷外口，从后肩下5cm起到后袖窿摆缝止。牵带沿袖窿缝头攥圆顺，并用倒钩针，针距约0.7cm。见图8-301。

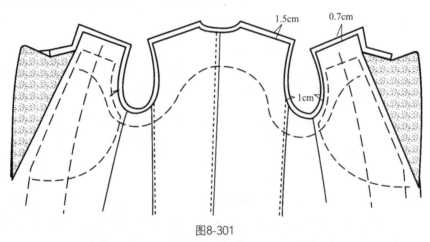

图8-301

③ 缝缉肩缝。大衣肩缝工艺要求很高，它关系到后领脚的平服、背部的戤势和肩头的翘势。因此，在缝缉肩缝前，先要归烫背部，检查前后领圈、袖窿高低进出是否一致，如有出入，应先做修正，然后用粉线画顺剪准，方可进行操作。

a. 归烫背部。将背部上领口朝自身一边放平，反背里揭开，面料处喷上水花，用熨斗把后背丝缕向下推烫，随后归烫肩缝。

b. 攥肩缝。攥前先把肩衬头与面料剪准，在直开领处，衬头放出0.5cm。攥肩缝从里肩开始向外攥，后肩放上面，离领圈1cm处平攥，在离领圈2～7cm的外肩处略有吃势。

c. 缉压肩缝。先把肩缝吃势向下推落烫匀，后肩放下面，缉缝大0.8cm，肩缝不可拉还。要求缉线顺直，不可弯曲；压缉明线止口1cm。

d. 攥面衬肩缝。从里肩缝攥向外肩，离领圈2cm起针。攥时面料与衬头松紧要一致，针距约2cm。

e. 烫肩缝、攥领圈。将肩缝放在铁凳上，把肩缝的吃势烫匀，接着攥前身领圈，针法采用倒钩针。要求衬头松、面料紧，针距0.7cm。在离肩4cm以下要求平攥，随后攥前身袖窿，按肩缝顺直要求，将前肩丝绺向外捋顺捋挺；同时把前袖窿边与衬头攥顺，并盖湿布烫平、烫煞。见图8-302。

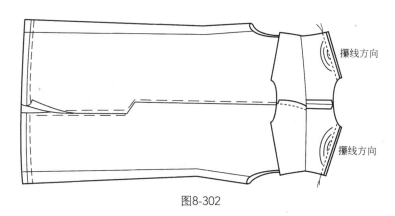

图8-302

（8）做领头　大衣领头是整个大衣外形中的重要部位，领头的好坏直接影响到外形的美观。它要求领形端正、左右对称、平挺饱满、里外窝势。做领头一般采用领头样板。

① 配领。按领头样板裁好领衬、领面。先做领侧面（领里），将领侧面、领衬拼好喷水烫分开缝，把领衬攥在领侧面上，同时画好领脚线粉印和外领宽粉印；缉领脚来回针7道，间距0.5cm。然后将领侧面翻至正面，缉外领口要拎起捋带紧挺缉，每条间隔2cm。缉三角针要有里外均匀窝势，注意不可缉出外领宽粉印，以防劈领侧面时，把缉线剪断。见图8-303。

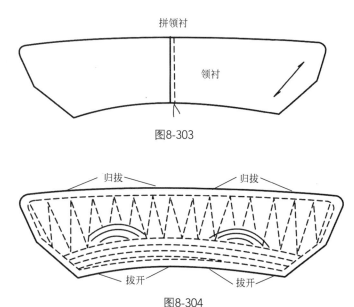

图8-303

图8-304

② 归拔领侧面（领里）。归拔领头，以少拔多归为宜。归拔前先将领侧面喷湿，把领头凹势略拔成直形。然后在中段里口领肩部位归拢，把领脚扣倒烫，并将外口略拔开些，里口再归拢，使领头呈圆形。在归拔的同时要两边驳口长短一致，然后用领头样板画好剪准，两边的领角长短、领头宽窄、串口长短都要剪准确。见图8-304。

③ 归拔领面。方法基本与归拔领侧面相同。先将领脚拔开，在拔的同时将里口领肩部位归拢，领脚外口横丝在中缝处略为拔开些，在外领颈肩处要略为归拢些。见图8-305。

④ 覆攥领面。将归拔好的领侧面和领面正面叠合对准，有条格的对准后中缝，领角两边条格要对称；在攥针时肩缝两边略放吃势，以适应颈肩部位里外匀的需要。两边的领角要根据原料的厚薄放适当吃势，后领中段横丝要平攥，不可放吃势。见图8-306。

⑤ 合缉领止口。缉线时，离衬头边0.2cm缉，两边吃势部位相同，不可移动，缉线要顺直。缉好后把多余的缝头剪掉，并分上下层梯形修剪，使止口薄匀。止口喷水烫分开缝翻出，将止口攥密攥实，盖湿水布烫煞、压平，再把两边领串口长短、宽窄、进出按样板画粉线劈准确。见图8-307。

（9）装领头、缉门里襟止口

① 缉串口。挂面串口横丝摆正，按领脚线在驳口处提高1cm，缺嘴对准，大身驳口线与领串口领脚驳口线校对正确。然后把领面串口叠合在挂面串口上，缉好串口，喷水烫分开缝。缉串口要顺直，不可歪斜，松紧一致（缉串口和西装相同）。

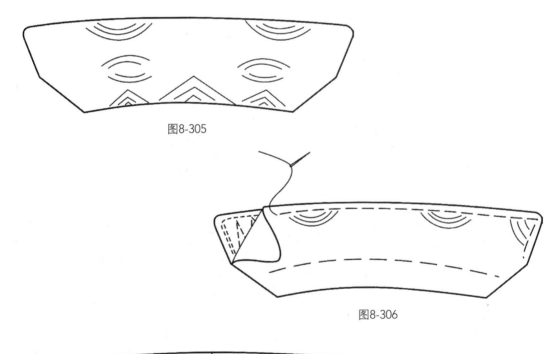

图8-305

图8-306

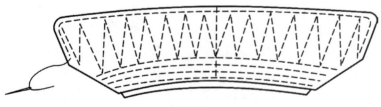

图8-307

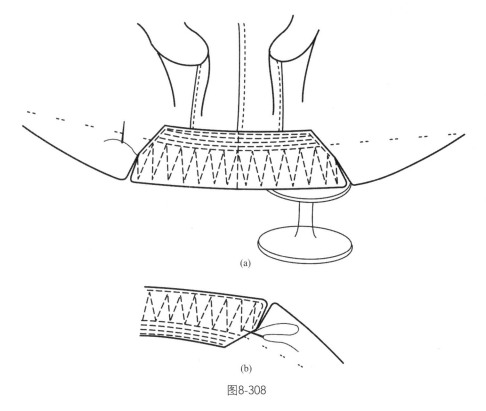

图8-308

② 装领里。

a. 薄呢料的操作方法。将缉好的串口翻转，领脚与驳头缺嘴进出摆准确，不可歪斜。沿领圈从左装到右，对准中缝、肩缝、领脚线和串口线相交成方角。装领从缺嘴到驳口眼刀这段，领里略装紧；在肩缝两边适当放吃势，左右吃势一致，部位要摆正。

b. 厚呢料的操作方法。将领侧面放在铁凳上，领侧面串口毛缝，覆盖在大身的串口处，用手工撬上。在大身串口段略紧，肩缝段领侧面略松，后横开领上下摆平。撬后，用大身本色的中粗丝线手工缲上，针脚密度要细，每针0.3cm。见图8-308。

③ 分烫串口、领角缝。如果是薄呢料，将装好的领里，在领脚方角处和缺嘴处放好眼刀，并要在领圈的肩缝前后至后领圈处放眼刀，不可剪断缉线，喷水烫分开缝。为了串口平薄，可以把串口衬头修剪掉一层。领串口分开缝，分别与衬头扳牢，后领脚也同样与领里扳牢。

④ 撬夹里领圈、撬缲领脚面。

a. 撬夹里领圈。先将正面串口和领里串口摆平，朝挂面一侧，用手工撬牢；再把挂面上端圆头与大身的领圈放在铁凳上摆平撬准。后肩夹里覆搭在前肩夹里上，在领圈处也覆搭在大身的领里处。在撬夹里领圈时，后背中缝略放松，夹里要提高1cm，把领圈撬好。见图8-309。

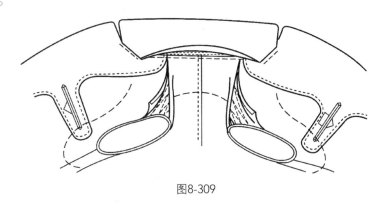

图8-309

b. 攘缭领脚面。夹里领圈攘后，把领脚面下口扣转，领面要放松，面宽于里，成为里外匀，领脚下口的领面略高于领里，并在两肩缝处与后领处带紧。领脚面攘后，要检查领脚面缺嘴是否有歪斜或扳紧现象。如果一切都符合要求，就将领脚面用粗丝线缭暗针。然后将整条驳领，放在布馒头上，盖湿水布，用较高温度熨斗进行熨烫，并用铁凳底部冷压，这样使驳领的止口和串口叉缝及领脚缝平薄服贴。翻过来，驳口线也用同样方法烫直、压平。后领口也一起烫平服。

c. 缉钉吊襻。吊襻净长6cm、宽0.6cm，钉在后领脚中心处，缉线缉回针。

⑤ 缉门里襟止口。

a. 缉门里襟止口之前，要先把门里襟及领缺嘴两边依齐，尤其是要检查一下门里襟长短是否一致。在基本相同的前提下，右襟底边反面朝上，缝纫机底面线调好，距右襟沿边10cm起缉，缉明线止口1cm。缉门里襟时，止口坐进，不可反吐，缉到与驳头衔接处，止口缉线不可断，驳头止口不可外吐。

b. 缉线方法。可用薄挺的纸头，折成一条直边压在缝纫机的压脚下。缉止口时，按止口宽窄沿边缉线。止口缉线时，还要用镊子钳向前推送，以免起链。

（10）做袖子、装袖子

① 做袖子。

a. 大衣做袖子和呢中山装、西装基本相同。

b. 缉后袖缝。大袖片正面与小袖片正面叠合，小袖片的后袖缝偏出0.7cm，沿边0.4cm用攘纱定准，缉线0.5cm。见图8-310。

c. 明缉后袖缝。将后袖缝拼好之后，翻开，并放在木头"驼背"上，驳平，盖湿水布烫平。然后正面缉明线止口1cm，缉线顺直、不可弯曲。见图8-311。

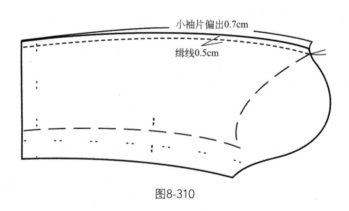

图8-310

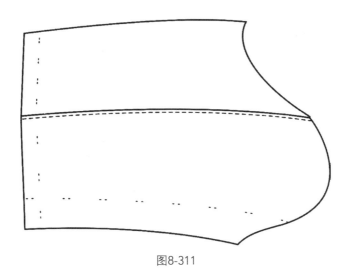

图8-311

d. 后袖缝缉后，再把袖口贴边翻烫，敷上袖口衬。同时把前袖缝缉烫分开缝，把袖夹里和袖面的袖口叠合，兜缉一周，贴边翻上。将袖口用本色面料线缲牢，针脚要细，正面不可露针花。

抽袖山吃势与呢中山装相同。见图8-312。

e. 攥前后袖缝。袖口坐势1cm左右；小袖片面里对合，攥纱攥牢；翻向正面，在袖口上10cm左右，盖湿水布烫煞、压平。见图8-313。

② 装袖子。装袖子及做、装肩势和缲袖窿与呢中山装工艺要求相同。见图8-314。

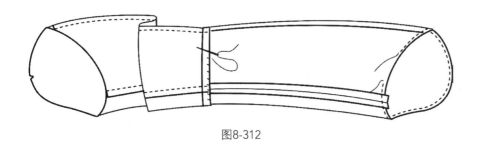

图8-312

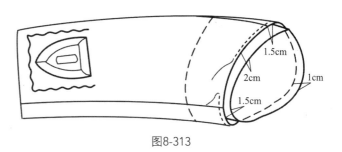

图8-313

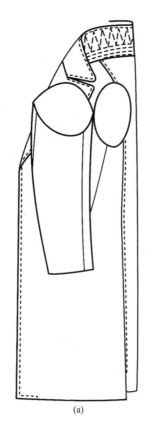
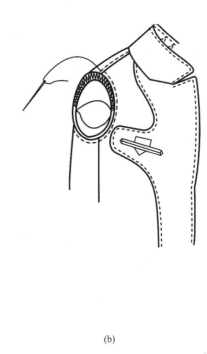

(a)   (b)

图8-314

（11）整烫、锁眼钉纽

① 锁眼。锁眼的位置按制图要求，纽眼洞大小一般大于纽0.2～0.3cm。锁圆头纽眼，具体的锁眼方法参照呢中山装缝制工艺。

② 整烫。整烫是一件大衣的重要工艺之一，因为一般大衣多采用厚呢料缝制。在我们学习制作的过程中，有些部位是边做边烫的，已烫过的部位就不必再烫了，如大衣的袖子、后背叉等。但袖山头尚未轧烫，要盖湿水布进行整烫，包括肩头在内，同时将驳领、胸部、底边及门里襟止口，正面盖湿水布烫后，还需要铁凳底进行冷压，然后把夹里摊平整烫。

整烫就是再一次归拔的过程，它可以弥补某些工艺上的不足之处，使大衣更加合体。

③ 钉纽。大衣钉纽，按纽眼平齐，进出按搭门线位置，绕脚长短根据呢料薄厚决定。袖口装饰扣，左右各三颗。钉二字形线。

8.8.5 总的质量要求

① 外形美观，线条清晰。

② 缉线顺直，驳领对称。

③ 装袖圆顺，前后适当。

④ 整烫平服，里外一致。

⑤ 锁眼整齐，钉纽准确。

男式大衣大流水工艺程序如下。

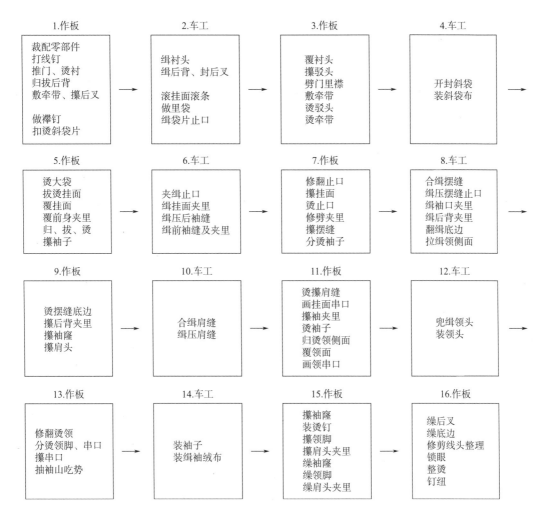

1.作板	2.车工	3.作板	4.车工
裁配零部件 打线钉 推门、烫衬 归拔后背 敷牵带、攥后叉 做襻钉 扣烫斜袋片	绱衬头 绱后背、封后叉 滚挂面滚条 做里袋 绱袋片止口	覆衬头 攥驳头 劈门里襟 敷牵带 烫驳头 烫牵带	开封斜袋 装斜袋布

5.作板	6.车工	7.作板	8.车工
烫大袋 拔烫挂面 覆挂面 覆前身夹里 归、拔、烫 攥袖子	夹绱止口 绱挂面夹里 绱压后袖缝 绱前袖缝及夹里	修翻止口 攥挂面 烫止口 修劈夹里 攥摆缝 分烫袖子	合绱摆缝 绱压摆缝止口 绱袖口夹里 绱后背夹里 翻绱底边 拉绱领侧面

9.作板	10.车工	11.作板	12.车工
烫摆缝底边 攥后背夹里 攥袖窿 攥肩头	合绱肩缝 绱压肩缝	烫攥肩缝 画挂面串口 攥袖夹里 烫袖子 归烫领侧面 覆领面 画领串口	兜绱领头 装领头

13.作板	14.车工	15.作板	16.作板
修翻烫领 分烫领脚、串口 攥串口 抽袖山吃势	装袖子 装绱袖绒布	攥袖窿 装烫钉 攥领脚 攥肩头夹里 缲袖窿 缲领脚 缲肩头夹里	缲后叉 缲底边 修剪线头整理 锁眼 整烫 钉纽

8.9 女式大衣缝制工艺

8.9.1 外形概述与外形图

三开领，单排三粒明纽，假袋盖钉速纽，双嵌线插袋，弧形分割开刀，袖口钉两粒纽，全腰带。见图8-315。

图8-315

8.9.2 成品假定规格

单位：cm

衣长	胸围	肩宽	腰节	腰围	下摆	袖长	袖口	全腰带
100	100	41	40	86	139	53	14	长101，宽4

8.9.3 缝制工艺程序

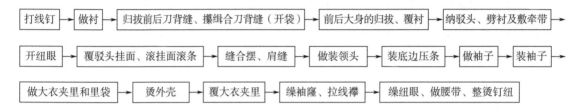

打线钉 → 做衬 → 归拔前后刀背缝、攥缉合刀背缝（开袋） → 前后大身的归拔、覆衬 → 纳驳头、劈衬及敷牵带 →

开纽眼 → 覆驳头挂面、滚挂面滚条 → 缝合摆、肩缝 → 做装领头 → 装底边压条 → 做袖子 → 装袖子 →

做大衣夹里和里袋 → 烫外壳 → 覆大衣夹里 → 缲袖窿、拉线襻 → 缲纽眼、做腰带、整烫钉纽

8.9.4 缝制工艺

（1）打线钉

①打线钉部位。

前衣片大刀背：门襟止口、叠门、驳口、装领缺口、刀背缝、胸高对档、腰节、臀围对档、纽位、贴边。见图8-316。

前片小刀背：摆缝、胸高对档、腰节、臀围、袋位、贴边。见图8-317。

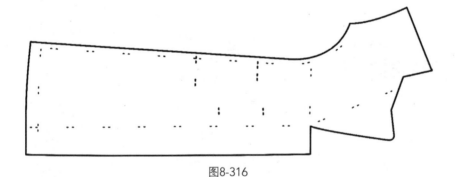

图8-316

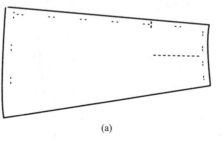

(a)　　　　　　　(b)

图8-317

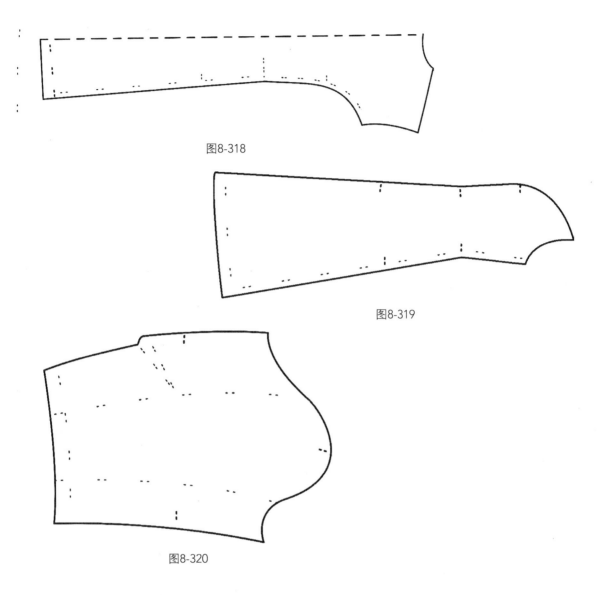

图8-318

图8-319

图8-320

后衣片大刀背：刀背缝、背高对档、腰节、臀围、贴边。见图8-318。

后片小刀背：摆缝、背高对档、腰节、臀围、贴边。见图8-319。

袖片、袖山对档、袖标、袖肘、前偏袖、后袖缝、后袖省、袖口贴边。见图8-320。

② 质量要求。

a. 衣片在打线钉之前一定要依齐，上下左右摆平。线钉面子留线头0.3cm。

b. 上下层线钉要求位置准确。

（2）做衬

① 衬头是大衣中不可缺少的组成部分，起着修饰体形的作用。

② 衬头配料。大身衬，可用粗布衬，配衬的方法与两用衫配衬相同。分割前身衣片，等于上下收两省；分割成大小两块，中间用乳峰衬，一般用马鬃衬，也可用黑炭衬。如果使用马鬃衬，不需要分割；如果使用黑炭衬，横丝需要剪掉三角。见图8-321。

③ 缉衬。首先在大小两块衬布中间垫一条过桥布，衬布平齐，两边缉牢，然后缉成三

角短针。见图8-322。

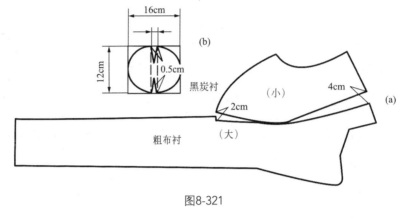

图8-321

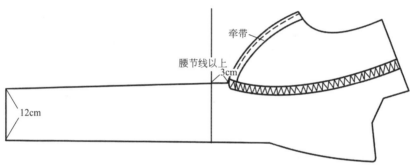

图8-322

再将乳峰衬两边三角拼拢，不要垫过桥布，将它平齐车绲三角短针，胖势要和大身胖势完全符合。如用马鬃衬，喷水两边归拢，中间拔开，反复熨烫，直至符合大身胖势。见图8-323。

兜绲乳峰衬：把大身胸高点、乳峰衬胸高点对准，用攥线定准。然后由中心起，从里向外，一圈圈连续绲线。见图8-324。

④烫衬。将胸衬喷水，靠自己身边，左手拎起下段，右手将熨斗从驳口上端向下归进，乳峰点隆起，周围烫圆，基点（BP点）集中，烫实、烫煞。肩缝拔开，袖窿和胸部归拢。见图8-325。

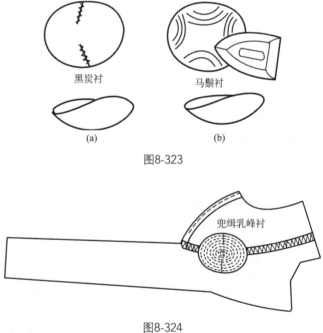

图8-323

图8-324

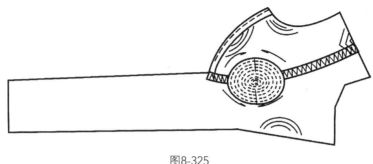

图8-325

（3）归拔前后刀背缝、攥缉合刀背缝（开袋）

① 做假袋盖。小刀背上段，用大衣夹里料在袋盖沿边缉一道，于小圆角处劈掉0.4cm，翻到正面烫平，止口不可外露。见图8-326。

② 拼接腰节。上下段正面朝里，袋盖夹里和腰节合缉，将前后两侧毛头缉牢，使正面无毛出现象。见图8-327。

③ 袋布。上下两层，下层袋布缉上面料垫头。

④ 开嵌线袋。按插袋位置，贴上两条直丝绺本色料，中间隔开1.5cm，两头打来回针；把中间剪开，两头放三角，不能将缉线剪断。见图8-328。

把里侧嵌线贴边翻进，将缉缝喷水烫分开缝，嵌线捻紧宽0.8cm；并把两头三角折进，攥线定好，盖水布喷水烫煞，下垫袋布，缉线一道。见图8-329。

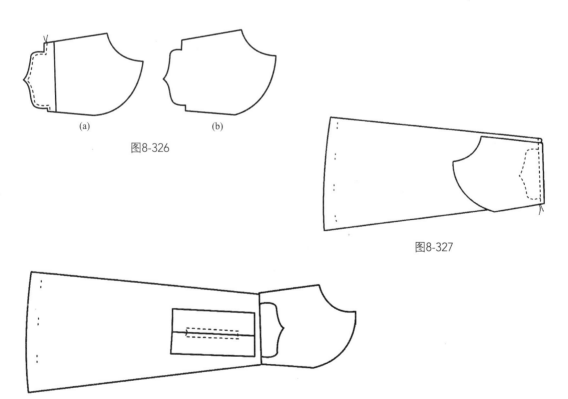

(a)

(b)

图8-326

图8-327

图8-328

把外侧嵌线贴边翻进，将缉缝喷水烫分开缝，嵌线捻紧宽0.8cm，扎线定好，盖水布喷水烫煞，下垫外层袋布，与缉里侧嵌线相同。然后把两层袋布摆平，将插袋布兜缉一道，再把袋口封三角缉线。见图8-330。

⑤ 前后腰节归拔。前后大小刀背缝，将腰节处略拔开。见图8-331和图8-332。

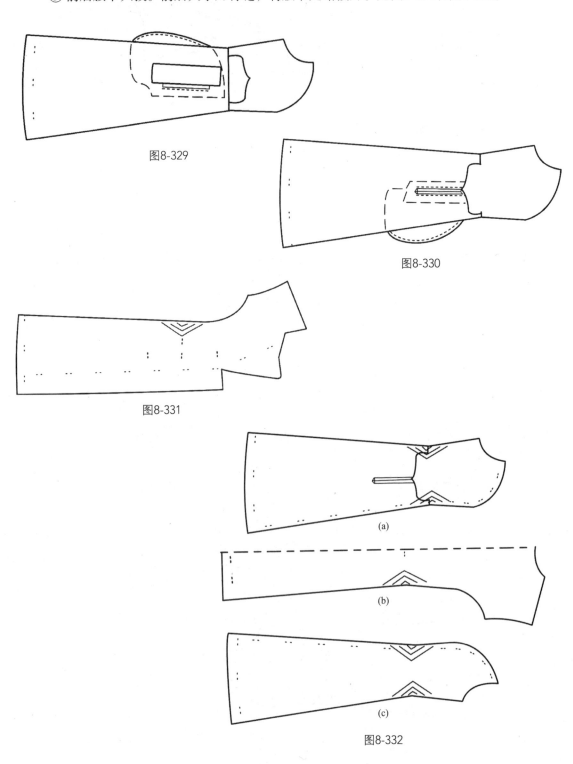

图8-329

图8-330

图8-331

(a)

(b)

(c)

图8-332

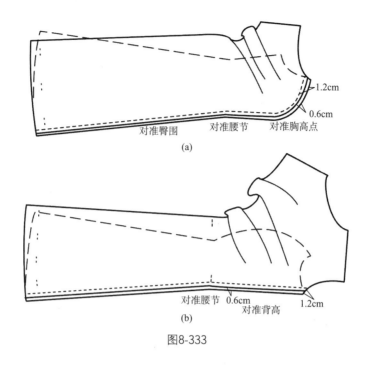

1.2cm
0.6cm
对准臀围　对准腰节　对准胸高点
(a)

对准腰节　0.6cm
对准背高
1.2cm
(b)

图8-333

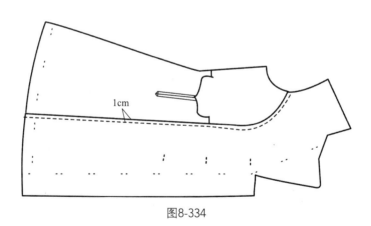

1cm

图8-334

⑥ 攥缉前后片。大刀背衣片放在小刀背衣片之上，两片正面对合，大刀背做缝0.6~0.7cm，小刀背做缝1.2~1.3cm。将胸高点、腰节处及臀围点各点对准，缉线时上下层不可移动。见图8-333。

⑦ 缉刀背缝明止口。面子大刀背缝压小刀背缝，止口驳平，盖水布喷水烫平。然后缉线1cm，止口顺直，不得有宽有窄，前后刀背缝相同。见图8-334。

（4）前后大身的归拔、覆衬　女式大衣刀背分割，既美观又符合人的体形。但仅靠分割还不够，因此还需要借助于归拔工艺，使之更符合人体体形。

① 前衣片归拔。

a. 先把前衣片门襟靠自身一边，肩头朝右边，横开领抹大0.6cm，驳头1/2偏下归拢，推向胸部，腰节处拔开，并推向门里襟止口，门襟丝缕推直。见图8-335。

b. 将摆缝靠自身一边，下摆朝右边，臀围处（即腰节下15cm）略归拢，腰节处略拔开，袖窿弯势处略归拢，把胖势推向胸部。见图8-336。

② 后衣片归拔。将一边摆侧缝靠自身一边，肩头朝右边，袖窿弯势处略归拢，腰节处略拔开，臀围处与前衣片相同，也是略归拢。在袖窿处归拔的同时，向背部推进，使背部有胖势。再烫另一侧，由下摆朝右边，用同样方法归拔。

然后掉头，将肩头靠自身一边，把肩头1/2偏领圈处归拢。见图8-337。

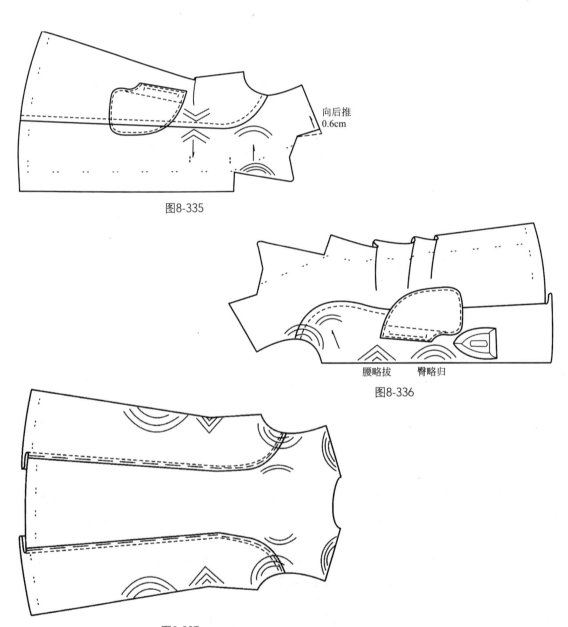

图8-335

向后推
0.6cm

腰略拔   臀略归

图8-336

图8-337

③ 后背袖窿敷牵带。把已归拔好的袖窿敷上牵带，上肩不要到头，下袖窿弯势也不要到底，都留约5cm，目的是不使其拉还。后领横开领处稍带紧，不可起链。也用牵带布沿边攥纱定牢，针距1cm。见图8-338。

④ 覆衬。女式大衣门襟下段连挂面。因此，覆衬的第一道线从距离驳口2cm处起，由上至下从反面攥衬，门襟处衬沿止口直线，攥线离进1.5cm左右。衬头放在上层，但是下层面子一定要挺挺。见图8-339。

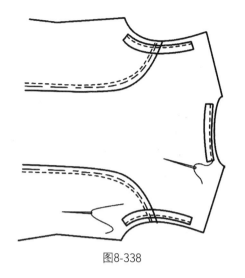

图8-338

再将前衣片翻过，攥第二道线，上离肩缝4cm左右，基本上按小肩宽1/2起向下攥直线至底边。攥第三道线，由横开领离肩缝4cm左右向后持平，沿肩缝攥到袖窿处，再沿袖窿离毛边0.5cm攥到底。为了攥平胸衬，一定要在另一边填高，才能持平；否则，覆衬会起壳。然后按胸襟在腰节线上，攥至门襟止口处；同时翻到反面，把袋布与衬布定牢。见图8-340。

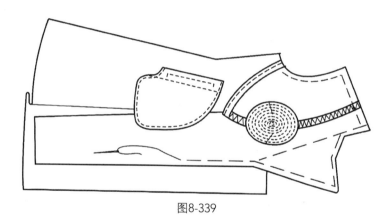

图8-339

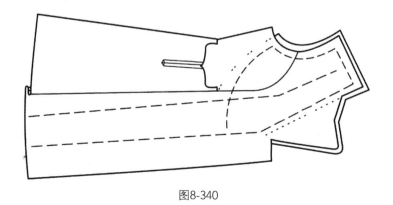

图8-340

（5）纳驳头、劈衬及敷
牵带　纳驳头就是把驳头面
料与衬头纳在一起，形成自
然窝势。它的纳法与手势直
接影响驳头质量，是缝制大
衣的重要工艺之一。

① 纳驳头。

a. 针距与针法。每针长
度为0.8cm，间距为0.8cm。
针法与男女式西装的针法基
本相同。

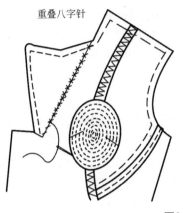
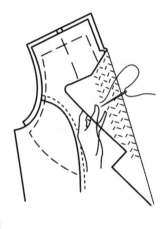

重叠八字针

图8-341

b. 画驳头。先将驳口线画一条铅笔线，然后纳重叠八字针，在此基础上再纳来回八字针。

c. 烫驳头。纳驳头后，盖水布正面烫平，翻过来驳头衬烫干，烫成自然窝势。

② 劈衬。从驳头缺嘴开始，驳头离面子劈进0.8cm。面、衬顺直，门襟处与止口线钉平
齐，底边处的线钉与衬布劈齐。见图8-341。

③ 敷牵带。牵带布可用已缩水的白漂布，宽1.5cm，从驳头至下脚衬宽止。驳头处略带
紧，门襟处平敷，接近于底边10cm左右略紧，先用攥针，针距3cm。

撩牵带布，用面料颜色的丝线，由上至下，再由下至上，牵带布两边都要撩牢，但不
可缲出正面。见图8-342和图8-343。

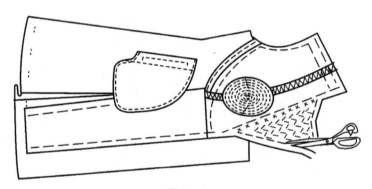

图8-342

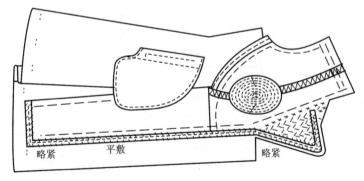

略紧　　平敷　　略紧

图8-343

（6）开纽眼　女式大衣开纽眼与女式西装开纽眼相同，这里简要说明如下。

开纽眼在右门襟，高低距离都按纽眼线钉，纽眼进出要按叠门线，偏出叠门线向止口方向0.2~0.3cm；纽眼一般比大衣纽扣大0.2cm，约3.3cm；在反面衬头上画好铅笔印，纽眼缉线宽0.6cm，将纽眼剪开，两头放三角眼刀；烫分开缝，纽眼头要做三角洞，纽眼尾两条嵌线并齐。两头封口打来回针；纽眼烫平后，反面用攥线定一周，以固定纽眼。见图8-344。

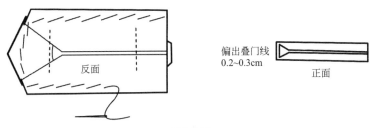

图8-344

（7）覆驳头挂面、滚挂面滚条　所谓覆挂面，就是指覆驳头一段，驳头要吃势适当，做到窝势平挺、美观。

① 攥驳头。驳头正面与衣片正面叠合，驳头挂面上口与外口各伸出0.7cm。先在驳头挂面的驳口攥一道线，然后驳头止口在驳角处放适当吃势，再沿边攥线一道，下角放一眼刀，切勿把缉线剪断。见图8-345。

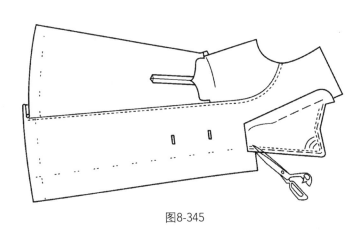

图8-345

② 劈翻驳头。沿离驳头衬0.1cm缉线一道，将驳头余缝修劈掉，留0.6cm，烫分开缝。把驳头下段与挂面拼接，缺嘴按规定放一眼刀。再把驳头翻转，面子止口坐进0.1cm，沿外止口1cm攥线至底边。见图8-346。

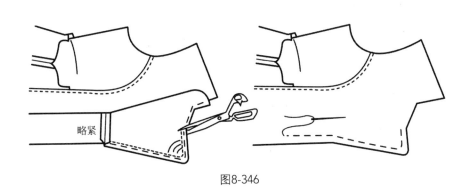

略紧

图8-346

③ 挂面滚条。挂面滚条用大衣夹里45°斜料，滚条毛宽2.5cm，滚条正面与挂面正面叠合，沿边绱线0.4cm。滚条略带紧一点，在上口圆头处放松，绱线顺直。见图8-347。

把沿边修剪齐后，再将滚条驳转，用右手食指与拇指将滚条密紧。下面略带紧，包足，防止裂形；按原缝绱暗针（漏落针），不要绱住滚条，也不能距离暗针太远，以免影响美观。见图8-348。

滚条绱后，用熨斗把挂面烫平，再翻过来正面朝上，将驳头、挂面摆平直，上盖水布喷水烫平。用竹尺压在止口上，使之冷却平薄。

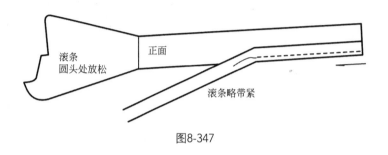

图8-347

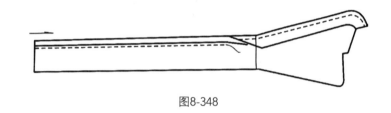

图8-348

（8）缝合摆、肩缝　摆、肩缝都是直缝，看起来简单，但工艺上稍不注意就会产生很多毛病。

① 绱摆缝。将前后衣片面子正面叠合，前后摆缝上下缝头和腰节对准线钉，两片之间松紧一致。攥纱一道，然后沿摆缝绱线0.9cm。见图8-349。

② 绱肩缝。左右肩缝按线钉，上下缝头对准，后肩的1/2偏横开领处要略多放吃势，外肩处少放吃势。前肩的衬头折在一边，攥定线时不要将前衬定牢，攥线要密，使松度不移动，然后绱线0.9cm。见图8-350。

③ 攥肩衬。把绱好的肩缝，拆掉攥线和线钉，放在铁凳上，喷水烫分开缝，切不可将肩缝烫还，并把后肩归拢位置处烫平。再把前肩衬贴在肩缝上，正面朝上。将前横开领抹大处捋向外肩，肩缝分开处攥线一道，然后翻转把前肩衬攥在后肩分缝上定牢。

再把摆缝攥线拆掉，喷水烫分开缝。烫时注意腰节处拔开，臀围处归拢，烫干、烫煞、烫平、定型。

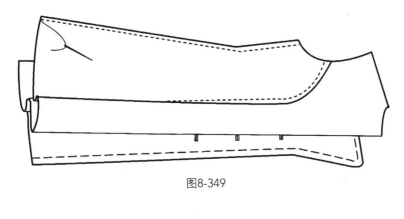

图8-349

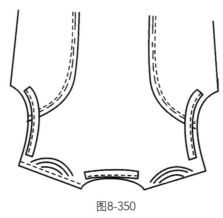

图8-350

（9）做装领头 做装领头是一件衣服缝制关键的工艺之一，一定要精细操作。

① 拼领衬和领里。领衬和领里都用斜料，其丝绺方向相同。

a. 领衬。净样，后领中心线，用搭接，两边毛缝搭上缝头0.8cm，中间缉线。

b. 拼接领里的后领中心线缝。在配领里时，根据领衬大小，四周中间各放缝1cm，后领中心线缉线0.8cm，喷一点水，然后烫分开缝。见图8-351。

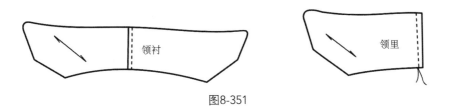

图8-351

② 缉领衬。将领衬放在领里上，先在领上攥一道，以前领宽窄作为领脚宽，领衬朝上，缉线5～6道，外领缉三角15只左右，领里面朝上。缉线时，领里略带紧。领里缉线后，形成自然窝势。

喷水烫平，领脚两肩处拔开，外领口在两肩处归拢，归至领脚宽处。然后在领脚两肩处放眼刀作标记。见图8-352。

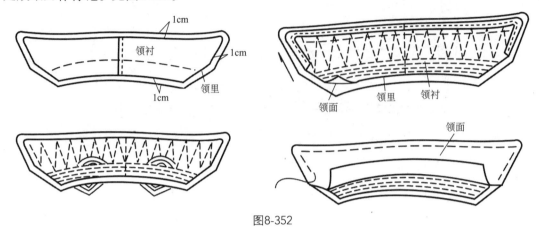

图8-352

③ 缝合领头。领面参照领里归拔后，放在下层，正面朝上，领里正面朝下，两片相叠合，用攦线定牢，以免走样。兜绢领时，把预先放好的0.8cm余缝推进，作为外领口的坐势，绢在离衬0.2cm处。兜绢后，领面的缝头留0.3cm，多余的都剪掉；领里留0.8cm，多余的也剪掉。然后喷水烫分开缝，接着把领里沿兜绢线扳转；撩斜针，喷水沿外领口烫平。

④ 翻领头。在两领角圆头处，用大拇指尖卡住圆头，翻过来一顶，两边圆头大小和长短都要相同。然后沿领外攦一道，止口坐势0.2cm，盖水布烫平、烫煞。

⑤ 装领。

a. 装领面。先在门里襟串口，领面与挂面叠合，用攦线在领面上定攦。定攦时注意对准缺嘴标记，松紧一致，先定里襟，后定门襟，两领面挂面进出一致。见图8-353。

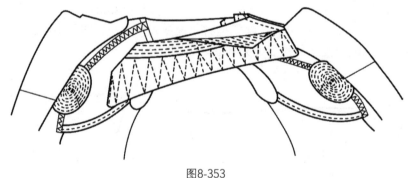

图8-353

b. 攦领里。领里与领圈正面叠合，在领里上用攦线从门襟起针，攦到里襟，后领中缝、肩缝、缺嘴对准，松紧一致。见图8-354。

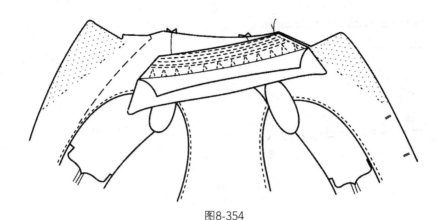

图8-354

c. 缝缉串口和领里。先缉左右串口，按攥线缺嘴对准，缉线顺直，两端打来回针；装领里，按攥线沿领脚衬头净缝缉出0.1cm，缉线顺直，后领中缝、缺嘴、肩缝都要对准，不能移动，最后把攥线抽掉。

在分烫串口和领里时，在前领左右领脚的弯势处各放眼刀，但不能把眼刀剪得太深；然后放在铁凳上喷水烫分开缝，面、里串口也喷水烫分开缝；最后检查缺嘴长短、缺嘴衔接处是否平整无毛出。如有小毛病可在盖水布喷水烫驳头时纠正，或者用手工针线修整。见图8-355。

⑥ 撩领脚。领脚分开后，用攥纱将分开缝和领脚衬撩平，在串口处分缝，两边分别用斜针撩牢。然后将串口内缝攥牢，要求平服，盖水布烫平。

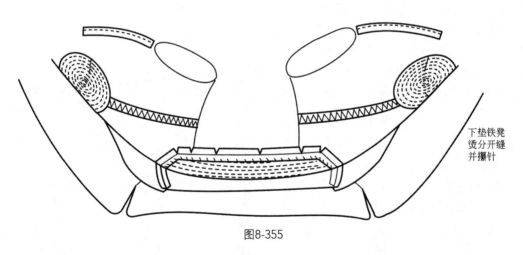

下垫铁凳
烫分开缝
并攥针

图8-355

（10）装底边压条

① 用料。与大衣夹里相同，用正斜开料，行宽3.5cm。

② 先把底边修齐，用斜条的正面和底边正面叠合，缉线0.5cm，在距离门襟挂面8cm处起针，缉到距里襟挂面8cm止。压条略带紧，缉线顺直。

③ 缉压条。把斜条驳转，里口缉0.1cm明止口，缉后再将压条驳转按1cm宽，在压条正面缉0.1cm明止口。

缉第二条线时，下略带紧，以防压条起链。缉线顺直，压条宽窄一致。见图8-356。

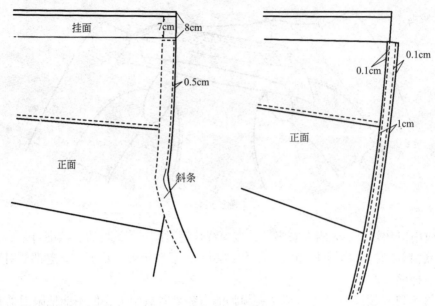

图8-356

缉压条之后，需在压条及面略拔烫，使贴边翻转平服，不可扳紧。烫平以后，沿底边压条离止口1cm左右，用攥线将压条攥牢。不要把面攥穿，针距1~1.5cm。见图8-357。

④ 翻烫底边和攥缲底边。底边压条攥好后烫平。再把底边翻上，按规定的贴边宽用攥线攥牢。然后将水布盖在贴边上，喷水烫煞、烫平。最后将底边压条略翻开些，用长针暗缲。见图8-358。

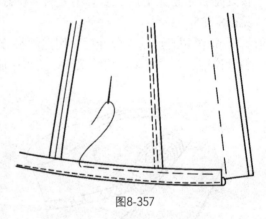

图8-357

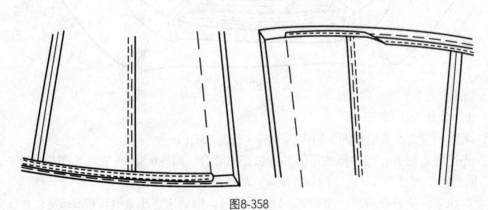

图8-358

（11）做袖子

① 袖片归拔。前袖缝在袖肘处拔开，后袖缝在袖肘处需要归拢，并在后袖口贴边略拔。见图8-359。

② 缉袖省、攥袖口衬布。缉袖省，一般独片袖的袖肘省，先剪开，然后收省，喷水烫分开缝，烫时在袖肘处归拢。

攥袖口衬布，用横料，宽4~5cm，沿着袖口线钉，弯势按袖口的形状，绷三角针或者攥倒钩针。见图8-360。

③ 缉袖底缝。将前后袖缝叠合，面子朝里，缉线0.8cm。后袖缝放在下层，前袖缝放在上层，缉线时下层略归拢，上层在袖肘处需略拔开，然后喷水烫分开缝、烫煞、烫平。

再缉袖夹里，其与袖面缉缝相同，也是先缉袖省，后缉袖底缝，坐烫袖底缝，再将袖面和袖里在袖口处缝合。见图8-361。

④ 翻攥袖子夹里。袖口缝合以后，把贴边翻上，用本色丝线将袖口撩牢。袖底缝面子和夹里攥牢。袖口坐势1cm，反面朝外，再把袖攥牢。

再将袖翻到正面，夹里摆平，在袖口以上10cm左右，盖水布喷水烫平、烫干、定型（在袖肥处、袖底弧线以下10cm左右，一周定线）。

修剪袖山夹里，袖山处夹里高出1cm，袖底弧线处夹里高出1.5~2cm，圆弧线修顺。最后把袖山面吃势抽顺，抽线以圆顺为主。见图8-362。

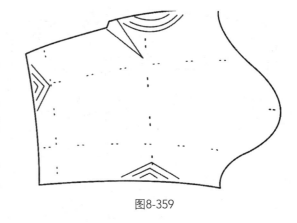

图8-359

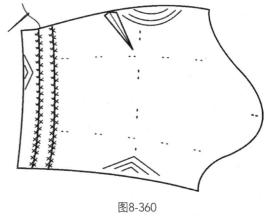

图8-360

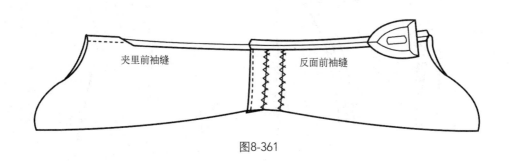

夹里前袖缝　　　反面前袖缝

图8-361

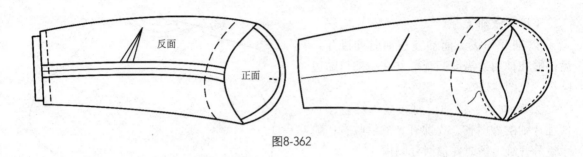

图8-362

（12）装袖子

① 攥修袖窿。装袖子之前，先将袖窿在袖窿门和背缝处，用倒钩针攥平，在袖窿的肩缝处捋挺，用攥纱定平。然后把袖窿处不圆顺的多余部分，用粉线画顺剪掉。

② 攥缉袖子。将袖孔与袖窿袖山对准肩缝，袖标对准袖窿袖标，袖山朝上，吃势均匀，攥线针距0.5~0.6cm，攥缝大0.9cm。攥好之后，放在胸架上检查吃势是否正确、袖子是否盖牢，插袋略偏前1~2cm。检查合格后，车缉一周，缉线顺直。见图8-363。

③ 缉绒布条、装垫肩。左右袖完全符合要求之后，反面放在铁凳上，将袖窿的袖山处喷水轧烫。为使袖山头丰满圆顺，再在袖山处缉上3cm宽、23cm长的绒布条，由前袖标开始至后背高偏下处止，只能缉在装袖线之外。

装垫肩：垫肩有定型海绵垫肩和定形腈纶棉垫肩。这里垫肩要求薄型，不能太厚，中间外口厚度0.8cm。垫肩的沿边要薄，上层用纱布，下层用粗布衬。装垫肩，前短后长。把垫肩1/2向前偏1cm对准肩缝，前肩摆平，肩缝外口露出1~1.5cm。后垫肩略带紧一些，使后背有戤势。见图8-364。

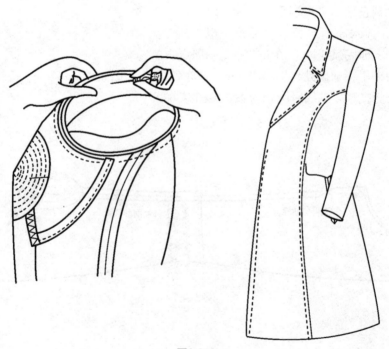

图8-363

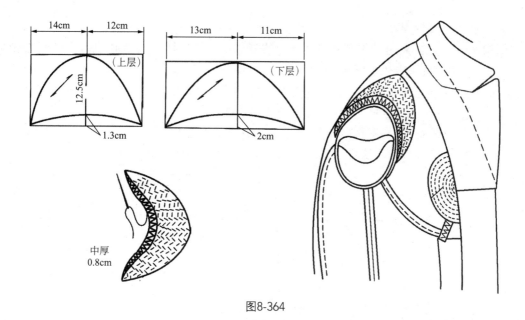

图8-364

（13）做大衣夹里和里袋　大衣夹里主要是用来盖住衬头和袋布，增加内在美观，保持外形平挺。

① 缉前后省缝。把夹里的腰节省和肩省，按面子缉省要求缉线。见图8-365。

② 合缉肩、摆缝。收夹里前后省后，再把肩、摆缝对齐，缉缝头大1cm，缉后把摆缝折转烫平。见图8-366。

图8-365

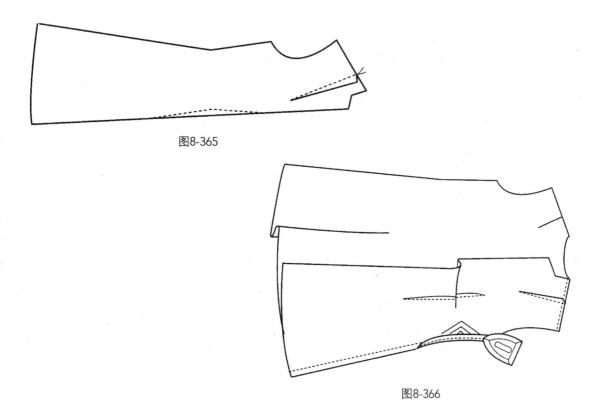

图8-366

③ 扣贴边、绷杨树花。

a. 扣贴边。先将夹里的毛边扣转2cm，再扣转4cm。这样，夹里底边与面子底边相距2cm，宽窄一致，烫平，用攥线定好。

b. 绷杨树花。把夹里贴边扣转烫平之后，用本色中粗丝线，从右到左绷杨树花针。密度为5cm一组，大小相等，底边宽窄一致。见图8-367。

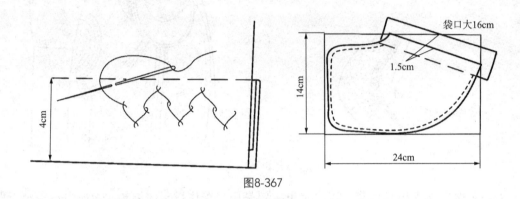

图8-367

④ 女式大衣里袋。装在右门襟上第一档纽位和第二档纽位之间，袋口大约14cm，由14～15只布齿口用夹里的原料组成，可增加里袋的美观。

a. 裁配袋布。袋布两片，长24cm、宽14cm、袋口大16cm。里袋用夹里布作袋垫布，宽5～6cm，缉在大片袋口，两片重叠，沿袋边缉一道。

b. 做锯齿口。齿口用正方形夹里料，宽3cm，由14块横直料对折成三角。见图8-368。

c. 再将第一只齿口张开，把第二只夹进，依次相叠，齿口间距1cm，用车搭缉；三角大小相同、间距相等。见图8-369。

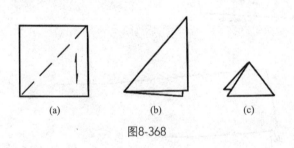

(a)　　　　　(b)　　　　　(c)

图8-368

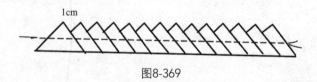

图8-369

把缉叠好的锯齿口装在里袋上，与袋口平齐，上下留余缝基本相等。缉线要缉在锯齿口的缉线外，避免齿口缉线外露或者齿口有大有小。见图8-370。

当锯齿口的里袋做好后，直接装在大身夹里的右侧第一档与第二档纽眼之间，按袋口大小的要求，外口毛缉一道，上下放眼刀，把里袋覆进摆平。锯齿口处，沿大身缉清止口一道。见图8-371。

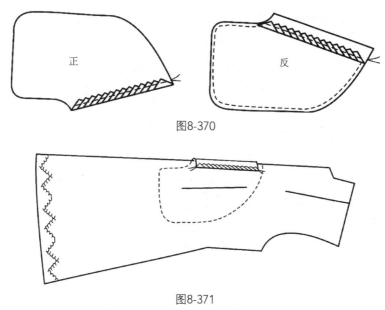

图8-370

图8-371

（14）烫外壳　烫外壳，能直接反映一件大衣质量的好坏。一些部位往往通过烫外壳，把不足之处重新归拔一下，使成品更加平服，外形更加美观。

① 烫挂面。将大衣反面朝上，把里襟止口靠自身一边。从驳头以下开始烫，盖湿水布用高温烫煞，乘热气用竹尺压住止口，将止口压薄。门里襟烫法与此相同。如有不直可以拉一把，最后冷却定型。见图8-372。

图8-372

②烫底边。将大衣底边靠自身一边摆平，上盖湿水布，用高温一段一段烫。烫后乘热气，马上用竹尺压平，冷却定形。见图8-373。

③驳头的整烫。将大衣正面朝上，把驳头领头夹里靠自身一边，上盖湿水布烫煞；先将正面用竹尺压薄，然后把驳头窝势卷起，使之呈自然窝势。

④整烫。把大衣正面朝上，后领靠自身一边，然后依次整烫里襟格、前胸、摆缝、后背、袖子、肩头等。见图8-374。

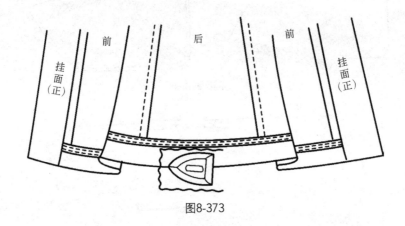

图8-373

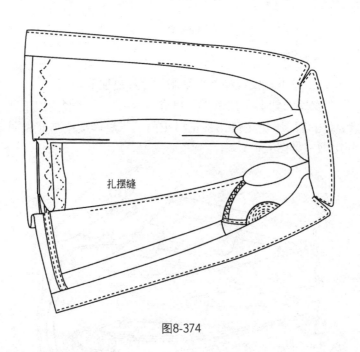

图8-374

（15）覆大衣夹里　大衣的面子有波浪，但夹里不需要有波浪，只要把摆缝两侧夹里和面子攥牢，攥线和夹里都要略吃，两边丝绺平衡，不可起链，不可吊起，从腋下10cm起到底边以上10cm左右止；然后将挂面和前身夹里穿在衣架上，摆平由上向衣服底边攥定。

① 攥摆缝。由上至下，攥线和夹里略松，上腋下10cm起至底边上10cm止。

② 在摆缝攥好之后，把这件衣服反穿在胸架上，再将左右门里襟夹里摆平，胸部及驳头也要摆平。夹里略松，以免起吊。先定前衣片，由上至下到底边外，夹里底边和面子底边距离两边宽窄相等。

前衣片攥好之后，将后衣片的领圈覆上。反领夹里在攥定之前，先用夹里斜料，毛宽1.8cm、毛长8cm做吊袢带，缉好翻出，净宽0.5～0.6cm。半圆形缉在夹里后领圈，净长6cm，夹里扣攥扣上。

③ 当前后衣片攥好之后，把挂面滚条揭开一点，缲暗长针至里袋处，袋口上下都要打套结。门里襟两格与此相同。

在后领圈以下4cm居中钉商标，四周折光，绷三角针或用车缉。见图8-375。

（16）缲袖窿、打线襻 缲袖窿前应先将袖窿攥平，不能起吊或起链，使袖子前后圆顺、位置准确。

① 缲袖窿。先把袖子夹里拉出、摆平，袖山眼刀和袖底缝对准。然后把袖里包向袖窿，攥针一周。这里的攥针很重要，因为攥纱是不抽掉的，它将固定在里面，起到对缝、放吃势、调节松紧等重要作用。在攥针之后，要翻过来检查一遍，如有不当，应立即修正。然后将大身的袖窿夹里边扣转，覆盖在攥好的袖洞毛缝上，同样要对准肩缝和摆缝，再攥针一周。攥针时也要将平大身夹里，只能放松，不能过紧。

袖窿夹里攥好后，用暗短针缲袖窿。见图8-376。

② 打线襻。大衣下摆在摆缝的贴边外，与夹里吊牢。见图8-377和图8-378。

图8-375

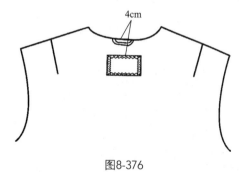

图8-376

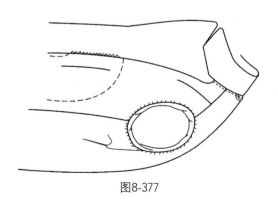

图8-377

245

（17）缲纽眼、做腰带、整烫钉纽

① 缲纽眼。它与女式西装缲纽眼相同。

② 做腰带。将裁好的腰带对折，用攘线定牢，两头缲45°斜角，中间留5cm空洞。缲好后，检查一下是否起链，如有起链，要拆掉缲线重缲。

然后将带子从腰带中间空洞翻出，再把带子空洞缲好，最后盖湿布烫煞、烫平。缲明止口1cm，四周缲线一道。

③ 整烫。夹里缲好之后，可能有起链或露针花。因此，有必要重新整烫一下，使夹里美观、挺括、平伏。

④ 钉纽。里襟叠门正中位置，用与面料同色的粗丝线，结头先放进挂面里层。钉扣底的二纽孔基点要小，四针上四针下，绕脚按面料厚度，要把挂面钉穿，以增加牢度。

钉纽位置。里襟钉纽按纽眼位；袖口按袖背缝离袖口3.5cm，两扣之间距离2cm。

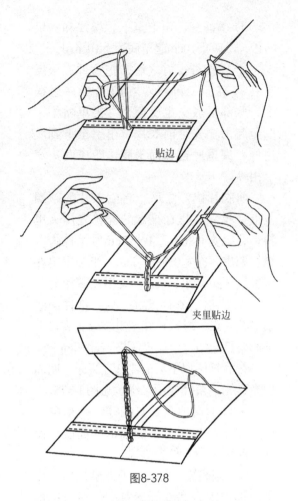

贴边

夹里贴边

图8-378

8.9.5 总的质量要求

① 外形清晰，线条顺直。
② 前后波浪，起伏自然。
③ 驳口服贴，左右对称。
④ 肩头平服，袖子圆顺。
⑤ 止口缲线，宽窄一致。
⑥ 胸部丰满，腰吸合体。
⑦ 纽扣整齐，整烫平服。
⑧ 里外一致，规格准确。

第9章
家用缝纫机常见故障的分析与排除

缝纫机在出厂前，需经严格的质量检查和验收。但在使用过程中，常常由于使用和保养不善而出现故障，如常常出现断针、跳针、断线、浮线、噪声、失灵等故障。

这里仅就经常出现的几种主要故障进行分析，并介绍排除方法。读者可根据本文内容，结合操作实践中遇到的问题，加以分析和总结，逐渐积累经验，做到发现故障就能正确判断出问题所在并及时排除。

9.1　断线故障

断线是缝纫机最常见的故障，尤其对初学者来说，由于操作不熟练，或使用方法不正确，致使某些零件豁伤缝线，更容易出现断线故障。有时因为不懂得缝纫机的构造和装配的技术要求，拆卸后安装不能达到规定的配合标准，出现定位错误也会引起断线。此外，零件的自然磨损和所换备用零件的质量低劣也是引起断线的原因之一。

家用缝纫机的线迹是双线锁式线迹，由面线和底线交织而成。在分析和排除断线事故中可分为两大类：一类属于断面线事故，另一类属于断底线事故。二者比较起来，由于面线穿引复杂，历经的零件多，断线故障相应也比底线多。

遇有断面线故障时，应着重检查机针、摆梭的定位，引线和勾线机构的松紧和磨损程度，并观察面线通过的部位是否有锐棱、毛刺、沟槽以及阻障面线运动的情况。

遇有断底线故障时，应着重检查梭芯套上的过线孔、梭皮、摆梭上的弧线翼和针板上的容针孔等部位是否有锐棱或位置不合适等现象。

9.1.1　常见断面线故障的特征、原因与排除方法

（1）切割状断线　切割状断线是缝线在缝纫时突然断裂，其线头呈切割状，断线的两端无起毛现象，如同被锋利的刀口割断一样。

造成的原因有两个：一是机针装反、机针未装到顶或用太细的机针缝纫粗厚的布料；

二是挑线杆线孔产生沟槽、夹线板粗糙、过线处及针鼻不光滑、针板孔及梭皮螺丝有毛刺等。

排除上述故障，一是将机针长槽对准左侧，或重新安装机针；二是将故障零件修整。修整的方法大致有磨平（如挑线杆线孔、夹线板、夹线器等）、磨圆（夹线器过线处、针鼻等）、磨光（针板孔、梭皮螺丝等）。修整后仍产生故障或无法修复时，则需更换故障零件。

对于梭床盖的凹槽、摆梭尖部的毛刺及摆梭平面的变形也可以修整或更换。

对于摆梭平面的变形（严重时会将摆梭托平面与机针针刃摩擦）和压脚趾槽歪斜必须校正。

（2）马尾状断线　马尾状断线是缝线在缝纫中突然断裂，断线两端有较长的起毛部位，并带有须尾，缝线如同经过多次摩擦而断裂。

产生故障的原因通常是线团太满或线松落导致线缠在挺线针上崩断、线的质量太差（如发霉变质或变脆）及机针与其他零件位置不正（如机针与压脚、机针与针板、机针与摆梭等）等。有时机针与缝线不匹配也会出现马尾状断线。

针对马尾状断线，先要按前面叙述的方法选配机针与缝线，一定要使用合格的缝线，当线团过满时可多绕几个梭芯使线团的容量减少，校正机针与压脚、机针与梭床的位置等。

（3）卷曲状断线　卷曲状断线是缝线在开始缝纫或缝纫过程中突然断裂，断线的线头呈卷曲状，断线的两端略有短须，属于张力太大而被拉断。

产生故障的原因通常是起缝时踏倒车、面线压力过大、螺丝松动（如摆梭托簧螺丝、梭皮螺丝等）、梭门故障（闭合不严和变形）、穿引面线的失误（如顺序不对、挑线杆位置不对等）、摆梭尖的三角颈不光滑、摆梭托与摆梭的间隙不当等。

针对上述故障，先要加强空车练习，避免起缝时踏倒车；调松夹线器来减少面线压力；面线穿引不对时必须重新穿引面线；转动上轮使挑线杆处于最高位置时穿引面线。

此外，加强对缝纫机的维护与检修，也是排除卷曲状断线的一种必要措施，如经常旋紧摆梭托簧螺丝和梭皮螺丝；梭门闭合不严时要更换梭门簧；梭门向左突出时要更换梭门；摆梭尖的三角颈不光滑时必须修磨光滑；摆梭托与摆梭的间隙太小时要调整适当（间隙要求为0.35～0.55mm）。

（4）扎断状断线　扎断状断线是缝线在缝纫中突然断裂，线头呈扁状，两个断头有时沾有油污，如同被零件轧住后拉断。

产生故障的原因通常是未安装梭芯套、摆梭尖的损伤或变钝、摆梭弧形臂生锈或粗糙、挑线凸轮和滚柱的磨损等。

另外，上述摆梭托与摆梭的间隙不当也会造成这种故障。

针对上述故障，先要检查是否装上梭芯套。如未安装则先将断线头取出，安装梭芯套；摆梭尖有问题时必须更换摆梭；摆梭弧形臂生锈时要清除锈迹；如粗糙时则必须更换；挑线凸轮及滚柱如果磨损则亦必须更换。

（5）断面线并伴有机声不正常　通常是由于摆梭与梭轨磨损、摆梭托与摆梭间间隙太大、大连杆上孔松旷、圆锥螺丝或摆轴松动、下轴曲柄滑块及小连杆上下孔磨损、针杆与杆孔磨损严重、针板孔过大等。

针对上述故障，必须先将磨损严重的零件更换，如摆梭、梭床、下轴曲柄滑块、大连杆、针杆或套筒、小连杆、针板等。同时将上述的螺丝旋紧（大连杆螺丝、圆锥螺丝等）；如果挑线滚柱松动，则必须铆牢。此时，若摆梭托与摆梭的间隙太大，也要查清原因进行修理。

（6）薄料断线　在缝厚料时正常，而缝薄料时断线通常是由于压脚稍高或针鼻不正。压脚稍高可以适当垫纸，针鼻不正则必须校正。

（7）一般性断线　通常是由于挑线簧弹力太大、摆梭尖短秃、钩线距离不当、机针短秃、摆梭托簧折断或有裂痕等。

对于摆梭尖与机针短秃以及摆梭托簧的故障均需更换，对于钩线距离要调整适当，挑线簧弹力过大时要调松。

9.1.2　常见断底线故障的特征、原因与排除方法

（1）断底线并伴有面线下翻　通常是由于底线张力过大、摆梭轴根部缠绕线头、梭芯套的线毛太多和梭芯绕得太满等。

对于底线张力过大，可以适当调松；定期清除摆梭轴根部及梭芯套内的纤维堆积物是非常重要的。如果梭芯绕得太满，可以调整绕线器。

（2）手拉底线感觉松紧不匀　通常是由于梭芯片不圆或梭芯歪偏。

排除故障时可以根据情况来更换梭芯片或梭芯。

（3）底线时断时续　通常是由于送布牙锋锐或压脚压力过大、压脚与送布牙不平行、针板孔有毛刺等。

排除故障时，如针板孔有毛刺则磨光滑；要适当调整压脚来解决压脚与送布牙不平行的问题；送布牙锋锐和压脚压力过大时可以调小压脚压力。

（4）一般性断线　通常是由于满线跳板有毛刺、摆梭C形边或梭皮出线口有毛刺或锐梭等。

一般情况下，只要将有关部位（如满线跳板、摆梭C形边等）磨光即可排除故障。但是，梭皮出线口有锐梭或毛刺时，必须更换。

9.2　跳针故障

跳针有时也称跳线。缝料经过缝纫后，在缝料两面的底面线没有发生绞合的现象称为跳针。产生跳针的原因很多，但主要是摆梭尖不能钩住线环。

摆梭尖不能钩住线环的原因主要有以下三个方面。

第一，线环形成不良，如线环线扭曲或歪斜。当机针的升降带动缝料上下移动时，缝料会牵动线环而使之缩小，从而不利于摆梭尖钩住线环，以致引起跳针。如压脚稍高、容针孔磨大、刺时缝料未绷紧等，都会引起线环缩小。

梭床盖与机针距离过大、挑线簧弹力过大以及线粗针细时，也会使线环缩小。

线环歪斜、捻度过大、针鼻方向不正、线细针粗时也会引起跳针。

第二，机针或摆梭定位不准确、动作不协调引起跳针。

第三，引线机构或钩线机构零件磨损或松动，使机针与摆梭的运动无规律引起跳针。

跳针的一般性故障可分为偶然性跳针、断续性跳针和连续性跳针等。

（1）偶然性跳针　偶然性跳针就是每隔一段距离跳一针，间隔距离不定。在一件缝料或一批缝料中，偶尔出现几次跳针，且不连续。

产生偶然性跳针的原因较多，通常是由于使用太细的针缝制厚料、机针线槽歪斜、缝线质量太差（包括捻度不匀、忽松忽紧等）、使用细线缝制薄料面误用粗针、压脚压力过小、机针位置不对、摆梭尖损坏钩不住线环、针板孔上的容针孔磨损、缝薄料时挑线簧弹力过大等。

排除的方法先要根据缝料的厚薄、缝线的粗细选择适当的机针；选用机制的缝纫机线，并注意质量；检查线钩螺丝是否脱落并调整好，重新安装机针；检查压脚压力是否过小并调节适当；机针线槽歪斜时（未与摆梭成直角）要更换机针；摆梭尖有故障（磨损或折断），则必须更换摆梭；针板孔上的容针孔直径过大时应更换（允许使用直径1.7～2.0mm）；在缝薄料时挑线簧弹力过大则可移动螺丝钉S43使弹力减小。

（2）断续性跳针　断续性跳针是指线迹几针实、几针虚的情况，跳针属于阶段性的连续跳针，但连续跳针的距离又不长。

产生故障的原因通常是针杆发生故障，包括针杆过高（不能将面线送至摆梭下线）、针杆过低（将面线送到摆梭尖以下，使摆不能钩线）、针杆磨损（与套筒配合松动）、针杆松动（位置偏移）。另外，当机针下部弯曲时出现机针与摆梭距离太远也能造成上述故障。梭床盖安装位置不正确或压脚底平面与针板结合不紧密也是产生此故障的重要因素。

排除的方法先要按机针定位要求重新校正，机针弯曲可以校直或更换，针杆磨损要更换针杆或套筒，针杆松动可以调整并固定针杆位置。另外，要注意校准梭床盖安装位置；当压脚底平面与针板配合不好时要换压脚或用油石磨平压脚底平面。

（3）连续性跳针　连续性跳针是指缝纫后的线迹都是虚针，起不到缝合缝料的作用。

产生故障的原因通常是摆梭尖折断、底线留头太短、针杆变薄造成位移或缝纫机长期失修等。

排除故障的方法较简单，当摆梭尖折断时应更换摆梭；底线头拉出10cm左右；针杆变薄时调整好针杆位置；当机器长期失修时要进行大修。

（4）刺绣跳针　通常是由于绣料没有绷紧、针线选配不当或挑线簧弹力过大等。

排除故障时要绷紧绣料或移动螺丝钉S43，使弹力减弱。

另外一定要注意，刺绣时要用9～11号机针和绣花线。

（5）缝人造革、塑料跳针　通常是由于压脚压力太小或缝料上未擦油。

排除故障时可调大压脚压力，或在缝料上下表面擦抹缝纫机油。

（6）一般性跳针　通常是由于机针向左倾斜或针鼻不正，梭床盖离机针过远，机针稍高，摆梭略有偏移，梭床脚过低等。

对于机针向左倾斜或向左弯曲的现象，应调整、校直或更换机针；对于针鼻不正或机针稍高时，可以调整针鼻或夹角校正机针高低位置；对于梭床盖离机针过远的情况可进行校正，使彼此相距1mm；摆梭略有偏移时，可以校正摆梭位置；若梭床脚过低，可以使用硬纸片垫高梭床。

9.3　断针故障

断针是缝纫机比较容易发生的故障。其主要原因是机针与所经过的零件发生碰撞，如机针与压脚、针板、摆梭或摆梭托碰撞。出现断针事故，一般是因为缺乏使用缝纫机的经验、操作错误、机针定位失常、零件严重磨损等。机针撞断后会在零件上留下痕迹，所以可以通过观察痕迹查出断针的原因。

缝纫机的断针故障，最经常发生的是由于摆梭与机针间隙过大。因为摆梭托一方面起传动作用，另一方面起机针定位作用。例如在缝纫过程中，常常会遇到两边厚薄不匀的缝料，这时由于厚料横向的压力比较大而迫使细长的机针产生偏斜，以致折断。如果处在下端的摆梭托间隙较大，就会使机针歪斜而发生越位，被摆梭撞断。

如果摆梭托把机针稳定在适当的位置，就会使机针垂直穿过缝料而不发生断针。一般机针与摆梭托的间隙以0.04～0.15mm为宜，但机针不能紧贴摆梭托，否则会产生跳针故障。

（1）偶然性断针　通常是由于机针与缝料配合不当（如用细针缝粗厚缝料、缝料厚度不匀，突然厚料既会断针亦会跳针）。另外，如机针装反、没向上装足、没夹紧、机针针尖受损（如机针刃弯曲或针尖钝秃等）也会出现断针。

排除断针故障先要选配合适的机针，在缝料厚度不匀时，要换略粗的机针并放慢缝纫速度；机针本身的故障要检查机针、纠正变形、更换机针及正确安装机针。

偶然性断针还可能因缝纫时拉缝料用力过大或刺绣时手脚配合不协调造成。这种情况下应配合送布机构用手扶缝料，切忌前后或左右推拉缝料；刺绣时要放慢缝纫速度，以保证机针上升后再移动绣筛。

（2）连续性断针　通常是由于压脚歪斜致使机针扎在压脚上，送布机构与针杆运动不协调或送布过度碰针板，压杆导架与机壳导架槽配合间隙过大引起压脚左右摆动，机针与摆梭尖平面间隙过小或与摆梭托平面间隙过大，梭床未放平（梭床螺钉松动或梭床盖装反），机针位置太低碰摆梭翼，摆梭位移过大使机针碰摆梭翼。

排除方法一般要先检查压脚，调整压脚位置，使机针对准压脚槽位；调整送布凸轮位置，使送布牙速度与针杆运动相适应；当压杆导架与机壳导架槽配合间隙过大时要更换新压杆导架；机针与摆梭尖平面间隙过小时，要校正针杆、增大间隙；在机针与摆梭托平面间隙过大时，要调整摆梭托高度；对于梭床故障，要重新安装梭床，拧紧螺钉，重新安装梭床盖。当由于机针位置太低或摆梭位移过大而碰摆梭翼时，要分别校正机针或摆梭位置。

（3）一般性断针　通常是由于压脚螺丝松动引起压脚左右摆动；在压脚稍弯曲造成压脚太活、摆梭和梭轨磨损、针夹螺丝松动使机针脱落及摆梭托变形时也会造成断针。

排除故障时首先要旋紧压脚螺丝与针夹螺丝；压脚太活时要换新压脚，然后检查摆梭和梭轨有无磨损，若有磨损必须更换摆梭或磨平梭床圈。最后检查摆梭托有无变形并进行必要的校正。

9.4　浮线故障

浮线故障是由于底、面线的张力不均匀。其主要原因是不熟悉机器的构造和调节原理，其次是零件的质量不好或定位有问题。

浮线的形式我们已经很熟悉了，有浮面线、浮底线、毛巾状浮线和底面线都浮起等情况。

浮线故障特征、原因及排除方法如下。

（1）浮面线　通常是由于面线松底线紧，机针细缝线粗，挑线簧弹力弱，夹线螺丝松动，夹线板故障（中间磨出沟槽或有污物），面线未嵌入夹线板内，缝厚料时压脚压力不当，梭芯套内有污物，摆梭轴根部缠有线头，梭皮压力不均匀或送布快于挑线机构的动作。

排除的方法应根据各种原因进行检查和校正。对于面线松底线紧则需要调节面线和底线的松紧度，选择合适的机针和缝线；适当调节挑线簧弹力；清除污物（夹线板中间与梭芯套）；磨平夹线板（在其中间磨出沟槽时）；调节好夹线螺母；将面线嵌入夹线板；调整好压脚压力及清除摆梭轴根部缠附的线头；在送布快于挑线机构动作时要调整挑线凸轮位置。

（2）浮底线　通常是由于底线松面线紧，梭皮弹力不足或梭皮内有线头或污物，底线脱出梭皮，梭芯套与梭皮之间磨损形成了沟槽，面线粗底线细等。

排除的方法先要拧松夹线器螺线，放松面线；更换梭皮或清理梭皮内的污物；在底线脱出梭皮时取出梭芯套，重新安装好底线；若梭芯套与梭皮之间磨损形成沟槽，用砂布将梭芯套上的沟槽磨平并更换新的梭皮；面线粗底线细时要更换缝线。

（3）毛巾状浮线　通常是由于摆梭的梭尖及弧翼上有毛刺、梭芯套的圆顶不光滑或生锈、梭芯套上的梭门与摆梭中心轴配合过紧而影响摆梭回转、摆梭的簧片折断或翘起而影响面线向上抽回、摆梭托与摆梭间的缝隙过小而影响线环滑出等。

排除故障的方法：对于摆梭的梭尖及弧翼上的毛刺，可以研磨除去毛刺；更换梭芯套或清除梭芯套圆顶上的锈迹；发现梭芯套与摆梭中心轴配合过紧而影响摆梭回转时要更换梭芯套；最后要使缝隙（摆梭托与摆梭间的缝隙）保持在0.35～0.55mm。

（4）底面线都浮起　通常是由于底线和面线张力不足或梭皮弹力不足与挑线簧太松、挑线凸轮磨损或滚柱松动、梭芯套变形或梭皮变形以及底面线粗细不匀等。

排除故障的方法：拧紧梭皮螺钉和夹线器螺母；梭皮弹力不足时要更换新梭皮；挑线簧太松时要调整挑线簧压力；挑线滚柱松动时要将其铆牢；挑线凸轮及梭皮变形都要更换新的；同时对于梭芯套的变形也要及时更换；底面线粗细不匀时要更换缝线。

9.5　送布故障

送布故障主要是针距方面的故障，例如缝料不足，线迹重叠，缝料移动太慢致使针距过密，缝料移动忽快忽慢而使针距大小不等。这些故障一般是在机器受到严重磨损后发生的。

一般情况下，发生故障时应着重检查送布牙的高低、压脚的高低以及送布机构各零件的配合是否正常。

（1）缝料不足，线迹重叠　通常是由于压脚过高，压力太小，落牙机构不合理及送布牙太高，压脚板的底平面粗糙，针距螺丝位置太高或送布机构的故障（包括送布牙松动及齿尖露出针板面太低，送布凸轮与牙叉配合处严重磨损，送布凸轮固定螺钉松动或送布曲柄螺丝松动）等。

排除故障时，对压脚过高、压力太小及落牙机构不合理造成的送布牙太高都可以适当调整；送布牙松动或齿尖露出针板面太低也可以适当调整；压脚板底平面粗糙时，用油石磨光滑；针距螺丝位置太高时，应按缝料厚薄加以调整；送布凸轮与牙叉配合处严重磨损时应更换；送布凸轮或送布曲柄螺丝松动时，要按送布牙前后高低定位的要求调整好后再拧紧。

（2）缝料移行忽快忽慢，针距忽大忽小　通常是由于压脚压力太小、送布牙位置过低、压脚过高、拉推缝料用力过猛、压脚螺丝松动、送布牙齿尖磨秃、针距座螺丝未拧紧或针距座垫失去弹性、压杆弹簧折断或失去弹性等。

排除故障时，要改正操作方法，拉推缝料不可用力过猛；压脚压力要调整适当、不可过小；压脚过高时要适当调低；送布牙位置过低时要适当调高；压脚螺丝松动时要拧紧；更换新送布牙；将针距座螺丝拧紧或更换针距座垫；压杆弹簧有问题要及时更换。

（3）针缝歪斜严重不成直线　通常是由于送布牙螺丝松动（在缝纫时左右歪斜）、送布牙齿尖由于长期磨损而倾斜、送布牙与针板齿槽不平行、送料方面倾斜、压脚螺丝未旋紧致使压脚倾斜等。

排除故障的方法：先旋紧送布牙螺丝；要更换磨损的送布牙；重新调整送布牙位置；校正压脚并旋紧其螺丝。

（4）缝料行走过慢且机器有噪声　通常是由于螺丝松动（牙叉连接螺丝、送布轴、抬牙轴顶紧螺丝、针距座螺丝），送布凸轮与牙叉磨损，针距座与牙叉磨损（包括滑块）等。

排除故障的方法：旋紧前述有关螺丝，牙叉或滑块磨损时应及时更换。

（5）线迹不齐并产生倾斜　通常是由于缝制薄料时缝线过粗或机针较粗，底面线松紧不合适，针距太小等。

排除故障的方法：先要选配缝线与机针，调整合适底面线松紧程度及适当放长针距。

9.6　缝料损伤

缝料损伤主要包括缝纫后缝料出现皱褶、起毛、表面咬伤等。

（1）缝料出现皱褶　通常是由于面线与底线过紧、压脚压力太大、送布牙太高、缝线过粗及缝线弹力过大。

排除故障的方法：适当调节缝线张力，调节压脚压力或降低送布牙；选用合适的缝线，换用细线或更换合格的缝线。

（2）缝料表面起毛并呈现轴丝状　通常是由于机针尖磨秃或折断，以及针距太小或缝料密而软等。

排除故障时，首先要检查机针，当机针磨秃或折断时，要更换机针；当缝料质地密而软时，要适当放大针距。

（3）缝料表面咬伤　通常是由于送布牙齿尖太尖锐、压脚压力太大等。

排除故障时，要适当降低送布牙高度及减小压脚压力。

9.7　噪声

噪声是指缝纫机运转时发出的不正常杂音，一般指摩擦声、撞击声和松动声。

产生噪声的原因主要是零件磨损、配合欠佳、螺丝松动、零件弯形或错位、缺少润滑油等。

（1）梭床噪声　由于摆梭与摆梭托间隙过大、摆梭及梭床圈磨损、摆梭或梭芯套内积有线头、机针向左倾斜或歪曲、梭床未装好、摆梭托及摆梭摩擦面撞击梭床摩擦面等。

排除故障的方法：当摆梭托与摆梭之间的间隙太大时，应更换摆梭或调整摆梭托弯曲；摆梭与梭床圈磨损时，要更换或磨平梭床圈；清理摆梭和梭芯套内的线头；机针如弯曲时，可校正或更换；重新安装梭床；摆梭托撞击梭床时可查出撞击部分；摆梭摩擦面撞击梭床时可以校正摆梭托的位置。

（2）挑线机构噪声　由于挑线杆运动时撞击面板或挑线滚柱、挑线杆螺丝松动；挑线杆凸轮磨损等。

排除故障的方法：用扳手将面板扳凹些，使挑线杆与面板间隙加大；旋紧挑线杆螺丝及铆牢挑线滚柱。

（3）上轴噪声　由于上轮平面松动，扳上轮时感到有轴向窜动，大连杆螺丝松动，牙叉与送布牙凸轮磨损，前轴套磨损等。

排除故障的方法：使上轮套筒与右平面间隙达到0.04mm，旋紧大连杆螺丝，牙叉磨损时要换新的，前轴套磨损时也要更换。

（4）针板噪声　由于送布牙位置不对碰撞针板或摩擦针板槽，送布牙螺丝松动，针尖钝秃等。

排除故障的方法：将送布牙螺丝旋松后校正其前后位置；旋松送布轴顶丝，校正送布牙左右位置；旋紧送布牙螺丝及更换钝秃的机针。

（5）机架噪声　由于机架各顶尖螺丝、锥形螺丝和锥孔因磨损引起配合间隙过大或摇杆轴承松动，机头未放平或机架未放稳等。

排除故障的方法：当磨损引起间隙过大或摇杆轴承松动时，要更换球架或旋进挡片，磨损严重的可换大一号的滚球；若机头未放平或机架未放稳，要放稳机架，调整机头。

（6）其他噪声　由于长期不加注润滑油，机头各紧固螺丝松动或锥形螺钉与锥孔磨损，致使配合间隙过大以及下轴左右窜动，下轴曲柄滑块磨损，牙叉连接螺丝松动、磨损等。

排除故障的方法：首先要注油，其次查找松动部分，适当旋紧或更换各紧固螺丝；检查各锥形螺钉、锥孔的配合，并进行适当更换或调紧；当下轴窜动时，要适当敲紧下轴曲柄；同时根据下轴曲柄滑块及牙叉连接螺丝松动的程度和原因，对螺钉进行旋紧或更换。

9.8 运转方面的故障

运转方面的故障主要表现为运动沉滞。正常的缝纫机踏动踏板时感觉很轻滑，一旦发生运转故障，就会使机器踏动费劲，机轮转动沉重或半圈沉滞，半圈轻滑，有时甚至不能转动。

运转故障通常是因为各部件的螺丝拧得过紧，机件严重受损变形或者轴与孔脱位引起的。有时机件内部有污物、线头、布屑等，也会导致机器运转沉重。

发现运转沉重后，应先判断是机头还是机架的故障。检查时先将皮带卸下，用手转动上轮，如果上轮转动轻滑，则是机架故障引起运转沉重；否则，是机头的故障。

（1）机件内因有杂质转动沉重　由于梭床轨道内有污物，送布牙槽有污物或摆梭扎线以及针杆孔内、上下轴孔内有线毛等。

排除故障的方法：拆卸梭床、针板或上下轴，清除污物、线毛等；当摆梭扎线时，要倒转上轮，使线毛转出。

（2）每转一周都发生部分沉滞　由于更换的滚柱、滑块与原配件平行度不好；送布牙太高；压脚压力过大或上轮弯曲，影响轴与孔的配合，引起上轮偏摆以及送布牙碰撞针板槽等。

排除故障的方法：当滚柱、滑块与原配件不平行时要校正；当送布牙太高、压脚压力过大时，要适当调低；当上轮弯曲，引起偏摆时，要找出偏摆位置，用木器轻轻敲击，直至消除偏摆；当送布牙碰撞针板槽时，要校正送布牙前后位置。

（3）零件配合过紧不能转动　由于曲柄两端或踏板两端顶尖螺丝太紧；摇杆接头螺钉与摇杆球配合过紧以及下带轮轴顶尖螺丝太紧、皮带过紧等。

排除故障的方法：先要调松。当摇杆接头螺钉与摇杆球配合过紧时，要拧松接头螺钉，锁紧螺线。操作时接头螺钉不可拧得太松，以免噪声大。当下带轮轴顶尖螺丝太紧时，要适当调松；当皮带过紧时，要调节皮带长度。

（4）零件配合过松不能缝纫　由于离合螺钉太松，上轮空转离合垫圈移位，上轮空转皮带过长，无法转动上轮等。

排除故障的方法：首先要旋紧离合螺钉，然后校正垫圈位置，调整皮带长度。

（5）其他运转故障　多由于长期不注润滑油。

排除的方法就是加注润滑油。

9.9 绕线方面的故障

绕线方面的故障主要是指绕线器不转，梭芯不转，绕线不匀等，其故障特征、产生的原因和排除方法如下。

（1）绕线器不转　由于绕线胶圈与上轮接触不良，绕线胶圈松动，绕线胶圈脱落等。

排除故障的方法：适当旋紧绕线调节螺丝或更换绕线胶圈。

（2）绕线器按下后自动弹起　由于绕线螺钉旋入太多。

参考文献

[1] 徐丽. 服装缝纫知识130问[M].北京：化学工业出版社，2013.

[2] 徐丽. 服装裁剪与缝纫入门[M].北京：化学工业出版社，2016.